北京工业大学研究生创新教育系列教材

嵌入式软件高级开发技术

何　坚　王素玉　王晓懿　编著

西安电子科技大学出版社

内 容 简 介

本书在编写时，结合编者多年嵌入式软件开发与教学经验，首先系统介绍嵌入式操作系统的概念、体系结构及其发展趋势，并重点介绍主流的嵌入式 Linux 操作系统的移植及相关设备驱动程序开发技术；其次，在介绍 UML 基本概念的基础上，介绍了嵌入式系统快速面向对象过程模型，并结合案例阐述相关嵌入式软件分析设计技术；最后，结合 MISRAC:2004 规则，阐述了嵌入式软件测试相关模型与技术。本书力图结合嵌入式软件的特点，将软件工程领域成熟的分析设计方法引入到嵌入式软件的分析设计中。

本书可作为嵌入式软件开发相关专业的研究生及高年级本科生教材。同时，也可作为有志于从事嵌入式软件开发的专业技术人员的参考书。

图书在版编目(CIP)数据

嵌入式软件高级开发技术 / 何坚，王素玉，王晓懿编著. —西安：西安电子科技大学出版社，2020.4

ISBN 978-7-5606-5574-1

Ⅰ. ① 嵌… Ⅱ. ① 何… ② 王… ③ 王… Ⅲ. ① 软件开发—高等学校—教材 Ⅳ. ① TP311.52

中国版本图书馆 CIP 数据核字(2020)第 013739 号

策划编辑 万晶晶

责任编辑 明政珠 万晶晶

出版发行 西安电子科技大学出版社(西安市太白南路 2 号)

电 话 (029)88242885 88201467 邮 编 710071

网 址 www.xduph.com 电子邮箱 xdupfxb001@163.com

经 销 新华书店

印刷单位 咸阳华盛印务有限责任公司

版 次 2020 年 4 月第 1 版 2020 年 4 月第 1 次印刷

开 本 787 毫米×1092 毫米 1/16 印张 14.5

字 数 341 千字

印 数 1～2000 册

定 价 40.00 元

ISBN 978-7-5606-5574-1 / TP

XDUP 5876001-1

如有印装问题可调换

前　言

嵌入式系统以微电子和电子学为基础，融入了计算机、通信、软件工程等领域的知识。随着微机电系统（Micro-Electro-Mechanical System，MEMS）和移动互联技术的发展，其应用领域涉及从消费电器到工业设备、从民用产品到军用器材等多个方面。随着5G技术到来，嵌入式系统必将成为人们工作和生活中不可或缺的基础部件。

嵌入式系统面向应用，具有多学科交叉等特点。尤其是随着嵌入式软件的功能和复杂性日益增加，对嵌入式软件开发人员的需求远远大于硬件系统开发人员的需求。国内许多高校纷纷成立了嵌入式系统专业，培养嵌入式软件开发人员。北京工业大学自2009年开始招收软件工程（嵌入式系统方向）实验班，并招收嵌入式系统硕士研究生，经过近十多年的本科生和硕士生培养，在总结分析软件工程（嵌入式系统方向）学生专业和基础理论特点的基础上，我们编写了本教材。

全书共分9章。其中，第1章主要介绍嵌入式系统的基本概念及其组成；第2章主要介绍嵌入式操作系统的基本概念、体系结构、分类，以及常见的嵌入式实时操作系统；第3章介绍UML的语义、图形表示方法，以及基于UML的软件建模；第4章介绍基于OO技术的软件开发基本概念和原则，重点介绍适用于嵌入式系统的统一软件开发过程和嵌入式系统快速面向对象开发过程；第5章在介绍面向对象的嵌入式软件需求分析基本概念的基础上，依次介绍基于UML的嵌入式系统需求分析、结构分析和行为分析；第6章介绍嵌入式软件的构架设计、机制设计及详细设计；第7章介绍嵌入式Linux驱动程序、应用软件开发及相关代码优化；第8章介绍Android系统架构和开发环境，并结合具体案例介绍了Android驱动和应用程序开发相关技术；第9章在介绍MISRAC:2004规则的基础上，阐述嵌入式软件测试相关模型与技术。

本书在编写过程中参考借鉴了朱成果、康一梅、Douglas等专家学者的成果，在此表示感谢。书中嵌入式软件设计模式、Android开发等相关章节由王素玉和王晓懿老师结合项目研发经验编写完成，在此表示诚挚的感谢。

由于时间和精力的限制，本书在深度和广度上有一定的局限性，不当及谬误之处，恳请大家批评指正，以助我改进完善本书。

编　者

2019年9月

目　录

第 1 章　嵌入式软件开发导论

本章主要介绍嵌入式系统(Embedded System)的基本概念及其组成。通过本章的学习，读者将了解到嵌入式系统的系统架构和嵌入式系统中软、硬件之间的紧密关系，为理解后续章节打下基础。

1.1　概　　述

嵌入式系统以其特有的信息处理能力和独到的人机交互能力引起了人们极大的关注，已经成为带动电子信息产业发展的一个重要增长点。尤其是随着通信、电子和计算技术的发展，嵌入式系统在 21 世纪得到广泛应用。从消费电器到工业设备，从民用产品到军用器材，嵌入式系统被应用于网络、手持通信设备、国防军事、消费电子和自动化控制等各个领域。

1.1.1　定义

嵌入式系统虽然起源于微型计算机时代，但由于微型计算机的体积、价位、可靠性等指标均无法满足众多嵌入式应用系统的要求，于是其逐步走上了独立发展的道路。此外，嵌入式系统本身不仅与一般个人计算机应用系统不同，而且针对不同具体环境设计的嵌入式应用也存在很大差别。因此，人们对嵌入式系统认识的角度不同，理解也不尽相同。

英国电机工程师学会将嵌入式系统定义为：控制、监视或辅助设备、机器或用于工厂操作的装置。这些装置具有如下特征：

(1) 通常执行特定功能；

(2) 由微型计算机和外围设备构成核心；

(3) 有严格的时序和稳定性要求；

(4) 全自动操作循环。

国际电机工程师协会(Institute of Electrical and Electronics Engineers，IEEE)从应用角度将嵌入式系统定义为：控制、监视或者辅助装置、机器和设备运行的装置。从该定义中可以看出，嵌入式系统是软件和硬件的结合体，还可以包含机械等附属装置。

微软公司在 2002 年将嵌入式系统定义为：完成某一特定功能，或是使用某一特定嵌入式应用软件的计算机或计算装置。

不过上述定义并不能充分体现出嵌入式系统的精髓，目前国内外对于嵌入式系统有一个普遍被认同的定义，即嵌入式系统是以应用为中心和以计算机技术为基础的，并且软硬件是可裁剪的，能满足应用系统对功能、可靠性、成本、体积、功耗等指标的严格要求的专用计算机系统。它可以实现对其他设备的控制、监视或管理等功能。

1.1.2　发展历史

1946 年诞生了电子数字计算机，在其后 20 多年的发展历史进程中，计算机基本是在特殊的机房中实现数值计算的大型昂贵设备。直到 20 世纪 70 年代微处理器出现，以微处理器为核心的微型计算机以其小型、价廉、可靠性高等特点，迅速从机房走入人们日常工作生活中。同时，微型计算机的高速数值运算能力及其表现出的智能化水平与潜力，引起了控制领域专业人士的兴趣，要求将微型机嵌入到一个对象体系中，实现对象体系的智能化控制。例如，对微型计算机进行电气加固、机械加固，配置不同的外围接口电路，进而安装到飞机中构成自动驾驶仪或飞机状态监测系统。为了区别于原有的通用计算机系统，把嵌入到对象体系中、实现对象体系智能化控制的计算机称为嵌入式计算机系统。由于嵌入式计算机系统需要嵌入到对象体系中，实现对象的智能化控制，因此其技术要求和技术发展方向与通用计算机系统完全不同。

通用计算机系统的技术要求是高速海量的数值计算，技术发展方向是总线速度的无限提升、存储容量的无限扩大。20 世纪末到 21 世纪初，通用计算机系统的软硬件技术飞速发展，其中，通用微处理器以 Intel 为代表迅速从 286、386、486 等系列发展到奔腾、酷睿等系列；同时，通用计算机操作系统在网络和数据处理等方面功能日趋强大。这些因素迅速增强了通用计算机处理高速海量数据的能力。

嵌入式计算机系统的技术要求是对象的智能化控制能力，技术发展方向是与对象系统密切相关的嵌入式计算的性能、控制能力与可靠性。因此，嵌入式计算机系统走上了一条完全不同的道路，即单芯片化道路。这条发展道路以微电子学科、电子学科为基础，融入了计算机学科、通信、软件工程等领域知识。而多学科的交叉与融合，剔除了嵌入式系统的“专用计算机”观念，促进了嵌入式系统的健康发展，并迅速从传统的电子系统发展到智能化的现代电子系统时代。

嵌入式处理器是嵌入式系统的核心，直接决定着嵌入式硬件平台的运算能力，它是根据应用领域的特殊需求而定制设计的。20 世纪 70 年代面向嵌入式应用的单片机(Single Chip Micyoco，SCM)诞生，其发展经历了 SCM、MCU(Micro Controller Unit，微控制单元)、SoC(System on Chip，片上系统)三大阶段。随着嵌入式处理器的发展，嵌入式系统总体上经历了如下三个发展阶段：

(1) 以单个芯片为核心的系统，无操作系统支持，大部分用于工业控制系统。

(2) 以嵌入式 CPU(Central Processing Unit，中央处理器)为基础、以嵌入式操作系统为核心的嵌入式系统。

(3) 以基于 Internet 为标志的嵌入式系统。

当前，随着人工智能、人机交互和网络技术在嵌入式系统中的广泛应用，嵌入式系统表现出如下的发展趋势：

(1) 应用复杂化、智能化。随着智能计算技术、人机交互技术的发展，人们对嵌入式产品的功能和智能化程度都提出了更高的要求，嵌入式系统逐步成为复杂应用的承载平台。目前出现的一些典型复杂应用，包括高清数字图像处理系统、嵌入式人脸识别系统、嵌入式生物特征分析系统、汽车电子中的智能感知系统等。

(2) 网络化。随着网络技术和无线通信技术的飞速发展，计算和信息共享的方式发生了彻底的改变，大量的嵌入式设备急需通过网络连接来提升其服务能力和应用价值。尤其随着物联网(Internet of things)的问世和 5G 通信技术的实现，个人计算机在网络中的统治地位逐渐被打破，嵌入式系统在网络世界中扮演着日益重要的角色。

物联网是通过不同信息传感设备(如传感器、射频识别(RFID)技术、全球定位系统、红外感应器、激光扫描器和气体感应器等)实时采集任何需要监控、连接、互动的物体或过程，采集其声、光、热、电、力学、化学、生物、位置等各种需要的信息，与互联网结合形成的一个巨大网络。其目的是实现物与物、物与人、所有物品与网络的连接，进而方便地识别、管理和控制。物联网技术是“智慧星球”“精准农业”“智能交通”“智能电网”等应用的核心，而嵌入式计算正是物联网技术的基础。

(3) 普适计算。它是指无所不在的、随时随地可以进行的计算，对计算平台的体积、移动性、互联性都有较高的要求。作为普适计算的天然载体，嵌入式系统自然与普适计算的发展紧密相关。随着嵌入式设备的计算能力、存储资源日益增强，人工智能技术也越来越多地融入到嵌入式系统中，呈现出越来越多的智能嵌入式应用，例如智能手持设备、无人驾驶汽车、智能卡等。当然，普适计算、人工智能等技术的进一步发展，将会给嵌入式系统应用带来更多新的机遇。

1.1.3　应用领域

随着信息技术的发展和数字化产品的普及，嵌入式系统被应用到网络、手持通信设备、国防军事、消费电子和自动化控制等各个领域，与人们的生活、工作紧密联系在一起，如图 1-1 所示。

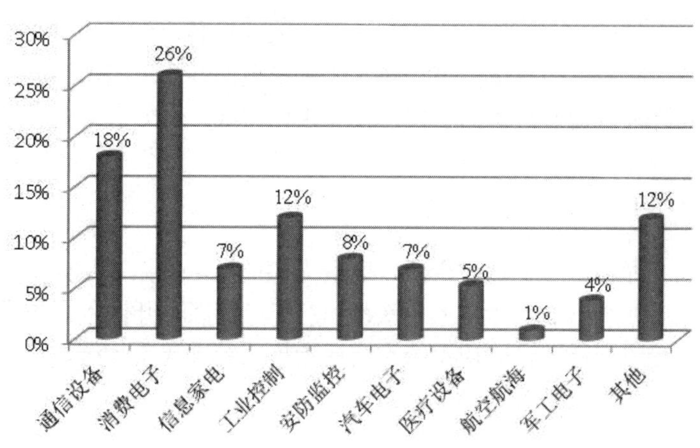

图 1-1　嵌入式系统应用领域

1. 消费电子与信息家电

后PC时代，计算将无处不在，家用电器和消费电子向数字化和网络化发展。电视机、冰箱、微波炉、电话等都将嵌入计算能力，并通过家庭控制中心与Internet连接，转变为智能网络家电，还可以实现远程医疗、远程教育等。常见的消费类电子如机顶盒、数码相机、数字电视、Web TV、网络冰箱、网络空调、家庭网关、嵌入式视频服务器、车载导航器系统等。

2. 通信市场

设计和制造嵌入式服务器、嵌入式网关和嵌入式路由器已成为互联网的关键和核心技术。其中包括路由器、交换机等各种网络设备。同时，各类通信终端设备(电话、手机、智能手持设备等)以及在通信平台上的一系列应用产品(如卫星和全球定位系统等)更是依赖嵌入式技术。

3. 工业控制

目前已经有大量的8位、16位、32位嵌入式微控制器在工业自动化设备中应用，而嵌入了网络功能的工业自动化正成为提高生产效率和产品质量、减少人力资源的主要途径。嵌入式系统正融入到工业过程控制、数字机床、电力系统等传统工业领域，同时在制造工厂污水处理系统、自动化工厂控制系统开发、机器人等新领域也得以广泛应用。随着技术的发展，32位、64位的处理器逐渐成为工业控制设备的核心，在未来几年内必将获得长足的发展。

4. 商业和金融市场

嵌入式系统已经深深融入到商业和金融市场，例如信用卡系统、自动柜员机、POS机、无线支付终端。嵌入式计算技术与商业、金融市场的融合，直接导致了人们的支付形式、消费习惯等的转变。

5. 办公市场

不知不觉中，人们的办公环境也离不开各类嵌入式设备，例如电话系统、传真系统、复印机、计时系统、照相机和摄像机等。嵌入式系统融入办公环境，不但提高了人们的办公效率，同时也逐步地改变着人们的工作习惯和工作方式，例如远程视频会议、在家办公等新工作形式的出现。

6. 交通市场

越来越发达的交通技术和交通平台正改变着人们的生活。无论是天上的飞机、宇宙飞船，还是海里的船舶、水下潜艇，陆上的铁路和汽车，都离不开嵌入式技术的支持，例如航空、铁路、公路等的交通运输监控系统、交通指挥系统、售票系统、检票系统、停车系统、行李处理系统、应急设备等。

7. 建筑市场

嵌入式技术在建筑领域的应用也越来越广泛，例如用于电力供应、备用电源和发电机、火警控制系统，供热和通风系统，电梯升降系统，车库管理、电子门锁与安保系统，闭路电视系统等。

8. 医疗市场

嵌入式系统在医疗上的应用，不仅给医生带来越来越多先进的医学检查设备和手段，同时也给病人带来越来越多先进的治病仪器和设备，例如心脏除颤器、心脏起搏器、患者信息监测系统、理疗控制系统；电磁成像系统、医疗影像网络 PACS(Picture Archiving and Communication Systems)、智能胶囊消化道内镜系统等。

9. 军事工业产品

嵌入式技术也融入到军工产品中。例如：数字化单兵信息装备、夜视扫描、全球定位等。同时，部队的作战指挥系统 C4ISR 系统(指挥、控制、通讯、电脑、情报、监视、侦察)也都依赖嵌入式技术。

1.1.4 特点

与通用计算机系统相比，嵌入系统有以下显著特点：

(1) 专用性。是指嵌入式计算机系统用于特定设备、完成特定任务。

(2) 可封装性。是指嵌入式计算机系统隐藏于目标系统内部而不被操作者察觉。嵌入式 CPU 大多工作在为特定用户群所设计的系统中，把通用 CPU 中许多由板卡完成的任务集成在芯片内部，从而使嵌入式系统的设计趋于小型化、专业化。

(3) 通常具有功耗低、体积小、集成度高、成本低等特点。同时，随着其与网络的结合越来越紧密，嵌入式系统呈现出移动计算的能力。

(4) 实时性。指与实际事件的发生频率相比，嵌入式系统能在极短、可预知的时间内对事件或用户的干预做出响应。为了提高执行速度和系统的可靠性，嵌入式系统中的软件一般都固化在存储器芯片或处理器的内部存储器件中，而不存储于外部的磁盘等载体中。

(5) 可靠性。嵌入式计算机隐藏在系统或设备中，并与系统的其他子系统保持一定的独立性，用户很难直接接触控制，具有较高的可靠性。

(6) 较长的生命周期。嵌入式系统与具体应用有机结合，它的升级换代也和相应产品同步进行。因此，嵌入式系统一旦进入市场，一般具有较长的生命周期。

嵌入式系统是将先进的计算机技术、半导体工艺、电子技术和通信网络技术与各领域的具体应用相结合的产物。这一特点决定了它必然是一个技术密集、资金密集、高度分散、不断创新的知识集成系统。

1.2 嵌入式系统的组成

如图 1-2 所示，嵌入式系统总体上可以分为硬件和软件两部分。其中，嵌入式硬件通常包括嵌入式处理器和其他的嵌入式外围设备等。嵌入式软件通常包括嵌入式操作系统和嵌入式应用软件等。

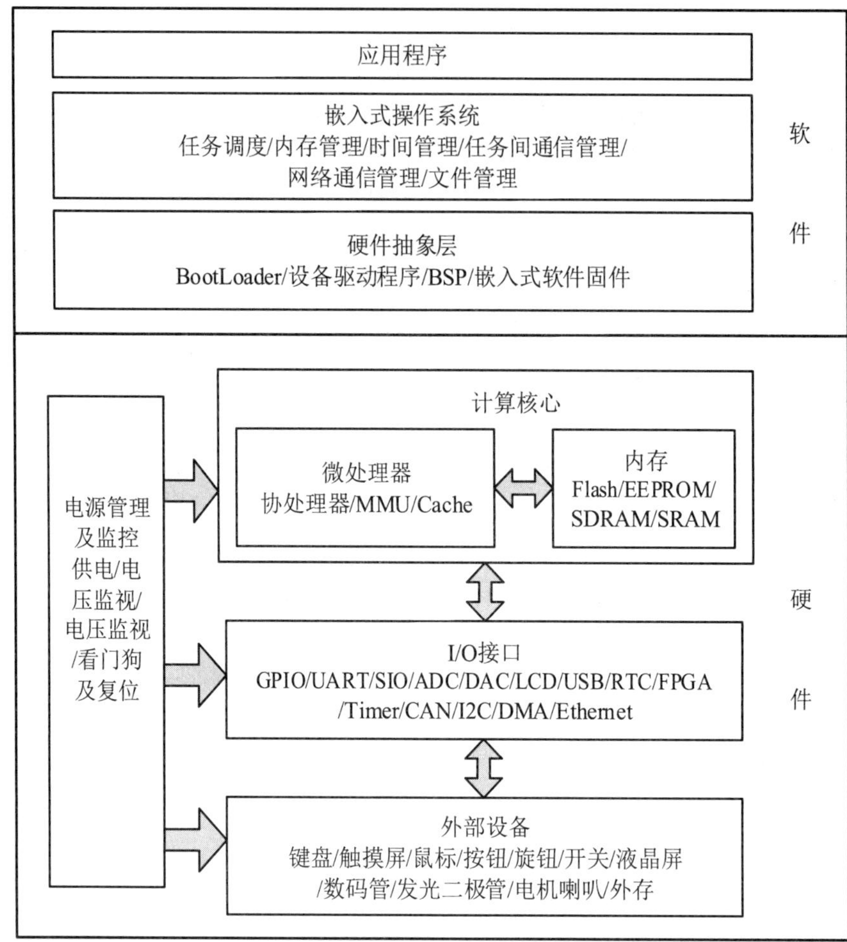

图 1-2　嵌入式系统组成

1.2.1　嵌入式处理器

嵌入式处理器是嵌入式系统的核心部件。嵌入式处理器与通用处理器的最大不同点在于嵌入式 CPU 大多工作在为特定用户群设计的系统中。它通常把通用 CPU 中许多由板卡完成的任务集成在芯片内部，从而有利于嵌入式系统设计趋于小型化，并具有高效率、高可靠性等特征。

嵌入式处理器可分为低端的嵌入式微控制器(Embedded Micro Controller Unit，MCU)、中高端的嵌入式微处理器(Embedded Micro Processor Unit，EMPU)、常用于计算机通信领域的嵌入式 DSP 处理器(Embedded Digital Signal Processor，EDSP)和高度集成的嵌入式片上系统(System on Chip，SoC)。

几乎每个大的硬件厂商都推出了自己的嵌入式处理器，因而现今市面上有 1000 多种嵌入式处理器芯片，其中以 ARM、PowerPC、MC68000、MIPS 等的使用最为广泛。

1.2.2　嵌入式外围设备

本书中嵌入式外围设备是指在一个嵌入式硬件系统中除了中心控制部件(MCU、DSP、EMPU、SoC)外，完成存储、通信、保护、调试、显示等辅助功能的其他部件，根据功能可分为以下 3 类。

(1) 存储器类型：包括静态易失型存储器(RAM、SRAM)、动态存储器(DRAM)、非易失型存储器(ROM、EPROM、EEPROM、FLASH)。其中，FLASH 因其可擦写次数多、存储速度快、容量大及价格便宜等优点在嵌入式领域得到广泛的应用。

(2) 接口类型：主要是为了解决 CPU 和外围设备之间的通信联络问题，CPU 和外围设备之间的时序配合和数据格式转换问题，CPU 和外围设备之间的电气特性匹配问题。几乎通用计算机上存在的所有接口在嵌入式领域中都有其广泛的应用。例如通用并行输入输出(General-purpose input/output，GPIO)、通用异步输入输出(Universal Asynchronous Receiver/Transmitter，UART)、通用同步输入输出(Synchronous Serial Input/Output，SIO)、模拟量输入(Analog Digital Conversion，ADC)、模拟量输出(Digital Analog Conversion，DAC)、脉冲宽度调制输出(Pulse Width Modulation，PWM)、存储器直接存取控制(DMA)、中断控制器、存储器管理控制器、液晶显示控制器(Liquid Crystal Display，LCD)、定时器 Timer、实时时钟(Real Time Clock，RTC)等。但是以下几种接口的应用最为广泛，包括 RS-232 接口、IRDA、SPI、I2C、USB、Ethernet 和普通并口。

(3) 交互设备类型：实现人机交互界面的设备。其中，常用的输入设备包括按钮、电位器、任意数目的键盘、触摸屏、鼠标、麦克风，等等。常用的输出设备包括发光二极管、LED 数码管、LCD 数码、LCD 点阵图形显示、打印机，以及各类电机、电磁阀、电磁开关、喇叭，等等。

此外，电源管理及监控部分在整个嵌入式系统硬件中具有基础性和服务性地位，它与系统的整体能耗、安全和保险策略相关。目前的嵌入式系统电源监控和管理技术主要包括数字电源与模拟电源单独供电技术、电源滤波技术、电源走线电路板布局技术、电源监视与系统监视技术、锁相环 PLL 时钟管理技术、CPU 工作模式(如 ARM 具有的正常模式、低速模式、空闲模式、停止模式等)管理技术、看门狗 WatchDog 技术等。

1.2.3　嵌入式操作系统

在大型嵌入式应用中，为了使嵌入式系统开发更加方便、快捷，就需要具备相应实现存储管理、中断处理、任务间通信和定时器响应、多任务处理等功能稳定、安全的软件模块集合，即嵌入式操作系统。嵌入式操作系统的引入大大提高了嵌入式系统的功能，方便了嵌入式应用软件的设计，但同时也占用了宝贵的嵌入式资源。一般在比较大型或需要多任务的应用场合才考虑使用嵌入式操作系统。

当今流行的嵌入式操作系统包括嵌入式 Linux、嵌入式 Windows、VxWorks、Android、iPhone OS 等。每一种嵌入式操作系统都有自身的优点和适用环境，用户可根据自己的实际应用选择适当的操作系统。图 1-3 为常见嵌入式操作系统及其在当前市场中的份额。

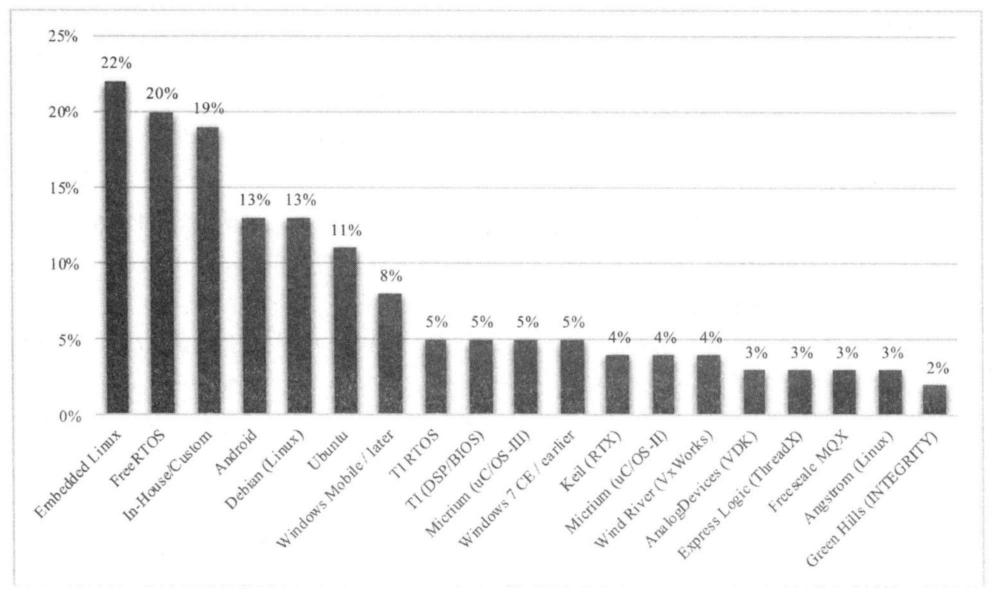

图 1-3 常见嵌入式操作系统

1.2.4 嵌入式应用软件

嵌入式应用软件是针对特定实际专业领域，基于相应的嵌入式硬件平台，并能完成用户预期任务的计算软件。例如，用户的任务可能有时间和精度的要求。有些嵌入式应用软件需要嵌入式操作系统的支持，但在简单的应用场合下也可以不需要专门的操作系统。

嵌入式应用软件是实现嵌入式系统功能的关键，其要求与通用计算机上的应用软件有所不同。由于嵌入式应用对成本十分敏感，因此为减少系统的成本，除了精简每个硬件单元的成本外，尽可能地减少嵌入式应用软件的资源消耗也是不可忽视的重要因素。这使得嵌入式应用软件不但要保证其准确性、安全性、稳定性以满足应用要求，还要尽可能地优化。嵌入式软件具有如下特征。

(1) 软件要求固态化存储。为了提高软件的执行速度和系统可靠性，嵌入式系统中的软件一般都固化在存储器芯片或单片机中，而不是存储于磁盘等载体中。

(2) 软件代码具有高质量、高可靠性等特征。尽管集成电路的发展使处理器速度不断提高，也使存储器容量不断增加，但在大多数嵌入式应用中，计算资源和存储空间仍然非常宝贵，还存在实时性的要求。因此，需要高质量的程序编写和编译工具，以减少程序二进制代码长度、提高执行速度。

(3) 系统软件的高实时性。在多任务嵌入式系统中，对重要性各不相同的任务进行统筹兼顾、合理调度是保证每个任务及时执行的关键，单纯通过提高处理器速度是难以完成的，这种任务调度只能由优化编写的系统软件来完成。因此系统软件的高实时性是基本要求。

(4) 基于多任务实时操作系统的应用软件成为趋势。随着嵌入式应用的深入和普及，接触到的实际应用环境也越来越复杂，嵌入式应用软件也越来越复杂。支持多任务的实时操作系统成为嵌入式应用软件必需的系统软件。

1.3　嵌入式软件的开发流程

嵌入式应用软件开发必须将硬件、软件、人力资源等元素集成起来，并进行适当的划分与组合以实现目标应用对功能和性能的需求。虽然其开发所使用的分析设计方法与通用软件的开发方法有一定的差异，但整个开发流程还是可分为需求分析阶段、设计阶段、生成代码(实现)阶段、调试阶段和固化阶段，如图 1-4 所示。

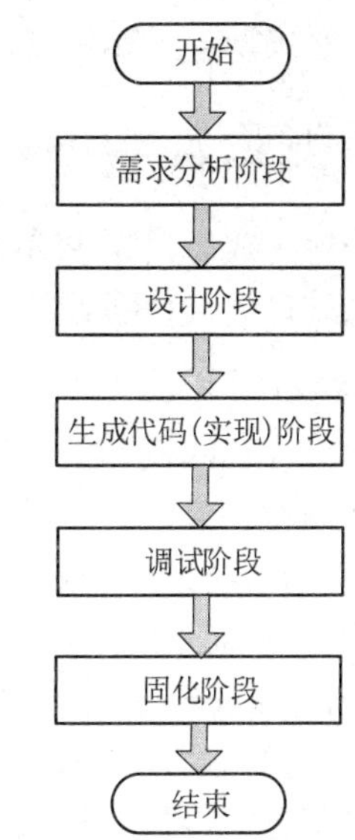

图 1-4　嵌入式应用软件的开发流程

与通用软件开发类似，嵌入式应用软件开发可以选择结构化的分析设计技术，也可以采用面向对象的分析设计技术。其中结构化软件分析设计方法包括 RTSAD (Real-Time Structured Analysis and Design)、DARTS(Design Approach for Real-Time Systems)、CODARTS(Concurrent DARTS)等。面向对象的软件分析设计技术包括 RT-UML 等。由于面向对象技术便于大型复杂的嵌入式软件的分解和设计，其应用越来越广泛。本书将重点介绍基于面向对象的嵌入式软件开发技术 RT-UML。

1.3.1　需求分析阶段

嵌入式软件开发的需求分析阶段包括以下 3 个方面。

1. 对问题的识别和分析

开发一个嵌入式系统之前，需要清楚要开发什么或设计什么，这些信息一般来自于市场和用户。为了更好地捕捉来自市场和用户的需求，开展需求分析工作，可以设计一个简单的需求表格，如包括项目名称、目的、功能、输入/输出、性能、生产成本、功耗、物理尺寸和重量等。在调研过程中，将来自市场和用户的需求信息填入表格，在此基础上对信息进行抽象识别，产生系统的功能需求、性能需求、环境需求、可靠性需求、安全需求、用户界面需求、资源使用需求、软件成本与开发进度需求以及系统升级需求。这些需求是后续制订需求规格说明书和需求评审的基础。

嵌入式应用软件的性能需求中对实时性通常有更严格的要求，而对于用户界面和系统升级的需求相对较少。例如有些应用场合根本不需要进行人机的交互，软件可按预定的程序一直运行下去；有些应用环境系统运行几十年都不需要什么改变，不需要考虑系统的升级。

2. 制订规格说明文档

制订规格说明的主要目的是对需求进行提炼，以得到清晰、准确的系统描述。其主要任务是确定需要解决的问题或需要完成的任务及其约束，同时对嵌入式系统的软硬件做全面的分析，并对软硬件做合理的分解，为嵌入式系统的软件设计打下基础。规格说明文档包括需求规格说明书和初级的用户手册等。若采用面向对象的分析方法，可以通过用例模型建立系统的需求模型(有关用例模型将在第 3 章描述)。

3. 需求评审

需求评审是嵌入式系统进入下一设计阶段前最后的需求分析复查手段，通过在需求分析的最后阶段对各项需求进行评估，以保证软件需求的质量。需求评审的内容包括正确性、无歧义性、安全性、可验证性、一致性、可理解性、可修改性、可追踪性等多个方面。

1.3.2 设计阶段

需求分析完成后，需求分析员提交规格说明文档，进入系统的设计阶段。系统的设计阶段包括系统设计、任务设计和任务的详细设计。

1. 系统设计和任务设计

通用软件开发的设计常采用将系统划分为各个功能子模块，再进一步细分为函数，采用自顶向下的设计方法。而嵌入式应用软件是通过并发的任务来运作的，系统设计将系统划分为多个并发执行的任务，各个任务允许并发执行，并通过相互间通信建立联系。为了让大家了解嵌入式系统结构化的分析设计技术，在此简单介绍实时系统分析设计方法(Design Approach for Real-time System，DARTS)。

DARTS 分析设计方法是结构化分析/结构化设计的扩展，它给出了划分任务的方法，并提供定义任务间接口的机制。DARTS 设计方法的设计步骤如下。

1) *数据流分析*

在 DARTS 设计方法中，系统设计人员在系统需求的基础上，以数据流图作为分析工具，从系统的功能需求开始分析系统的数据流，以确定主要的功能。同时，扩展系统的数据流图，分解系统到足够的深度，以识别主要的子系统和各个子系统的主要成分。

DARTS 每个数据流图包含椭圆，它表示为完成系统的功能而对数据的操作进行变换；箭头表示变换间的数据流动；双线表示为转换提供数据源或数据存储服务的缓冲区、文件或数据库；方框表示软件系统边界外的信息生产者和消费者；数据字典定义了数据流和数据存储所包含的数据项。DARTS 数据流图的图形符号及含义如图 1-5 所示。

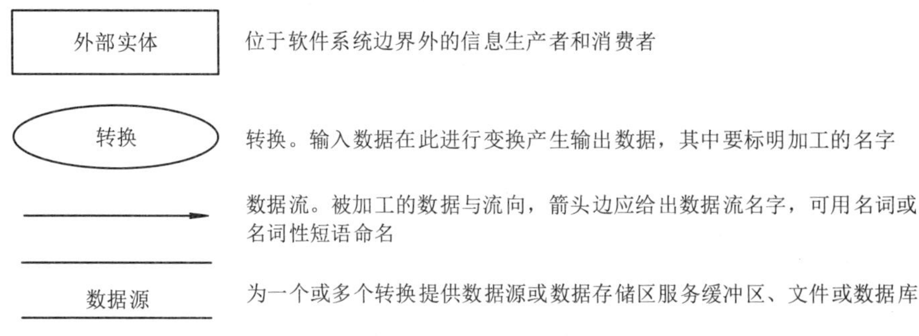

图 1-5　DARTS 数据流图的图形符号

2) *划分任务*

设计人员识别系统的所有功能以及它们之间的数据流关系，得到完整的数据流图，进而识别出系统中并行性的功能。DARTS 设计方法提供了在数据流图上确定并发任务的方法。系统设计人员把可并行的、相对独立的功能单元抽象成一个系统任务。

实时软件系统中并行任务的分解主要考虑系统内功能的异步性。分析数据流图中的变换，确定哪些变换可以并行，哪些变换本质上是顺序执行的。系统设计人员可以考虑一个变换对应一个任务，或者一个任务包括多个变换。任务划分可以依据以下的规则。

(1) I/O 依赖性。变换如果依赖于 I/O(Input/Output，输入/输出)，应将一个变换对应为一个任务。I/O 任务的运行只受限于 I/O 设备的速度，而非处理器。在系统设计中可以创建与 I/O 设备数目相当的 I/O 任务，每个 I/O 任务只实现与该设备相关的代码。

(2) 功能的时间关键性。具有时间关键性的功能应当分离出来，成为一个独立的任务，并且赋予这些任务较高的优先级，以满足系统对时间的需要。

(3) 计算量大的功能。计算量大的功能在运行时势必会占用较多 CPU 时间，应当让它们单独成为一个任务。为了保证其他费时少的任务得到优先运行，应该赋予计算量大的任务以较低优先级运行。这样允许它能被高优先级的任务抢占。多个计算任务可安排成相同优先级，按时间片轮转算法调度任务。

(4) 功能内聚。系统中各紧密相关的功能，不适合划分为独立的任务，应该把这些逻辑上或数据上紧密相关的功能合成一个任务，使各个功能共享资源或相同事件的驱动。将紧密相关的功能合成一个任务不仅可以减少任务间通信的开销，而且可以降低系统设计的难度。

(5) 时间内聚。任务按时间内聚划分是将系统中在同一时间内能够完成的各个功能合成一个任务，以便在同一时间统一运行。该任务的各功能可以通过相同的外部事件(如时钟等)驱动。这使得当外部事件发生时任务中的各个功能就可以同时执行。将这些功能合成一个任务，可以减少系统调度多个任务的开销。

(6) 周期执行的功能。将在相同周期内执行的各个功能组成一个任务，使运行频率越高的任务赋予越高的优先级。

3) 定义任务间的接口

任务划分完成以后，下一步就要定义各个任务的接口。在数据流图中接口以数据流和数据存储区的形式存在，抽象化数据流和数据存储区成为任务的接口。在 DRATS 设计方法中，有两类任务接口模块：任务通信模块和任务同步模块，分别处理任务间的通信和任务间的同步。

2. 任务的详细设计

有了划分好的任务以及定义好的任务间的接口后，就可以开始任务的详细设计。主要包括以下设计内容：

(1) 任务体系结构：详细定义任务包含的子模块和模块间的关系。

(2) 任务执行流程：尽可能详细地描述任务的处理过程。

(3) 画出每个任务的数据流图，使用结构化设计方法，从数据流图导出任务的模块结构图。

(4) 定义各模块的接口。

在完成任务的模块结构图和接口定义后，进行每个模块的详细设计，给出每个模块的程序流程图，为下一步的编码做好准备。

1.3.3 生成代码阶段

生成代码阶段需要完成的工作包括编码、交叉编译和链接、交叉调试和测试等。

1. 编码

编码工作是在每个模块的详细设计文档基础上进行的，规范化的详细设计文档能缩短编码的时间。在专业的软件开发公司中，编码所用的时间并不是项目总的开发时间中的主体时间。

2. 交叉编译和链接

嵌入式软件开发编码完成后，要进行编译和链接以生成可执行代码。由于在开发过程中设计人员普遍使用 Intel 的 x86 系列 CPU 的计算机进行开发，而目标环境的处理芯片却是多种多样的，如 ARM、DSP、PowerPC 系列等，这就要求开发机上的编译器能支持交叉编译。

嵌入式的集成开发环境都支持交叉编译、链接。交叉编译链接生成两种类型的可执行文件：调试用的可执行文件和固化的可执行文件。

3. 交叉调试

编码编译完成后即进入调试阶段。嵌入式软件调试方法与通用软件调试方法不同。在通用软件调试中，调试器与被调试的程序通常运行在同一台机器上，作为操作系统上的两个进程，通过操作系统提供的调试接口控制被调试进程。嵌入式软件的调试需要交叉开发环境，调试采用的是包含目标机和宿主机的交叉调试方法。调试器运行在宿主机的通用操作系统上，而被调试的程序则运行在特定硬件平台上的嵌入式操作系统上。调试器与被调试程序之间可以进行通信，调试器可以访问、控制被调试程序，读取被调试程序的当前状态，改变被调试程序的运行状态。

交叉调试具有以下特点：

(1) 调试器和被调试的程序运行在不同的机器上。调试器运行在 PC 或工作站上，而被调试程序运行在各自的专业调试板上。

(2) 调试器通过某种通信方式与目标机建立联系，如串口、并口、网络、JTAG(Joint Test Action Group) 或者专用的通信方式。

(3) 在目标机上可以具有某种调试代理，这种代理能与调试器一起配合完成对目标机上运行程序的调试，这种代理既可以是某种支持调试的硬件，也可以是某种软件。此外，目标机也可以是一种仿真机，通过在宿主机上运行目标机的仿真软件，仿真一台目标机，使整个调试工作只在一台计算机上进行。

在嵌入式软件的开发过程中，有多种调试方式，开发人员可根据实际的开发要求和条件进行选择。以下为常见的嵌入式软件调试方式。

1) ROM Monitor 方式

ROM Monitor 方式是当前嵌入式系统开发中最常用的调试方式之一。进行 ROM Monitor 调试需要目标机与宿主机协调。

首先，通过串口或以太网口等方法把宿主机和目标机相连，通过在宿主机上和目标机上正确地设置参数，使通道能正常运作，即建立起目标机和宿主机的物理通道。

物理通道建立后，下一步是建立宿主机与目标机的逻辑连接。在宿主机上运行调试器，目标机运行 ROM Monitor 和被调试程序。宿主机通过调试器与目标机的 ROM Monitor 建立通信连接，它们相互间的通信遵循远程调试协议。

执行 ROM Monitor 程序。ROM Monitor 程序是一段运行于目标机 ROM 上的可执行程序。它主要负责监控目标机上被调试程序的运行情况。它与宿主机端的调试器共同完成对应用程序的调试。ROM Monitor 程序包含基本功能的启动代码，并完成必要的硬件初始化，初始化自己的程序空间，等待宿主机的命令。

被调试程序通过 ROM Monitor 下载到目标机，就可以开始进行调试。绝大部分的 ROM Monitor 能完成设置断点、单步执行、查看寄存器或查看内存空间的值等各项调试功能。高级的 ROM Monitor 还可以进行代码分析、系统分析、ROM 空间写操作等功能。

程序在调试过程中查出错误后，通过调试器进行错误的定位，然后在宿主机上进行源码的修改，重新编译生成后下载到目标机，再进行下一轮的调试。以上过程不断反复，直到程序调试无错为止。

ROM Monitor 方式具有操作简单、功能强大、不需要专门的调试硬件和适用性广等特点，能提高调试的效率、缩短产品的开发周期，因此被广泛地应用于嵌入式系统的开发之中。但是，ROM Monitor 调试方法也有其适用范围。首先，由于系统的初始化改由 ROM Monitor 完成，所以不能用它来调试目标操作系统的启动过程，其主要用于调试运行在目标机操作系统上的应用程序。其次，宿主机与目标机通信必然要占用目标平台的某个通信端口，那么使用这个端口的通信程序就无法进行调试。最后，应用程序的调试版本必须改动目标操作系统，这一改动虽不会对操作系统在调试过程中的表现造成不利影响，但可能产生调试版与最终发布版本的不同。

2) ROM Emulator *方式*

ROM Emulator 方式即在进行系统的开发调试过程中使用了 ROM Emulator 这种调试设备。通过将 ROM Emulator 插入到目标机上的 ROM 插座中，以仿真目标机的 ROM 芯片。用户在进行程序的调试时先将程序下载到 ROM Emulator 中(等效于将被调试程序下载到目标机的 ROM 上)，再进行目标程序的调试。

采用 ROM Emulator 调试方式，可以避免每次修改程序后都必须重新烧写到目标机 ROM 中的费时费力的重复性操作。但是 ROM Emulator 设备本身比较昂贵，且功能相对单一，所以采用这种调试方式相对较少。

3) In Circuit Emulator *方式*

In Circuit Emulator(ICE，在线仿真器)方式也是嵌入式开发调试中常用到的一种调试方法，它使用在线仿真器作为调试用的工具。

在线仿真器包括一个仿真插头，使用仿真头以取代目标板上的 CPU，可以完全仿真处理器芯片的行为。从用户和在线仿真器之间的通信关系来看，在线仿真器是一个可被控制的 MCU。在线仿真器通过一根短电缆连接到目标系统上，该电缆的一端有一个插件，插到处理器的插座上。在线仿真器支持常规的调试操作，如单步运行、断点、反汇编、内存检查、源程序级的调试等。

由于嵌入式应用通常与具体的硬件和使用环境有关，存在各种例外和事先未知的变化，这给微控制器的指令执行带来各种不确定性。这种不确定性只有通过在线仿真器的实时在线仿真才能发现。尤其进行可靠性分析时，要在同样条件下多次仿真，以发现偶然出现的错误。

4) On Chip Emulator 方式

On Chip Emulator(芯片仿真器)是在微处理器的内部嵌入额外的控制模块，以接管中断及异常处理，该控制模块可能以基于微码的监控器或纯硬件资源的形式存在。用户通过设置 CPU 内部的寄存器来指定哪些中断或异常发生后处理器直接进入调试状态。

在调试状态下，被调试的程序暂时停止运行，宿主机的调试器通过微处理器外部特设的通信口访问各种寄存器、存储器资源，并执行相应的调试指令。在宿主机的通信端口和目标板调试通信接口之间，通信接口的引脚信号可能存在差异，在这两者之间往往可以通过添加一块信号转换电路板实现连接。

芯片仿真器调试方式避免了 ROM Monitor 方式的许多不足。在调试过程中不需要对目标操作系统进行修改，由于其没有引入 ROM Monitor，所以能够调试目标操作系统的启动过程。而且它通过微处理器内嵌的处理模块，在微处理器内部提供调试支持，不占用目标平台的通信端口，大大方便了系统开发人员。

但是，为了识别各式各样的目标环境以及可能出现的异常和出错，要求调试器具有更强的功能模块，就必须针对不同开发板使用的微处理器编写相适应的各类 ROM、RAM 的初始化程序，这大大增加了程序员的软件开发工作量。

4. 测试

嵌入式系统开发的测试与通用软件的测试相似，大体上也可分为单元测试和系统集成测试。第 9 章将比较详细的介绍嵌入式软件的测试方法和常见技术，在此就不赘述了。

1.3.4　固化阶段

嵌入式软件开发完成以后，大多要在目标环境的非易失性的存储单元(如 PROM、FLASH)中运行。程序需要写入到 ROM 中固化，保证每次运行后下一次运行无误，所以嵌入式开发与普通软件开发相比增加了软件的固化阶段。

嵌入式应用软件调试完成以后，编译器要对源代码重新编译一次，以产生固化到目标环境的可执行代码，再烧写到目标环境的 ROM 中。由于固化用的代码在目标文件中把调试用的信息都屏蔽了，在固化时 ROM Monitor 不执行硬件的启动和初始化，这部分工作必须由固化的程序自己完成，所以启动模块必须包含在固化代码中。这是固化的可执行代码与用于调试的可执行代码的不同之处。

启动模块和固化代码都定位到目标环境的 ROM 中，有别于调试过程中都在目标机的 RAM 中运行。启动模块包括对芯片引脚、系统外围控制寄存器、内存管理单元的初始化以及把 ROM 中一些运行数据拷贝到运行空间中去的工作。

固化的可执行代码生成，在烧写到目标环境中后，需要进行运行测试，以保证程序的正确无误。固化测试完成后，整个嵌入式应用软件的开发就基本完成了，剩下的就是对产品的维护和更新了。

1.3.5　嵌入式软件开发的特点

嵌入式软件开发与传统的软件开发相比有许多共同点，也继承了许多传统软件的开发习惯。但由于嵌入式软件通常运行于特定的目标环境中，该目标环境往往针对特定的应用领域，功能相对比较专一。此外，出于对系统成本方面的考虑，嵌入式系统的 CPU、存储器、通信资源都应恰到好处，不像通用 PC，给用户预留许多资源。这些差异使得嵌入式应用软件开发具有其自身的特点。

1. 需要集成软硬件开发环境

嵌入式应用软件开发需要使用交叉开发环境。交叉开发环境是指实现、编译、链接和调试应用程序代码的环境。与运行应用程序的环境不同，它分散在有通信连接的宿主机与目标机环境之中。交叉开发硬件环境包括宿主机和目标机，如图 1-6 所示。

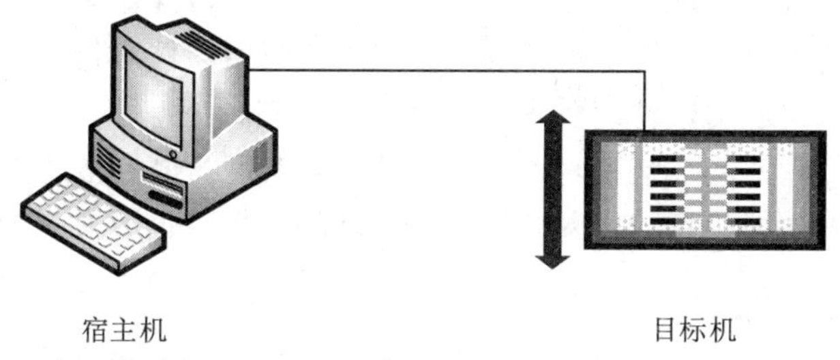

图 1-6　交叉开发硬件环境

宿主机(Host)是一台通用计算机，可以是 PC 或工作站。它通过串口或网络连接与目标机通信。宿主机的软硬件资源比较丰富，不但包括功能强大的操作系统，如 Windows/Linux，而且还有各种辅助开发工具软件，如 WindRiver 的 Tornado 集成开发环境、微软的 Embedded Visual C++ 开发环境以及 GNU 的嵌入式开发工具套件等。这些辅助开发工具软件能大大提高嵌入式软件开发的效率和进度。

目标机(Target)可以是嵌入式应用软件的实际运行环境，也可以是能替代实际环境的仿真系统。目标机体积较小、集成度高且软硬件资源配置都恰到好处。目标机的外围设备丰富多样，输入设备有键盘、鼠标、串口、红外口、触摸屏等；输出设备有显示器、串口、液晶屏等。目标机的硬件资源有限，故在目标机上运行的软件可以裁剪、配置。目标机应用软件通常与操作系统绑定在一起运行。

嵌入式软件开发需要交叉软件开发工具支持。这些工具包括交叉编译器、交叉调试器和一些仿真软件等。交叉编译器允许应用程序开发者在宿主机上生成能在目标机上运行的代码。交叉调试器和仿真软件可用来完成宿主机与目标机应用程序代码的调试。

2. 引入了新的任务设计方法

嵌入式应用系统以任务为基本执行单元。在系统设计阶段，采用多个并发任务代替通用软件的多个模块，并定义应用软件任务间的接口。若采用结构化设计方法，可采用 DARTS 设计方法进行任务的设计，定义任务间接口。若采用面向对象方法，可采用实时 UML 方法，对对象的静态特征和动态行为以及对象之间的交互建模。

3. 开发完成后需要进行固化和固化测试

通用软件的开发在测试完成以后就可以直接投入运行。其目标环境一般是PC或服务器，在总体结构上与开发环境差别不大。而嵌入式应用程序开发环境可以是PC或工作站，但运行的目标环境却千差万别，可以是个人用户的手持设备，也可以是军用的仪器设备。而且应用软件在目标环境下必须储存在非易失性存储器中，保证用户用完关机后下次正常使用。因此，嵌入式应用软件在开发完成以后，需生成固化版本，并烧写到目标环境的ROM中运行。

此外，由于开发调试用的应用软件运行环境中包含调试附加程序，而固化的二进制可执行代码不包含这些额外的代码，所以为保证固化程序能安全及正确的运行，在固化完成后要进行运行测试。

4. 软件性能要求更高、开发难度加大

大部分嵌入式应用都有实时性能的要求，特别在硬实时系统中，实时性能至关重要。这些实时性能为了在开发的应用软件中得到保证，要求设计者在软件的需求分析中充分考虑系统的实时性能。这些实时性能的体现一部分来源于实时操作系统的性能，另一部分依赖于应用软件本身的设计和代码质量。同时，嵌入式应用软件对稳定性、可靠性、抗干扰性等性能的要求也都比通用软件的要求更为严格和苛刻。

嵌入式应用软件软件的这些特点，加大了其开发难度。世界上各大著名的实时软件公司正不遗余力地开发性能优良的嵌入式集成开发环境，以方便开发人员的设计和开发。

1.4　嵌入式系统开发的硬件资源

嵌入式系统开发中要使用很多的开发工具，其中包括在线仿真器(In Circuit Emulator，ICE)、逻辑分析仪、ROM仿真器、源程序模拟器、示波器等。

1.4.1　在线仿真器

在线仿真器取代目标板的微处理器，给目标程序提供仿真环境，同时可以连接监视器，允许开发者调试和监视程序的运行。在线仿真器是进行嵌入式应用系统调试的最有效的开发工具。

在线仿真器首先可以通过实际执行，对应用程序进行原理性检验，排除以人的思维难以发现的设计逻辑错误。在线仿真器的另一个主要功能是在应用系统中仿真微控制器的实时执行，发现和排除由于硬件干扰等引起的异常执行行为。此外，高级的在线仿真器有完善的跟踪功能，可以将应用系统的实际状态变化、微控制器对状态变化的反应以及应用系统对控制的响应等以一种录像的方式连续记录下来，以供分析，并在分析中优化控制过程。例如，有很多机电系统难以建立一个精确有效的数学模型，这时可通过在线仿真器的跟踪功能对系统进行记录和分析，从中获得有价值的数据，进而极大地降低工作量。

在线仿真器不仅是软件、硬件排错工具，同时也是提高和优化系统性能指标的工具。高档在线仿真器工具(如美国NOHAU公司的产品)，可根据用户投资裁剪系统的功能，也可根据需要选择配置各种档次的实时逻辑跟踪器(Trace)、实时映像存储器(Shadow RAM)

及程序效率实时分析功能。但是这类仿真器通常必须采用极其复杂的设计和工艺，因此价格比较昂贵。这也是在线仿真器难以普及的一个原因。

嵌入式系统常用的仿真器如下：

(1) Applied Microsystems Corp.的 CodeICE/EL/CodeTAP/SuperTAP /Power TAP 仿真器。

(2) Lauterbach, Inc.的 TRACE32-ICE 仿真器。

(3) Signum Systems Corp.的 Signum 系列仿真器。

(4) Embedded Support Tools Corp.的 visionICE 仿真器。

(5) NOHAU 仿真器，http://www.nohau.com。

1.4.2 逻辑分析仪

逻辑分析仪是一种硬件调试工具，常用于硬件调试，但也可用于软件调试。它是一种无源器件，能捕获实时电信号的许多逻辑电平(0 或 1)，主要用于监视系统总线的事件，在调试硬件问题和处理复杂的外设交互时相当有用。

逻辑分析仪是数字电路测试和验证的主要工具，通常用来进行时序波形、数字电路功能的跟踪和验证以及软硬件联调。被测对象包括 8 位～64 位的总线、微处理器、FPGA(Field Programmable Gate Array)等相关数字电路。逻辑分析仪大致可分为 4 大类：混合信号分析仪、便携式逻辑分析仪、经济型逻辑分析仪和逻辑分析仪系统。生产逻辑分析仪的著名公司有安捷伦等。

1.4.3 ROM 仿真器

ROM 仿真器是用于插入目标机上的 ROM 插座中的器件，以代替或模拟 ROM 进行调试的工具。用户可以将程序下载到 ROM 仿真器中，然后调试目标机上的程序，就好像将程序烧写在 PROM 中一样，从而避免每次修改程序后直接烧写的麻烦。

1.4.4 源程序模拟器

源程序模拟器是 PC 等广泛使用的、人机接口完备的工作平台，通过软件手段模拟执行为某种嵌入式处理器内核编写的源程序测试工具。简单的模拟器可以通过指令解释方式逐条执行源程序，分配虚拟存储空间和外设，供程序员检查。高级的模拟器可以利用计算机的外部接口模拟处理器的 I/O 电气信号。

模拟器软件独立于处理器硬件，一般与编译器集成在同一个环境中，是一种有效的源程序检验和测试工具。但是模拟器的功能毕竟是以一种处理器模拟另一种处理器的运行，在指令执行时间、中断响应、定时器等方面很可能与实际处理器有较大的差别。另外，它无法仿真嵌入式系统在应用系统中的实际执行情况。最后，不同档次和功能的源程序模拟器的价格差距也比较大。

1.4.5 示波器

示波器是一种硬件调试工具，它让用户可以直观地观察到一个或更多电路上的信号。

例如，需要调试一个特殊的中断发生，就可以用一个示波器去检测它。

从事嵌入式系统开发的工程师们需要一种低成本高性能的测量仪器，以便为设计和调试工作提供支持。数字存储示波器正迎合了多变的市场需求。它可以应付各种产品内部数字子系统和核心处理器的一些共性要求，例如希望核心处理器的速度与数据处理量越来越高等。目前，进行基本数字检查的普通示波器的带宽已比以前翻了一番，达到 200 MHz 以上。而且一些非常有用的“高档”测量特性，如高级触发、快速傅立叶变换分析及彩色显示等也都相继加入到数字示波器中。

1.5　嵌入式系统开发的软件资源

嵌入式系统开发中广泛使用的软件资源包括开发语言编译工具、交叉调试器、实时多任务操作系统和集成开发环境。

1.5.1　语言编译工具

语言编译工具包括各种编程语言的编译器以及对应的连接器等。编译工具能将用户用各种编程语言开发的应用程序编译成目标代码，然后经过连接器与需要的库函数连接，进而生成最后需要的二进制可执行代码。现在的编译器大多和对应的连接器绑定在一起，在编译过程中可以自动调用连接器。当然，软件开发人员也可以通过编译参数来进行手工的配置。

编译器是将高级编程语言编写的程序编译为特定处理器能执行的机器指令的软件开发包。一个编译器的优劣通常取决于以下几个方面。

1. 通用性

随着微处理器技术的不断发展，微处理器的功能越来越强大，种类越来越繁多，但不同种类的微处理器都有自己专用的汇编语言。这给嵌入式系统开发人员设置了一个巨大的障碍，使系统编程更加困难，难以实现软件重用。而高级语言一般与具体机器的硬件结构联系较少，比较流行的高级语言对多数微处理器都有良好的支持，通用性较好。

2. 可移植性

由于汇编语言与具体的微处理器密切相关，针对某个微处理器开发的程序不能直接移植到另一个不同种类的微处理器上使用，因此移植性较差。高级语言对所有微处理器都是通用的，程序可以在不同的微处理器上运行，因此可移植性较好。

3. 执行效率

通常越高级的编程语言，其编译器和开销就越大，应用程序也就越大，运行越慢。但单纯依靠低级语言(如汇编语言)进行应用程序的开发，会造成编程复杂、开发周期长等问题。因此需要权衡开发时间和运行性能。

4. 可维护性

低级语言(如汇编语言)可维护性不高。由于高级语言编写的程序往往采用模块化的设计方法，各个模块之间有固定的接口，因此，当系统出现问题时，可以很快地将问题定位到某个模块内，并尽快得到解决。此外，模块化设计也便于系统功能的扩充和升级。

5. 基本性能

嵌入式系统开发过程中可使用的开发语言种类较多，比较广泛应用的高级语言有 Ada、C/C++ 和 Java 等。Ada 语言定义严格，易读易懂，有较丰富的库程序支持，其在国防、航空、航天等相关领域内应用比较广泛。而 C/C++ 和 Java 在手持设备上应用较广。

1.5.2 交叉调试器

交叉调试器用于对嵌入式软件进行调试和测试。嵌入式系统的交叉调试器在宿主机上运行并且通过串口或网络连接到目标机上。调试人员可以使用调试器与目标机端的 Monitor 协作，下载要调试的程序到目标机上运行和调试。

许多交叉调试器都支持设置断点，显示运行程序变量信息，具有修改变量和单步执行等功能。例如在 Linux 环境中的 GDB 可以支持远程交叉调试。

1.5.3 实时多任务操作系统

有关实时多任务操作系统的知识将在第 2 章中进行详细介绍。

1.5.4 集成开发环境

嵌入式系统的开发工作几乎全是跨平台交叉开发，多数代码直接控制硬件设备，硬件依赖性强，对时序的要求十分苛刻，很多情况下的运行状态都具有不可再现性。因此，嵌入式集成开发环境不仅要求具有普通计算机软件开发所具有的工程管理性和易用性，而且还有一些特殊的功能要求。例如对各个功能模块的响应能力的要求、一致性和配合能力的要求、精确的错误定位能力的要求以及针对嵌入式应用的代码容量与执行速度优化能力的要求等。

嵌入式集成开发环境关键技术包括项目建立和管理工具、源代码级调试技术、系统状态分析技术、代码性能优化技术、运行态故障监测技术、图形化浏览工具、代码编辑辅助工具以及版本控制工具等。

嵌入式集成开发环境包括自己可裁剪的微内核实时多任务操作系统，主机上的编译、调试、查看等工具，以及利用串口、网络、ICE 等实现主机与目标机连接的工具。它们的特点是有各种第三方的开发工具可以选用，像逻辑分析仪、代码测试工具、源码分析工具等。使用这些工具可大大加快产品的开发速度。

1.5.5 板级支持包

板级支持包(Board Support Package，BSP)是操作系统与目标应用硬件环境的中间接口。它是软件包中具有平台依赖性的那一部分，将实时操作系统和目标应用环境的硬件连接在一起，为上层的驱动程序提供访问硬件设备寄存器的函数包。板级支持包的实现中包含了大量的与处理器和设备驱动相关的代码和数据结构，因此具有很强的硬件相关性。

板级支持包完成的主要功能包括以下两个方面。

(1) 在系统启动时，对硬件进行初始化。例如对设备的中断、CPU 的寄存器和内存区域的分配等进行操作。这个工作是比较系统化的，要根据 CPU 的启动、嵌入式操作系统的初始化以及系统的工作流程等多方面要求来决定 BSP 应完成什么功能。

(2) 为驱动程序提供访问硬件的手段。驱动程序经常要访问设备的寄存器，对设备的寄存器进行操作。如果整个系统是统一编址的话，开发人员可以直接在驱动程序中用 C 语言的函数就可访问。但是，如果系统为单独编址，那么 C 语言就不能够直接访问设备中的寄存器，只有用汇编语言编写的函数才能进行对外围设备寄存器的访问。

BSP 在对硬件进行初始化时，一般应完成以下工作。

(1) 将系统代码定位到中心执行单元(可以是 CPU、单片机、DSP 等器件)将要跳转执行的内存入口处，以便硬件初始化完毕后中心执行单元能够执行系统代码。此处的系统代码可以是嵌入式操作系统的初始化入口，也可以是应用代码的主函数的入口。

(2) 根据不同中心执行单元在启动时的硬件规定，BSP 要负责将中心执行单元设置为特定状态。

(3) 对内存进行初始化，根据系统的内存配置将系统的内存划分为代码、数据、堆栈等不同的区域。

(4) 如果有特殊的启动控制代码，BSP 要负责将控制权移交给启动控制代码。例如，系统代码为了减少存储所需的 ROM 容量而进行压缩处理，那么在系统启动时要先跳转到一段控制代码，它将系统代码进行解压后才能继续系统的正常启动。

(5) 如果应用软件中包含一个嵌入式操作系统，BSP 要负责将操作系统需要的模块加载到内存中。因为嵌入式应用软件系统在进行固化时，可以有基于 ROM 的和常驻 ROM 的两种方式。在基于 ROM 方式时，系统在运行时要将 ROM 或 FLASH 内的代码全部加载到 RAM 内。在常驻 ROM 方式时，代码可以在 ROM 或 FLASH 内运行，系统只将数据部分加载到 RAM 内。

(6) 如果应用软件中包含一个嵌入式操作系统，BSP 还要在操作系统初始化之前，将硬件设置为静止状态，以免造成操作系统初始化失败。

BSP 在为驱动程序提供访问硬件的手段时，一般应完成以下工作：

(1) 将驱动程序提供的(中断服务程序)挂载到中断向量表上。

(2) 创建驱动程序初始化所需要的设备对象，BSP 将硬件设备描述为一个数据结构。这个数据结构中包含这个硬件设备的一些重要参数，上层软件就可以直接访问这个数据结构。

(3) 为驱动程序提供访问硬件设备寄存器的函数。

(4) 为驱动程序提供可重用性措施，比如将与硬件关系紧密的处理部分在 BSP 中完成，驱动程序直接调用 BSP 提供的接口，这样驱动程序就与硬件无关。只要不同的硬件系统的 BSP 提供的接口相同，驱动程序就可在不同的硬件系统上运行。

开发一个性能稳定可靠、可移植性好、可配置性强、规范化的 BSP 将大大提高实时操作系统各方面的性能。在目标环境改变的情况下，实时操作系统的 BSP 只需要在原有的基础上做小小的改动，就可以适应新的目标硬件环境。这无疑将显著地减少开发的成本和开发周期，提高实时操作系统的市场竞争力。当前，实时操作系统公司都非常重视 BSP 的开发。

1.6　嵌入式软件的可移植性和可重用性

嵌入式软件开发与通用软件开发不同，大多数的嵌入式应用软件高度依赖目标应用的软硬件环境，软件的部分功能函数由汇编语言完成，具有高度的不可移植性。由于普通嵌入式应用软件除了追求正确性以外，还要保证实时性能，因此使用效率高和速度快的汇编语言是不可避免的。这些因素使嵌入式开发的可移植性降低，但这并不意味着嵌入式软件的开发不需要关注可移植性。

一个运行良好的嵌入式软件或其中的模块，可能在设计人员将来的开发中被应用于相似的应用领域，重写这部分代码显然不如移植原有的代码高效。因为原有的代码已经被反复运行和维护，具有更好的稳定性。因此在原有的代码上进行移植将会大大减少开发的周期、提高效率，且节约开发成本。

由于提高软件的可重用性必将使设计人员受益，因此在保证正确性和实时性能的前提下，在嵌入式软件的开发过程中应始终关注软件的可移植性。但可移植性和可重用性的程度应该根据实际的应用情况来考虑。嵌入式应用软件有自身的许多特点，追求过高的可移植性和可重用性可能会影响应用软件的实时性并增加软件的代码量，这对于资源有限的嵌入式应用环境可能得不偿失。但开发人员仍然应该把可移植性和可重用性作为一个目标，致力于开发正确性、实时性、代码量、可移植性和可重用性相对均衡的嵌入式应用软件。

采用以下的方法可以提高应用软件的可移植性和可重用性。

1. 尽量用可移植性好的高级语言开发，少用汇编语言

嵌入式软件中汇编语言的使用是必不可少的。对一些反复运行的代码，使用高效、简捷的汇编能大大减少程序的运行时间。汇编语言作为一种低级语言可以很方便地完成硬件的控制操作。但是汇编语言是高度不可移植的，应尽可能少地使用汇编语言，而改用移植性好的高级语言(如 C 语言)进行开发，进而有效地提高应用软件的可移植性。现在的高级语言编译器都提供灵活、高效的选项，以适应开发人员特殊的编程和调试需求。

2. 局域化不可移植部分

若软件的各个地方都散布着不可移植的代码，这对于想对软件进行移植的开发人员来说，既费时费力，又非常容易导致新的问题，无异于一场噩梦。要提高代码的可移植性，可以把不可移植的代码和汇编代码通过宏定义和函数的形式，分类集中在某几个特定的文件之中，可以迅速地对需要修改的代码进行定位、修改，从而大大提高移植的效率。

3. 提高软件的可重用性

提高软件的可重用性是非常值得为之花费时间和心血的一个目标。优秀的程序开发人员在进行项目开发时，一般都不会从零开始，而是首先找一个功能相似的程序进行研究，再考虑是否重用部分代码，然后再添加部分功能。在嵌入式软件开发的过程中，有意识地提高软件的可重用性，不断积累可重用的软件资源，这对开发人员今后的软件设计是非常有益的。

提高软件的可重用性有很多的办法。例如更好地抽象软件的函数，使它更加模块化，

功能更专一，接口更简捷明了；为比较常用的函数建立库函数等。此外，应对开发中常用的设计方法和好的设计思路进行总结，以便形成自己的软件设计模式。

1.7 小　结

本章介绍了嵌入式系统的概念、原理和应用领域，在分析嵌入式系统组成的基础上，讨论了嵌入式软件的特点、开发流程，并给出了嵌入式系统开发所需要的软硬件资源，为后续章节讨论嵌入式操作系统、嵌入式软件开发及测试技术打下基础。

课后习题

1. 嵌入式系统的定义？举例说明嵌入式系统的特点。
2. 简单介绍嵌入式系统开发的流程，分析嵌入式软件与通用软件开发的异同。
3. 嵌入式软件有哪些特点？
4. 嵌入式软件调试需要哪些软硬件资源？举例说明有哪些常见的嵌入式软件调试技术及其各自的优缺点。

参考文献

[1] SHIBU，KIZHAKKE，VALLATHAI. 嵌入式系统设计与开发实践[M]. 2 版. 陶永才，译. 北京：清华大学出版社, 2017.

[2] 凌明, 王学香，单伟伟. 嵌入式系统：从 SoC 芯片到系统[M]. 2 版. 北京：电子工业出版社, 2017.

[3] ROBERT O，MARK K. 嵌入式系统软件工程：方法、实用技术及应用[M]. 单波，苏林萍，等，译. 北京：清华大学出版社, 2016.

[4] 李晅松，陶先平，宋巍. 普适计算应用时空性质的运行时验证[J]. 软件学报，2018, 29(6):1622-1634.

[5] 高焕堂. UML 嵌入式设计[M]. 北京：清华大学出版社, 2008.

[6] BRUCE P D. 实时 UML：开发嵌入式系统高效对象[M]. 2 版. 北京：中国电力出版社，2003.

[7] 王飞跃，张俊. 智联网：概念、问题和平台[J]. 自动化学报, 2017, 43(12): 2061-2070.

[8] [美]怀特(WHITE E). 嵌入式系统开发(影印版)[Making Embedded Systems][M]. 南京：东南大学出版社, 2012.

[9] V. ALFRED, R. SETHI, J. D. ULLMAN. Compilers: principles, techniques, & tools, 2ed. Pearson/Addison Wesley, 2007.

[10] 朱成果. 面向对象的嵌入式系统开发[M]. 北京：北京航空航天大学出版社, 2007.

第 2 章　嵌入式操作系统

随着嵌入式操作系统功能日趋复杂，越来越多的嵌入式系统拥有自身的操作系统以管理系统的软硬件资源，同时为开发人员提供丰富的编程接口，方便应用软件的开发。本章主要介绍嵌入式操作系统的基本概念、体系结构、分类，以及常见的嵌入式操作系统。

2.1　嵌入式操作系统基础

2.1.1　嵌入式操作系统概念

嵌入式操作系统(Embedded Operating System, EOS)，是嵌入式系统中硬件与应用程序之间的系统软件，负责嵌入系统的全部软、硬件资源的分配、调度，控制、协调并发活动，同时将硬件细节与应用隔离开来，为应用提供一个更容易理解和进行程序设计的接口。

作为嵌入式系统非常重要的组成部分，EOS 通常包括与硬件相关的底层驱动软件、系统内核、设备驱动接口、通信协议、图形界面等。EOS 一方面具有通用操作系统的基本特点。例如能够有效管理日益复杂的系统资源；能够把硬件虚拟化，使得开发人员从繁忙的驱动程序移植和维护中解脱出来；能够提供库函数、驱动程序、编程接口等。此外，与通用操作系统相比较，EOS 具有如下的特点。

(1) 可装卸性。具有开放、可扩展的体系结构。

(2) 强实时性。EOS 实时性一般较强，用于不同设备的实时控制。

(3) 统一的接口。为各种设备驱动提供统一的接口，方便应用程序开发。

(4) 良好的交互界面。EOS 的操作界面要简单方便，图形界面追求易学易用。

(5) 提供强大的网络功能。提供 TCP/UDP/IP/PPP 协议支持及统一的 MAC(Media Access Control Address)访问层接口，为各种移动计算设备预留接口。

(6) 强稳定性。嵌入式系统一旦开始运行就不需要用户过多的干预，这要求负责系统管理的 EOS 具有较强的稳定性。

(7) 固化代码。在嵌入式系统中，EOS 和应用软件被固化在嵌入式系统计算机的 ROM 中。EOS 的文件管理功能应能够很容易地拆卸，因此在嵌入式系统中很少使用辅助存储器，而是用各种内存文件系统。

(8) 良好的移植性。系统能适应不同硬件，方便系统移植。

2.1.2 嵌入式操作系统设计原则

嵌入式系统具有面向特定应用的特征，为了提高 EOS 的普适性，通常需要遵循以下设计原则。

1. 硬件独立性

操作系统的一个主要优点是使应用程序开发与底层硬件实现隔离。对底层硬件的驱动通过操作系统和自行开发或第三方提供的设备驱动程序实现，进而使应用程序的开发者集中精力于应用软件的开发。设备驱动程序往往也是嵌入式系统软件开发的组成部分，但有了中间层的 EOS 后，应用软件开发和驱动程序开发可以分开独立地进行。

EOS 的硬件独立性主要是通过硬件抽象层(Hardware Abstraction Layer，HAL)实现的。HAL 的概念由微软公司提出，目的是方便各类操作系统在不同硬件结构上的移植。HAL 实现了嵌入式系统软件设计与硬件相关部分的单独设计。HAL 是底层硬件为系统中运行的软件提供的公共接口，或者说是操作系统为硬件驱动提供的接口规格说明。其主要的功能有系统硬件的初始化、数据的输入/输出操作、硬件设备的配置、操作系统或应用程序的引导等。

目前在硬件抽象层内实际实现的软件主要有 Boot Loader 程序、嵌入式软件固件、BSP 和硬件设备驱动程序等形式。

2. 可扩展的系统运行框架

EOS 采用可扩展的系统运行框架允许开发者根据需要选择使用或不使用系统所提供的任意功能和服务。由于嵌入式系统的资源有限，这样扩大了 EOS 的应用灵活性，也是 EOS 与通用计算操作系统不同的一个重要方面。基于 EOS 所提供的应用程序运行框架，开发者只要遵守框架所要求的原则设计应用程序，基本上就能完成开发任务。

3. 操作系统采用占先式或是非占先式内核

非占先式也称作不可剥夺型(non-preemptive)或合作型多任务内核。各个任务彼此合作共享一个 CPU。中断服务可以使一个高优先级的任务由挂起状态变为就绪状态。但中断服务以后 CPU 控制权还是回到原来被中断了的那个任务，直到该任务主动放弃 CPU 的使用权时，那个高优先级的任务才能获得 CPU 的使用权。非占先式内核的一个特点是几乎不需要使用互斥机制保护共享数据。运行着的任务占有 CPU，而不必担心被别的任务抢占。非占先式内核的最大缺陷在于其实时性能差。高优先级的任务即使已经进入就绪状态，但还不能立即运行，也许要等很长时间，直到当前运行着的任务释放 CPU。

占先式(preemptive)也称为可剥夺型。在此类内核中最高优先级的任务一旦就绪，总能得到 CPU 的控制权。当一个运行着的任务或某一事件使一个比当前正在运行的任务优先级高的任务进入了就绪态时，当前任务的 CPU 使用权就被剥夺了，或者说被挂起了，那个高优先级的任务立刻得到了 CPU 的控制权。当系统事件响应时间非常重要时，要使用占先式内核。

占先式内核满足了系统高优先级任务使用 CPU 的优先权，较好地满足了系统的实时性要求。但在使用占先式内核时，系统中的任务应用程序不应直接使用不可重入型函数。因为在调入不可重入型函数时，低优先级任务的 CPU 的使用权被高优先级任务剥夺了，不可重入型函数中的数据有可能被破坏。所以占先式内核应使用可重入型函数。

4. 任务调度

目前大多数嵌入式系统仍然是单微处理器系统。在这样的系统中，某个时刻实际上只有单个任务在运行。操作系统通过任务调度交错地执行多个任务为事件的及时处理尤其是应用功能的任务分解带来了方便。在操作系统运行中，许多任务要等待事件(如传感器事件、定时事件等)发生后才能继续执行，此时这些任务进入到等待状态，操作系统内核将调度其他任务运行。在可占先式内核中，高优先级任务可以抢占低优先级任务，而在非占先式内核中，则要等到运行的任务释放 CPU 的使用权后才能运行。

嵌入式操作提供创建、调度、执行、终止以及销毁任务的内核服务，内核根据调度策略自主地对任务进行调度。EOS 中常用的调度策略有单一速率调度和期限最近优先等。

5. 内存分配

控制对内存的访问是 EOS 非常重要的功能之一。EOS 需要提供内存分配和释放服务作为高级语言动态内存机制的基础。在实时性要求不高的操作系统中，可以采用堆技术动态分配内存，采用垃圾收集策略回收内存。对实时性要求高的操作系统可以采用固定大小的堆进行内存的分配与释放。

6. 任务间的通信

在多任务系统中存在多个并发运行的任务。无论怎样的任务设计，都很难做到使所有任务都独立运行并使任务间不发生任何联系。任务间的联系在建模层面上是两个活动对象间的某种关系，而在操作系统层面上则称为任务间通信。任务间或中断服务与任务间的通信是经常发生的，任务间通信主要通过互斥条件和消息两个途径实现。

实时 EOS 中一般采用消息邮箱和消息队列两种方法实现基于消息的任务间通信。

7. 时钟管理和其他可选的服务

时钟管理的主要任务是维持系统时间，防止某个任务独占 CPU 或其他系统资源。操作系统时钟记录的时间是以时钟滴答为单位的。时钟滴答的周期决定了操作系统最小的时间分辨单位。通常需要根据系统实时性和计时需要，通过合理配置硬件定时器实现。

因为实时系统专注于时间特性，所以嵌入式实时操作系统通常都提供时钟服务。常见的服务包括因等待某个时间事件(如超时事件等)而挂起任务，获得当前时间，估计消逝的时间等。

除上述任务调度、内存管理、任务间通信和时钟管理等这些核心系统服务功能，不同类型的 EOS 还会根据不同应用的需要提供一些可选的扩展功能模块。例如文件系统、网络协议栈、图形界面等。

2.1.3　嵌入式操作系统发展及趋势

EOS 过去主要应用于工业控制和国防系统领域。随着 Internet 技术的发展、信息家电的普及应用及 EOS 的微型化和专业化，EOS 开始从单一的弱功能向复杂化和智能化的方向发展。概括起来，EOS 大致经历了以下 4 个比较明显的阶段。

1. 无操作系统的算法阶段

该阶段的嵌入式系统是以单芯片为核心的系统，具有与监测、伺服、指示等设备配合的功能，一般没有明显的操作系统支持，而是通过汇编语言编程对系统进行直接控制，运行结束后清除内存。其主要特点是系统结构和功能都相对单一，存储容量较小，几乎没有用户接口，比较适合用于各类专用领域中。

2. 简单监控式的实时操作系统阶段

此阶段的嵌入式系统主要是以嵌入式 CPU 为基础、以简单操作系统为核心的系统。其主要特点是 CPU 种类较多，通用性比较差；系统开销小，效率较高；操作系统具有一定的兼容性和扩展性，操作系统主要用来控制系统负载以及监控应用程序运行。

3. 通用嵌入式实时操作系统阶段

以通用型嵌入式实时操作系统为标志的嵌入式系统。如 VxWorks、pSOS、Windows CE 等是这一阶段的典型代表。这一阶段的 EOS 的特点是：能运行于不同类型的微处理器上，兼容性好；内核精小、效率高，具有模块化和可扩展特性。EOS 具备文件、设备和目录管理，支持多任务、网络、图形窗口等功能，用户界面比较友好；具有大量的应用程序接口 API(Application Program Interface)，嵌入式应用软件丰富。

4. 以 Internet 为标志的嵌入式系统

伴随着 Internet 的普及和应用发展，面向 Internet 和特定应用的 EOS 已经成为重要的发展方向。嵌入式系统与 Internet 的日益结合，EOS 与应用设备的无缝结合代表着 EOS 发展的未来。

随着嵌入式应用向多元化、个性化发展，在未来若干年 EOS 的研究将向以下几个方向发展。

1) 实时超微内核

微内核思想是在 20 世纪 80 年代后期提出来的，它是将传统操作系统中的许多共性的东西抽象出来，构成操作系统的公共基础，即微内核。真正具体的操作系统的组件功能则由构造在微内核之外的服务器实现。

近年来，国外研究和开发了一种基于微内核思想设计的精巧的嵌入式微内核，即实时超微内核(Microkernel)。实时超微内核是一种非常紧凑的基本内核代码层，为嵌入式应用提供了可抢占、快速、确定的实时服务。在此基础上，可以灵活地构造各类与现成系统兼容的、可伸缩的嵌入式实时操作系统，进而满足应用代码的可重用和可伸缩性需求。例如，许多物联网端设备采用了实时超微内核。

2) 多处理器结构与分布式

实时应用的飞速发展，对 EOS 的性能提出了更高要求。传统单处理器的嵌入式系统已难以满足某些复杂实时应用系统的需要，开发支持多处理器结构的 RTOS(Real Time OS) 已经成为发展方向，这方面比较成功的系统有 VxWorks。

在分布式 EOS 领域，国外研究人员虽然推出了一些产品，但分布式实时操作系统还不成熟，特别是在网络实时性和多处理器间任务调度算法上还需开展大量研究。

3) 嵌入式操作系统标准化

全球的 EOS 开发商已有数十家，提供了上百个各具特色的 EOS，但这也给应用开发者带来难题。例如应用代码难以重用，当选择不同的 EOS 开发时，不能保护用户已有的软件投资。因此 EOS 标准化的研究越来越被重视。美国 IEEE 协会在 UNIX 的基础上，制定了实时系统扩展(1003.1b)的 POSIX 标准，但仍有许多工作尚待完成。

4) 集成与开放的开发环境

开发嵌入式应用系统，只有 EOS 是不够的，还需要有集编辑、编译、调试、模拟仿真等功能为一体的集成开发环境支持。此外，开发环境应具有开放性，允许用户集成第三方工具。此外，伴随全球化的软件开发，开发环境应该支持网络上多主机间协作开发与调试等。

2.2　嵌入式操作系统的体系结构

EOS 的体系结构是确保系统的实时性、可靠性、灵活性、可移植性和可扩展性的关键。目前操作系统的体系结构包括单块结构、层次结构和微内核(客户/服务器)结构等。这些结构各有优缺点，有各自的应用背景和适用环境。

2.2.1　单模块结构

单模块结构的 EOS 由许多模块组成，这些模块按照一定的结构方式组合以协同完成整个系统的功能。每个模块的内部实现对其他模块是透明的，并通过对外提供接口，实现不同模块之间信息的传递和交互。单模块结构如图 2-1 所示。

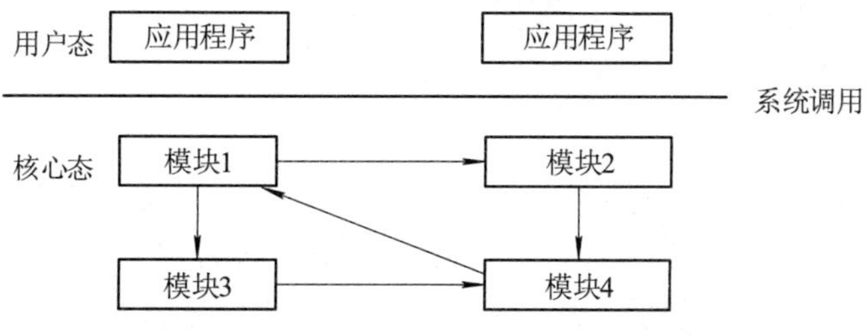

图 2-1　单模块结构的嵌入式操作系统

此结构的操作系统通常有两种工作模式：系统模式和用户模式。这两种模式有不同的执行权限和不同的执行空间。在用户模式下，系统空间受到保护，并且有些操作是受限的，如 I/O 操作和一些特殊指令。而在系统模式下可以访问任何空间，执行任何操作。运行在用户模式下的应用程序可以通过系统调用进入系统模式。这种结构的操作系统的优点为结构紧密、接口简单直接、系统的效率相对较高。

此结构的缺点是不同模块可以互相牵连，难以把握好模块的独立性。在添加或修改一个模块时，对其他模块的影响可能会很大。而且随着模块数量的增加以及模块之间连接增多，系统会因多重连接变得更加混乱。

2.2.2　层次结构

要弥补单模块结构存在的不足，就必须减少模块间毫无规则的互相调用及互相依赖的关系，尤其要清除模块间的循环调用。为此，研究人员设计开发了层次结构的 EOS，力求使模块之间的调用由无序变为有序，减少模块调用的无规则性。按层次结构设计操作系统，就是将操作系统的所有模块按功能的调用次序排列成若干层，使得功能模块之间只存在单向调用和单向依赖关系。整个结构采用层次化的组织方式，每一层只和它相邻的两层之间有消息通信，层之间是单向调用，同层模块之间不存在互相调用的关系。当然，在实际的操作系统设计中，偶尔也存在同层之间的模块相互调用的情况。层次结构的 EOS 如图 2-2 所示。

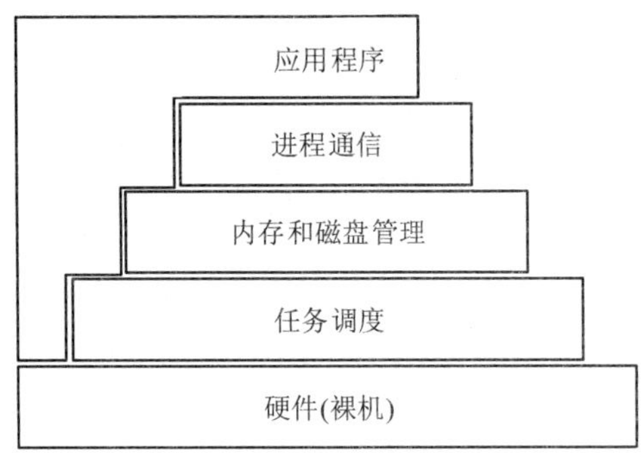

图 2-2　层次结构的嵌入式操作系统

层次结构的优点是模块间的组织和依赖关系比较明晰，上层功能都建立在下层功能的基础之上，系统的可读性、可适应性以及可靠性都有了增强。此外，对某一层的修改或替换时，最多只影响到邻近的两层，便于修改和扩充。为了增强结构的适应性，通常把与机器特点紧密相关的软件(如中断处理、I/O 管理等)放在最底层；将最常用的操作方式放在最内层；把随着这些操作方式而改变的部分放在外层。

2.2.3　微内核结构

微内核技术是操作系统发展的一个里程碑。其核心思想是将传统操作系统内核中的一些组成部分放到内核之外，作为服务进程在用户空间运行，在微内核中只保留了任务管理、任务调度和通信等少数几个组成部分。基于这种结构的操作系统包括两大部分：处于核心态的微内核和处于用户态的客户/服务器，它的结构模型如图 2-3 所示。

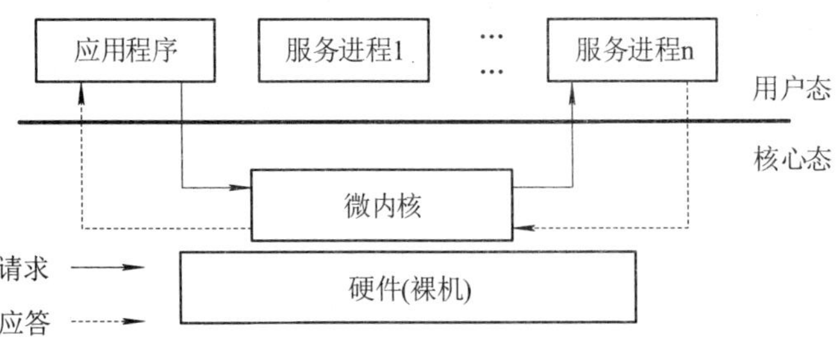

图 2-3　微内核结构的嵌入式操作系统

微内核在系统中的主要工作是处理客户进程与服务器进程之间的通信，检查消息的合法性并在客户进程与服务器进程之间传递；将访问系统硬件和内核数据结构功能的机制放在内核中，而将实现这些功能的算法和策略放在用户态和服务器进程中，即将操作系统的机制与策略分离。采用这种结构的操作系统的优点如下：

(1) 内核非常小，一般只有几十到几百 KB；

(2) 可以进一步提高操作系统的模块化程度，使其结构更清晰；

(3) 由于与系统硬件相关的部分被放到微内核的底层部分和驱动程序中，当要移植到新的硬件环境时，只需对与硬件相关的部分稍加修改即可，容易实现不同平台间的移植；

(4) 每个服务进程运行在独立的用户进程中，即使某个服务器失败或产生问题，不会引起系统其他服务器和其他组成部分的崩溃，提高了系统的可靠性；

(5) 系统具有良好的灵活性和扩展性，只要遵守接口规范，操作系统可以方便地增删服务功能，修改服务器的代码也不会影响系统其他部分，便于系统维护。

但是，这种结构的操作系统因为采用客户/服务器的结构，增加了系统在通信和上下文切换上的开销，降低了系统的效率。

2.2.4　层次与微内核相结合的结构

在分层结构基础上，借鉴微内核的思想，成为 EOS 设计的新趋势。图 2-4 所示为融合了层次结构与微内核优点的 EOS 体系结构模型。

系统整体上采用分层结构，共分为四层。由下到上依次为：硬件层、微内核层、子系统层、应用层。层与层之间界限明确，功能清楚，下层为上层提供支持，上层依靠下层提供的功能进行操作。在微内核层只提供一些最基本的功能，如任务管理、任务间通信、内存管理、中断/异常管理以及时钟管理等。其余的(如文件系统、网络等)功能在子系统层实现。每个子系统都是相对独立的模块，它们只与微内核所提供的功能相关，可以根据应用需要，灵活地添加或裁减某些子系统。图 2-4 所示为系统的体系结构。

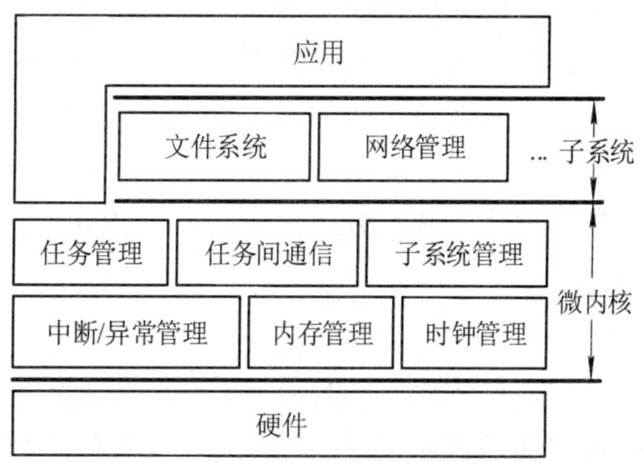

图 2-4　层次与微内核结合的嵌入式操作系统结构

此模型中的微内核也并不是一个密不可分的整体，而是采用模块化设计，各个功能模块相对独立，同样也可以根据应用需要对它进行裁减，使得内核更加精简。应用程序可以是建立在子系统之上，也可以直接建立在微内核之上。直接建立在内核之上的应用功能相对简单，得到的系统支持相对较少，但是却可以拥有更好的实时性。由于采用微内核，它与硬件相关的特定部分很小，很容易被移植，同时能够更好地适应硬件的发展，便于扩展。

这种体系结构充分利用了层次结构和微内核结构的特点，具有以下优点：

(1) 整体上的分层使系统十分灵活、有条理，能很容易地在某一层添加、修改或删除该层的功能，对于系统在不同平台间的移植也十分方便；

(2) 在每一层中采用松耦合的模块化设计则容易实现系统功能的裁减，真正实现按需定制；

(3) 将最下面的微内核抽取出来，单独作为一层，其他的各层所提供的功能基于它之上，使整个系统的体系结构更加完整、清晰，对于提高系统的稳定性、实时性、确定性都是至关重要的。

2.3 嵌入式操作系统的分类

目前，面向不同应用推出了种类繁多的 EOS，如 VxWorks、pSOS、Nucleus、Delta OS、EPOC、QNX、μC/OS、Embedded Linux、Windows CE、Palm OS、Hopen 等。下面给出几种常见的 EOS 分类法。

1. 按实时性分类

按照 EOS 的实时性能要求来分类，可以将其分为嵌入式实时操作系统和嵌入式非实时操作系统。

1) 嵌入式实时操作系统

嵌入式实时操作系统(Real-Time Operating System，RTOS)也称为“硬”实时操作系统，其主要功能是对多个外部事件，尤其是异步事件进行实时处理。它能够在限定的时间内执行所规定的功能，并能够在规定的时间内对外部的异步事件做出响应。

在实时系统中，操作的正确性不仅依赖于系统逻辑设计的正确程度，而且与操作执行的时间相关。因此实时系统对逻辑和时序的要求非常严格，如果逻辑和时序控制出现偏差将会产生严重后果。如飞机的飞行控制系统，如不能及时地控制飞机的飞行，就可能造成致命的后果。嵌入式实时操作系统主要应用于过程控制、数据采集、通信、多媒体信息处理等对时间敏感的场合。典型的嵌入式实时操作系统有 VxWorks、pSOS、QNX、μC/OS、Delta OS、Nucleus 等。

2) 嵌入式非实时操作系统

嵌入式非实时操作系统又称为“软”实时操作系统，嵌入式分时操作系统是这类系统的典型代表。嵌入式分时操作系统按照相等的时间片轮流调度进程运行，由调度程序自动计算进程的优先级，并不由用户控制进程的优先级，这使得系统无法实时响应外部异步事件。嵌入式分时操作系统主要应用于科学计算和一般实时性要求不高的场合。典型嵌入式非实时操作系统有 Windows CE、Palm OS、Embedded Linux 等。

2. 按购买方式分类

按购买方式分类，可以将 EOS 分为商用型和免费型两种。

1) 商用嵌入式操作系统

商用 EOS 具有功能稳定、可靠的优点，能提供完整方便的开发调试工具，完善的技术支持和售后服务，但往往价格昂贵。典型的商用型 EOS 有 VxWorks、pSOS、Delta OS、

Windows CE、Palm OS、EPOC、QNX 等。

2) 开源、免费的嵌入式操作系统

免费 EOS 不需要支付任何费用，同时有大量的免费开发资源可供利用，该类操作系统深受从事嵌入式开发的公司和广大嵌入式爱好者的喜爱。但免费型 EOS 一般缺乏完善的集成开发调试工具，且稳定性与服务方面存在挑战。典型的开源、免费 EOS 有 Embedded Linux、μC/OS 和 Nucleus。

2.4　常见嵌入式实时操作系统

从 20 世纪 80 年代起，国际上就开始进行一些商用嵌入式实时操作系统的开发。嵌入式实时操作系统应用于实时性要求高的实时控制系统，而且应用程序的开发过程是通过交叉开发来完成的，即开发环境与运行环境是不一致的。嵌入式实时操作系统具有规模小(一般在几十 KB 内)、可固化使用、实时性强的特点。下面介绍一些著名的嵌入式实时操作系统。

2.4.1　VxWorkS

VxWorks 是美国 WindRiver System 公司推出的一个实时操作系统。VxWorks 是目前最先进的实时操作系统，也是嵌入式系统领域中使用最广泛、市场占有率最高的系统。VxWorks 以其良好的可靠性和卓越的实时性被广泛地应用在通信、军事、航空、航天等实时性要求极高的领域中。如卫星通信、弹道制导和飞机导航等。在美国的 F-16、F/A-18 战斗机、B-2 隐形轰炸机和爱国者导弹上，甚至在火星表面登陆的火星探测器上，都使用了 VxWorks 操作系统。在民用方面，VxWorks 也占有很大的市场，其商业用户包括国外的 Cisco systems、3Com、HP、Lucent 以及国内的中兴、华为等大型公司。

VxWorks 实时操作系统的特点主要有以下几个方面。

(1) 可靠性。操作系统的可靠性是用户首先要考虑的问题。而稳定、可靠一直是 VxWorks 的一个突出优点，可以为用户提供一个稳定、可以信赖的工作环境。

(2) 实时性。VxWorks 的实时性做得非常好，进程调度、进程间通信、中断处理等系统公用程序精练而有效，使得系统本身开销很小、延迟很短。在 68 K 处理器上运行，任务切换时间为 3.8 μs，中断延迟等待时间小于 3 μs 。

(3) 可裁减性。VxWorks 提供了 80 多种可选的功能，用户可以对这一操作系统进行定制或作适当开发，用来配置不同规模的系统。最小规模的系统仅需要 16 KB ROM 和小于 1 KB 的 RAM，并且可以满足所有小型嵌入式应用的要求。

(4) 开放的集成开发环境。Tornado 提供了开放的软件接口和开发资料，开发人员可以方便、高效使用 Tornado 集成的各种软件工具。

(5) 高效的任务管理。VxWorks 支持多任务环境，具有 256 个优先级；每个任务都有自己的任务控制块，负责管理任务的所有信息；系统具有强大的优先级排队和循环调度策略，可快速、准确地进行上下文切换。

(6) 灵活的任务间通信。支持多种通信方式和手段，如三种信号灯(二进制、计数、有优先级继承特性的互斥信号灯)、消息队列、套接字(Socket)、共享内存、信号、事件等。

(7) 丰富的网络功能。VxWorks是第一个认识到网络功能的重要性并在设计时就把TCP/IP协议写进内核的实时操作系统，有许多实时操作系统都是后来才把TCP/IP添加进去的。

2.4.2 pSOS

pSOS是ISI(Integrated System Inc.)公司开发的实时EOS(现在已经被WindRiver System公司兼并，属于WindRiver System公司的产品)。这个系统是一个模块化的高性能实时操作系统，专为嵌入式微处理器设计，提供一个完全多任务环境，可以让开发者将操作系统的功能和内存需求定制成每一个应用所需的系统。开发者可以利用它来实现从简单的单个独立设备到复杂的、网络化的多处理器系统。

pSOS在向模块化、代码规模可裁剪性等方面相当成功，它推出了一系列产品。其中最小的用于M68K的pSOSelect采用汇编语言开发，内核仅占1.8 KB ROM和320 B RAM。

pSOS面向特定应用，并重点定位于电信和通信市场。它除了支持标准的网络协议之外，还支持各种专用的网关和路由器协议，并且还为客户开发特定的网络软件工具。20世纪八九十年代，pSOS在电信领域应用上占有相当大的份额。但近年来它的这种地位正在受到来自各方面的挑战。

pSOS最初是用汇编语言开发的，至今在它的内核中仍含有相当数量的汇编代码，这使得它向各种不同类型处理器移植相当困难，当出现一种新的处理器时，它对该处理器的支持显得缓慢。此外，它的一体化开发环境不健全，第三方软件商的支持不足，网络在线支持技术不足。

2.4.3 QNX

加拿大QNX公司采用微内核结构开发的QNX是一个实时的、可扩展的操作系统，它部分遵循POSIX相关标准(如POSIX.1b实时扩展)，是一个真正的微内核结构的操作系统。其内核仅提供4种服务：进程调度、进程间通信、底层网络通信和中断处理。所有其他的操作系统的服务，都实现为协作的用户进程。因此，QNX内核非常小巧，QNX4.x大小约为12 K。这种灵活的结构可以使用户根据实际需求，将系统配置成微小的EOS，或者是包括多个处理器的超级虚拟机操作系统。

QNX可以采用主机目标机方式和本地方式两种开发方式。在主机目标机方式下，主机系统可以采用Windows和QNX本身。QNX代码可伸缩范围为32～64 KB(ROM)，8～20 KB(RAM)。支持各种主流网络功能，如Ethernet、FDDI、TCP/IP、NFS等。QNX操作系统采用常用网络(例如以太网)的物理层(网卡和线缆)，但在做分布式应用时，使用自己的内部协议，以满足透明性要求。此外，QNX系统也可以通过TCP/IP等网络协议与外部其他系统相连。

QNX具有较强的网络容错功能。系统的各个节点之间可以连接多条网络通道，网络数据流量在各条通道之间自动平衡，任何一条通道断路都不影响系统运行。QNX的这个功能，加上分布式结构内在的软件容错能力，使得QNX特别适于开发软件容错系统。

另外，QNX如同VxWorks一样，拥有大量第三方软件开发商的支持，它在低端实时应用、网络和分布式实时应用等占据了相当大的市场份额。

2.4.4　Delta OS

Delta OS 是北京科银京成技术有限公司具有自主知识产权的嵌入式实时操作系统。这个实时操作系统可以嵌入到以 32 位 CPU 为核心的各种电子设备中。Delta OS 已成功地应用于消费电子产品、通信产品、工业控制及军用电子产品中。

Delta OS 主要包括具有高可靠性和实时性的内核 Delta CORE、嵌入式 TCP/IP Delta NET、嵌入式文件系统 Delta FILE 以及嵌入式图形接口 Delta GUI。

Delta OS 内核是 Delta OS 中的最重要的核心模块。Delta OS 内核可用于开发不同类型的嵌入式应用，其具有如下特点。

(1) 目标环境独立性。Delta OS 内核需要的存储容量小，提供了真正的芯片级的支持，具有很高的实时性能。

(2) 可扩充性。用户可以容易地将应用程序和 Delta OS 内核结合起来，既可以由应用程序独立运行自己的调用程序和例程，也可以由 Delta OS 内核统一管理。操作系统的其他组件也可容易地加到系统中。

(3) 位置无关性。Delta OS 内核具有一个可重定位的目标库，在链接时可以被定位到内存允许的任意地址空间。

2.4.5　μC/OS-II

μC/OS 是美国人 Jean J. Labrosse 于 1992 年完成的一种微控制器操作系统，到了 1998 年出现了 μC/OS-II 的版本。作为一款开源、嵌入式实时操作系统，μC/OS 具有源代码公开、可剪裁、可移植、较高的稳定性和可靠性、支持多任务和抢占式调度等优点，被广泛地应用于许多领域。如医疗设备、引擎控制、网络适配器、ATM 机、工业机器人等。

图 2-5 所示为 μC/OS-II 操作系统文件。系统包括三个部分，其一是核心代码部分，这部分代码与处理器无关，包括 7 个源文件和 1 个头文件。这 7 个源文件负责内核管理、事件管理、消息队列管理、存储管理、消息管理、信号量处理、任务调度和定时管理。其二是设置代码部分包括 2 个头文件，用来配置事件控制块的数目以及是否包含消息管理相关代码等。其三是与处理器相关的移植代码部分，这部分包括 1 个头文件、1 个汇编文件和 1 个 C 代码文件。

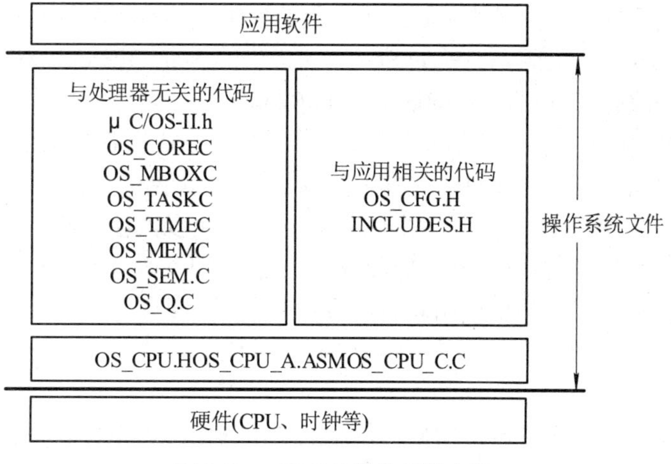

图 2-5　μC/OS-II 操作系统文件

2.5 嵌入式 Linux 操作系统

Linux 是以 UNIX 为基础发展而成的操作系统，其具有开放性，可以支持不同的设备、不同的配置。一个嵌入式 Linux 系统从软件的角度看通常可以分为四个层次：引导加载程序、Linux 内核、文件系统、用户应用程序。

2.5.1 嵌入式 Linux 操作系统的特点

与其他商业 EOS 相比，嵌入式 Linux 具有如下的优点。

(1) Linux 是开放源代码的。遍布全球的众多 Linux 爱好者都是 Linux 开发者的强大技术支持者，而其他商业 EOS 几乎都是非开放性的，难以实现第三方产品定制。

(2) 使用成本低。Linux 的源代码随处可得，注释丰富，文档齐全，易于解决各种问题。此外，由于 Linux 开放源代码，在其上开发软件极具价格竞争力。而商业 EOS 的版权费用是厂家不得不考虑的因素。

(3) 可运行于多种硬件平台。Linux 符合 IEEE POSIX.1 标准，使应用程序具有较好的可移植性。内核的 90%以上的代码是用可移植性好的 C 语言完成的，少部分的底层相关的代码由汇编语言完成，并根据处理器类型分门别类地放在系统内核源码的 Linux/ARCH/……目录中。Linux 不仅支持 X86 芯片，还支持 Motorola/IBM Power PC、Alpha、IA64 等处理器体系结构，以及嵌入式领域中广泛使用的 ARM 和 Motorola MC68000 系列。应用软件原型可以在标准平台上开发，然后移植到具体的硬件上，加快了软件与硬件的开发过程。

(4) 可裁剪，性能优异，应用软件丰富。Linux 的动态模块加载使 Linux 的裁剪极为方便，高度模块化的部件使添加非常容易。一般来说，经过适当裁剪后的 Linux 内核启动部分的目标代码不到 500 KB。用户完全可以把 Linux 内核和 root 文件系统存放在一张软盘上。也可以利用 Linux 实现从网络启动，实现网络无盘图形工作站。

随着 Linux 的不断发展，基于 Linux 平台上的应用软件也不断得到扩充。许多著名的商业软件都有了 Linux 下的版本。例如 Star 公司提供的 Star Office 办公应用软件、Oracle 的数据库、Apache 网络服务器、Adobe Acrobat Reader 等。

(5) 强大的网络功能。Linux 提供了对包括十兆、百兆和千兆的以太网络，以及无线网络、令牌环和光纤甚至卫星的支持。基本上实现了所有的网络协议，同时系统的网络吞吐性能也非常好。更重要的是，Linux 的网络功能和协议是以内核可选的模块方式提供的，它允许用户自由地裁剪和优化。在全球互联成为一种不可逆转的趋势以后，嵌入式 Linux 操作系统具有优异的、可裁剪的网络功能，成为应用开发商首选的 EOS。

(6) GUI 开发支持。Linux 本身有性能优秀的 X Window 系统，在 X Window 系统的支持下，能方便地进行图形用户界面的开发。

X Window 是一个在大多数 UNIX 工作站上使用的图形用户界面。它是一种与平台无关的客户/服务器模型，可以让用户在一台机器上调用另一台机器的 X Window 库，打开另一台机器上的窗口，而不需要考虑这两台机器自身的操作系统类型。正是这种特性使 UNIX 和 Linux 系统上的用户和应用程序非常自然地通过网络连接在一起。因为开发环境成熟，开发工具易用，使用 X Window 的 GUI 可以缩短开发时间，降低开发难度。

X Window 系统应用于嵌入式系统时，要考虑嵌入式系统的特殊条件。所以针对嵌入式领域，X Window 进行了必要的裁剪和优化。

2.5.2　嵌入式 Linux 的引导程序

传统 PC 中的引导程序一般由 BIOS 和位于主引导扇区的操作系统 bootloader(例如 LILO 或者 GRUB)一起组成。而在嵌入式系统中通常没有像 BIOS 那样的固件程序，因此整个系统的加载启动任务就完全由 bootloader 来完成。在嵌入式 Linux 中的引导加载程序即等效为 bootloader。

bootloader 主要任务包括初始化必要的硬件设备；创建内核需要的一些信息并将这些信息通过相关机制传递给内核；将系统的软硬件环境带到一个合适的状态；最终调用操作系统内核，真正起到引导和加载内核的作用。面向嵌入式 Linux 的 bootloader 主要有 vivi 和 u-boot。

vivi 是由韩国 mizi 公司为 ARM 处理器系列设计的一个 bootloader，因为 vivi 使用串口和主机通信，所以必须使用一条串口电缆来连接目标板和主机。

u-boot 是由德国的工程师 Wolfgang Denk 开发的，它支持很多处理器。例如 PowerPC、ARM、MIPS 和 x86 等。它提供启动加载和下载两种工作模式。启动加载模式也称自主模式，一般是将存储在目标板 Flash 中的内核和文件系统的镜像装载到 SDRAM 中，整个过程无需用户的介入。在使用嵌入式产品时，一般工作在该模式下。工作在下载模式时，目标板往往受外设(一般是 PC 机)的控制，从而将外设中调试好的内核和文件系统下载到目标板中去。u-boot 允许用户在这两种工作模式间进行切换。通常目标板启动时，会延时等待一段时间，如果在设定的延时时间范围内，用户没有按键，u-boot 就进入启动加载模式。

u-boot 源代码目录结构如下：

(1) board：和一些已有开发板有关的文件，比如 Makefile 和 u-boot.lds 等都与具体开发板的硬件和地址分配有关。

(2) common：与体系结构无关的文件，实现各种命令的 C 文件。

(3) cpu：CPU 相关文件，其中的子目录都是以 u-boot 所支持的 CPU 为名，比如有子目录 arm926ejs、mips、mpe8260 和 nios 等，每个特定的子目录中都包括 cpu.c、interrupt.c、start.s。其中 cpu.c 初始化 CPU、设置指令 cache 和数据 cache 等；interrupt.c 设置系统的各种中断和异常，比如快速中断、开关中断、时钟中断、软件中断、预取中止和未定义指令等；start.s 是 start.s 启动时执行的第一个文件，它主要是设置系统堆栈和工作方式，为进入 C 程序奠定基础。

(4) disk：disk 驱动的分区处理代码。

(5) doc：文档。

(6) drivers：通用设备驱动程序，比如各种网卡、串口和 USB 总线等。

(7) fs：支持文件系统的文件，u-boot 现在支持 cramfs、fat、fdos、jffs2 和 registerfs。

(8) include：头文件，还有对各种硬件平台支持的汇编文件，系统的配置文件和对文件系统支持的文件。

(9) net：与网络有关的代码，BOOTP 协议、TFTP 协议、RARP 协议和 NFS 文件系统的实现。

(10) lib_arm：与 ARM 体系结构相关的代码。

(11) tools：创建 S-Record 格式文件和 u-boot images 的工具。

u-boot 常用命令如下：

(1) ?：得到所有命令列表。

(2) help：help“命令”，列出“命令”的使用说明。

(3) setenv：设置互环境变量，如 setenv server ip 192.168.0.1。

(4) saveenv：保存环境变量。

(5) tftp：tftp 32000000 vmlinux，把宿主机 TFTP 目录下的 vmlinux 通过 TFTP 读入到物理内存 32000000 处。

(6) bootm：启动 u-boot 中 TOOLS 制作的压缩 LINUX 内核。例如，bootm 3200000。

(7) protect：对 FLASH 进行写保护或取消写保护，例如，protect on l：0-3(就是对第一块 FLASH 的 0-3 扇区进行保护)。

(8) erase：删除 FLASH 的扇区，erase l：0-2(就是对每一块 FLASH 的 0-2 扇区进行删除)。

(9) cp：在内存中复制内容，例如，cp 32000000 0 40000(把内存中 0x32000000 开始的 0x40000 字节复制到 0x0 处)。

2.5.3　Linux **内核**

Linux 把内核分为内存管理、虚拟文件系统、进程调度、进程间通信、网络接口 5 模块，如图 2-6 所示。

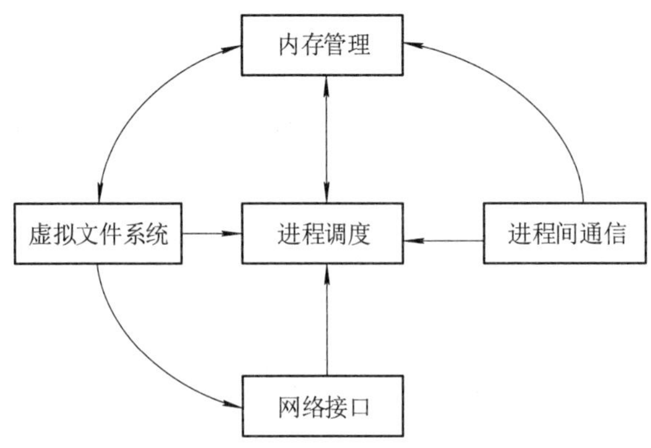

图 2-6　Linux 内核结构

1. 进程调度

进程调度程序是 Linux 操作系统的核心，它负责选择下一个要运行的进程。进程调度程序可看作是在可运行态进程之间分配有限的处理器时间资源的内核子系统。进程调度程序需要完成以下任务：

(1) 判定哪个进程可以访问 CPU，并影响运行进程之间的传输；

(2) 接收中断，并把它们转交给适当的内核子系统；

(3) 向用户进程发送信号；

(4) 管理定时器硬件；

(5) 当进程结束执行时清除进程资源。

进程调度程序还为动态装入的模块提供支持；动态装入模块是指在内核开始执行之后才能装入的内核功能。文件系统和网络接口将会用到这个可装入的模块功能。Linux 使用了比较简单的基于优先级的进程调度算法来选择新的进程，每次进程调度都是由 schedule() 函数从进程就绪队列中选出一个进程投入运行。Linux 内核提供以下 3 种调度策略。

(1) 先进先出的实时进程调度策略。当采用这种调度策略时，一旦调度程序把 CPU 分配给了一个进程，调度程序就把该进程的进程描述符保留在运行队列链表的当前位置，该进程会一直占用 CPU，直到需要切换到更高优先级的实时进程或者自己主动退出时才会让出 CPU，即使还有同等优先级的进程处于可运行态。

(2) 时间片轮转的实时进程调度策略。这种调度策略的原则是，当调度程序把 CPU 分配给了一个进程的时候，调度程序把该进程的进程描述符保留在运行队列链表的末尾。这种调度策略保证对采用该种调度策略的所有具有同等优先级的进程公平地分配 CPU 时间。时间片轮转调度策略适合比较大、运行时间较长的实时进程。

(3) 普通分时进程的调度策略。

另外进程还可以通过系统调用 sched_setscheduler()设定自己适用的调度策略和实时优先级。这为开发实时 Linux 提供了可能。

2. 内存管理

内存管理子系统主要提供以下功能。

(1) 大地址空间。用户程序可使用远超过物理内存容量的地址空间。

(2) 保护。进程的内存是私有的，不能被其他进程所读取和修改，而且内存管理程序可以防止进程覆盖代码和只读数据。

(3) 内存映射。客户可以把一个文件映射到虚拟内存区域，并把该文件当作内存来访问。

(4) 对物理内存的公平访问。内存管理程序确保所有的进程都能公平地访问计算机的内存资源，这样就可以确保理想的系统性能。

(5) 共享内存。内存管理程序允许进程共享它们内存的一部分。例如，可执行代码通常可以在进程间共享。

3. 网络接口

Linux 的网络子系统提供了计算机之间的网络连接接口，以及套接字通信模型。Linux 支持 TCP 和 UDP 协议，提供了 BSD 和 INET 两种类型的套接字。

Linux 网络子系统为串行联接、并行联接以及以太网联接提供了自己的设备驱动程序。为了隐藏通信媒体之间的差异，不让网络子系统的上层知道，网络子系统提供了一个各种硬件设备的抽象接口。

4. 进程间通信

进程通信支持进程间各种通信机制。Linux 常用的进程通信机制有管道、有名管道、信号、消息队列、机制、共享内存、信号量和网络 Soeket 等方式。

5. 虚拟文件系统

Linux 可以支持许多不同的物理设备，还支持大量的逻辑文件系统，可以很方便地与其他操作系统进行互操作。Linux 文件系统提供下列功能。

(1) 多个硬件设备。提供对许多不同的硬件设备的访问。

(2) 多个逻辑文件系统。支持许多不同的逻辑文件系统。

(3) 多个可执行格式。支持许多不同的可执行文件格式。

(4) 均一性。为所有的逻辑文件系统及所有的硬件设备提供一个通用接口。

(5) 性能。提供对文件的高速访问。

(6) 安全。不会丢失或毁坏数据。

(7) 保密性。限制用户访问文件的许可权限及分配给用户的总的文件大小。

Linux 的文件系统支持许多不同的逻辑文件系统和许多不同的硬件设备，设备驱动程序用一个通用的接口来表示所有的物理设备，虚拟文件系统层则用通用接口来表示所有的逻辑文件系统。

Linux 内核除了上面的五个主要子系统外，还包括定时器、中断管理、系统调用、模块管理、设备驱动程序、系统初始化等部分。以 Linux 内核为基础，开发人员可以面向具体应用动态配置、添加文件系统、网络系统、图形界面等模块。图 2-7 Linux 所示为内核与可加载模块之间的关系。

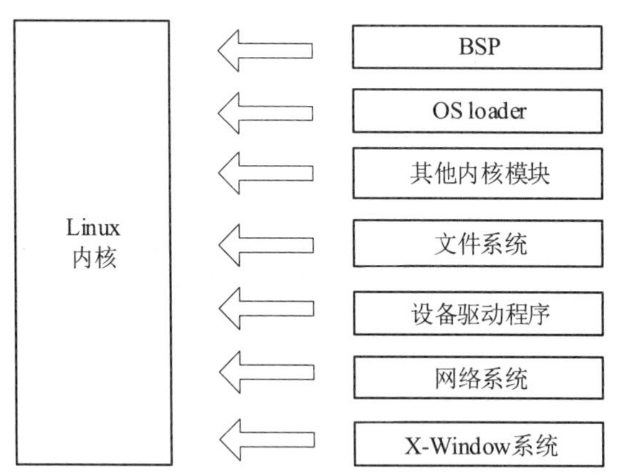

图 2-7　Linux 内核与可加载模块

面向具体应用，开发人员可以针对需要对 Linux 内核及可加载模块进行裁剪和定制。Linux 内核配置工具主要由 Makefile、配置工具、配置文件(Kconfig)组成。Makefile 分布在内核源码中，定义了内核的配置和编译规则，由顶层目录下的 Makefile 统一管理。配置工具决定采用哪种配置方式。在 Documentation /kbuild/kconfig 可以找到支持各种体系结构的配置源文件。内核的四种基本配置方法：Make config，字符界面形式，可选择已有的.config 配置文件，也可依次设定每个选项；make oldconfig，默认选择 .config 配置文件；make menuconfig，基于 X11 的图形界面；make xconfig，基于 gtk 的图形化窗口。通常采用 menuconfig 编译内核需要如下几步：

(1) make menuconfig 配置内核文件；

(2) make dep 建立内核源码的依存关系；

(3) make zImage 建立内核映像；

(4) make modules 建立内核模块；

(5) make install 安装内核；

(6) make modules-instsll 安装内核模块。

编译产生经过压缩的内核映像 zImage，该镜像文件此时无法通过 u-boot 提供的 bootm 命令进行引导，需要使用 u-boot 提供的 mkimage 命令，在 zImage 中加入头文件(镜像头长 0x40，真正的内核入口向后偏移了 0x40 大小)，生成 zImage.img 镜像文件，该文件就是执行 bootm 所需的内核镜像文件。然后可通过 u-boot 引导 zImage.img 映像。但这时在启动过程中会出现 Kernel panic - not syncing: VFS: Unable to mount rootfs on unknown-block(2,0) 的错误，这是因为还没有准备根文件系统。

2.5.4 嵌入式 Linux 文件系统

系统启动后，Linux 操作系统要完成的最后一步操作是挂载根文件系统。Linux 的根文件系统可能包括如下目录(或更多的目录)：

(1) /bin 包含着所有的标准命令和应用程序；

(2) /dev 包含外设的文件接口，在 Linux 中文件和设备采用相同方法进行访问，系统上的每个设备都在/dev 里有一个对应的设备文件；

(3) /etc 这个目录包含着系统设置文件和其他的系统文件，例如，/ete/fstab 记录了启动时要 mount 的 filesystem；

(4) /home 存放用户主目录；

(5) /lib 存放系统最基本的库文件；

(6) /mnt 用户临时挂载文件系统的地方；

(7) /proc linux 提供的一个虚拟系统，系统启动时在内存中产生，用户可以直接通过访问这些文件来获得系统信息；

(8) /root 超级用户主目录；

(9) /sbin 这个目录存放着系统管理程序，如 mount 等；

(10) /tmp 存放不同程序执行时产生的临时文件；

(11) /usr 存放用户应用程序和文件。

嵌入式系统一般使用 Flash 作为自己的存储介质。Flash 具有不可挥发性、可随机读，以及需要先擦除才能写入等特性。因此采用 Flash 做存储介质时，必须使用专门的文件系统。其中，常见的嵌入式 Linux 文件系统的类型如下。

1. RAMDISK

RAMDISK 其实就是 Linux 的文件系统目录，在普通的 PC 机上，文件系统都是存放在硬盘中的，将内核装入内存后，从硬盘中读取文件系统。而在嵌入式系统中没硬盘的情况下，就要在内存中做一个虚拟硬盘，这个虚拟硬盘的内容是通过 bootloader 程序传到开发板中的，所传的文件系统的压缩文件就是 ramdisk.gz。如果核心希望使用 RAMDISK 作为根文件系统，就需要 initrd，它提供一种让核心可以简单使用 RAMDISK 的能力，简单地说，这些能力包括：

(1) 格式化一个 RAMDISK；

(2) 加载文件系统内容到 RAMDISK；

(3) 将 RAMDISK 作为根文件系统。

在 RAMDISK 文件系统中，当系统启动的时候，会把外存中的映像文件加压缩到内存中，形成 RAMDISK 环境，进而可以开始运行程序。这种文件系统最大的问题就是，运行的程序的代码在内存和外存都占据了空间。

2. cramfs

cramfs 是一个压缩式的文件系统，它并不需要一次性地将文件系统中的所有内容都解压缩到内存之中，而只是在系统需要访问某个位置的数据的时候，马上计算出该数据在 cramfs 中的位置，将其实时地解压缩到内存之中，然后通过对内存的访问来获取文件系统中需要读取的数据。cramfs 中的解压缩以及解压缩之后的内存中数据存放位置都是由 cramfs 文件系统本身进行维护的，用户并不需要了解具体的实现过程，因此这种方式增强了透明度，对开发人员来说，既方便，又节省了存储空间。

在根文件系统中，为保护系统的基本设置不被更改，可以采用 cramfs 格式。制作 cramfs 文件系统的方法为：建立一个目录，将需要放到文件系统的文件 copy 到这个目录，运行“mkcramfs 目录名 image 名”就可以生成一个 cramfs 文件系统的 image 文件。例如如果目录名为 rootfs，则正确的命令为

```
mkcramfs rootfs rootfs.cramfs
```

3. jffs2

jffs2 是一个日志结构的文件系统，包含数据和原数据的节点在闪存上顺序地存储。jffs2 记录了每个擦写块的擦写次数，当闪存上各个擦写块的擦写次数的差距超过某个预定的阀值时，开始进行磨损平衡的调整。调整的策略是，在垃圾回收时将擦写次数小的擦写块上的数据迁移到擦写次数大的擦写块上以达到磨损平衡的目的。

与 mkcramfs 类似，同样有一个 mkfs.jffs2 工具可以将一个目录制作为 jffs2 文件系统。假设把/bin 目录制作为 jffs2 文件系统，需要运行的命令为

```
mkfs.jffs2   -d /bin –o jffs2.img
```

此外，针对 NAND 闪存 Linux 提供了 yaffs 和 yaffs2 文件系统。yaffs 是一种可读写的文件系统，它比 jffs2 文件系统具有更快的启动速度，对闪存使用寿命有更好的保护机制。为使 Linux 支持 yaffs 文件系统，需要将其对应的驱动加入到内核中 fs/yaffs/，并修改内核配置文件。使用 mkyaffs 工具可以将 NAND FLASH 中的分区格式化为 yaffs 格式，而使用 mkyaffsimage 则可以将某目录生成为 yaffs 文件系统镜像。

2.6　Windows CE

Windows CE 是微软公司嵌入式、移动计算平台的基础，是一个开放的、可升级的 32

位 EOS。它的主要应用领域有 PDA 市场、Pocket PC、Smartphone、工业控制、医疗等。

2.6.1　Windows CE 简介

Windows CE 中的 C 代表袖珍(Compact)、消费(Consumer)、通信能力(Connectivity)和伴侣(Companion)，E 代表电子产品(Electronics)。Windows CE 的版本和开发工具见表 2-1。

表 2-1　Windows CE 的版本和对应的开发工具

Windows CE 版本	发布时间	开发工具名称	应用程序开发工具
Windows CE 1.0	1996 年	Windows CE Embedded Toolkit 1.0	
Windows CE 2.0	1997 年秋	Windows CE Embedded Toolkit 2.0	Windows CE Toolkit for Visual C++ 6.0；Windows CE Toolkit for Visual Basic 6.0；Windows CE Toolkit for Visual J++ 6.0
Windows CE 2.1/2.11	1998 年 8 月	Windows CE Platform Builder 2.11	
Windows CE 2.12	1999 年初	Windows CE Platform Builder 2.12	
Windows CE 3.0	2000 年中	Windows CE Platform Builder 3.0	Embedded Visual C++ 3.0 Embedded Visual Basic 3.0
Windows CE.NET 4.0	2001 年初	Platform Builder 4.0	Embedded Visual C++ 4.0+sp1,sp2,sp3 Visual Studio.NET 2003
Windows CE.NET 4.1	2001 年底	Platform Builder 4.1	
Windows CE.NET 4.2	2003 年 2 季度	Platform Builder 4.2	
Windows CE 5.0	2004 年 6 月	Platform Builder 5.0	Embedded Visual C++ 4.0+sp4 Visual Studio.NET 2003 Visual Studio.NET 2005
Windows Embedded CE 6.0	2006 年 11 月	Visual Studio.NET 2005(Windows CE 6.0)	Visual Studio.NET 2005
Windows Embedded Compact 7	2010 年 6 月	Visual Studio 2008(Platform Builder 7.0)	Visual Studio 2008 .NET Framework 3.5
Windows phone 8	2012 年 10 月	Visual Studio 2012 for Windows phone 8	Visual Studio 2012 .NET Framework 4

Windows CE 具有如下的特点：

(1) 具有灵活的电源管理功能，包括睡眠/唤醒模式。

(2) 使用了对象存储技术，包括文件系统、注册表及数据库。

(3) 拥有良好的通信能力，支持多种通信硬件，还支持直接的局域连接以及拨号连接，并提供与 PC、内部网以及 Internet 的连接。

(4) 支持嵌套中断。允许更高优先级别的中断首先得到响应，而不是等待低级别的 ISR 完成，这使得该操作系统具有 EOS 所要求的实时性。

(5) 更好的线程响应能力。对高级别中断服务线程的响应时间上限的要求更加严格，在线程响应能力方面的改进，可帮助开发人员掌握线程转换的具体时间，并通过增强的监控能力和对硬件的控制能力帮助他们创建新的嵌入式应用程序。

(6) 256 个优先级别，可以使开发人员在控制嵌入式系统的时序安排方面有更大的灵活性。

(7) Windows CE 的 API 是 Win32 API 的一个子集，支持近 1500 个 Win32 API。有了这些 API，足可以编写任何复杂的应用程序。

Windows Mobile 是微软针对移动产品而开发的手机操作系统。Windows Mobile 捆绑了一系列针对移动设备而开发的应用软件，这些应用软件创建在 Microsoft Win32 API 的基础上。可以运行 Windows Mobile 的设备包括 Pocket PC、Smartphone 和 Portable Media Center。该操作系统的设计初衷是尽量接近于桌面版本的 Windows。

2010 年 10 月 11 日微软公司正式发布了 Windows Phone 7，并且宣布中止对原有 Windows Mobile 系列的技术支持和开发，从而宣告了 Windows Mobile 系列的退市。微软公司首席执行官史蒂夫 • 鲍尔默在 2011 年 2 月 15 日在全球移动通信大展上发布了公司最新一代手机操作系统，Windows Phone 7。2012 年 10 月微软推出 Windows Phone 8。微软公司将通过最新一代手机操作系统 Windows Phone 8，将旗下 Xbox LIVE 游戏、Zune 音乐与独特的视频体验整合至手机中。

2.6.2　Windows CE 的体系结构

Windows CE.net 基于如下因素而采用了分层体系结构。

(1) 从接口的角度讲，Windows CE 要具备面向应用开发和面向系统两个界面。这也是一般操作系统应该实现的两个层面。例如桌面的 Windows 操作系统，既有面向应用的 SDK 应用层界面，又有面向系统的 DDK 系统界面。

(2) 应该有一个层次来实现硬件特点与操作系统本身特性的隔离，以便于实现系统的移植。

(3) 在以上两个层次之外，在底层是具体的硬件设备，在顶层就应该是具体的应用程序。

Windows CE 采用分层体系结构不仅是考虑到操作系统本身，而且是从嵌入式系统应用的角度考虑，使系统具有更好的可扩展性和更清晰的结构，进而适应特殊的应用环境。采用了图 2-8 所示的 Windows CE.net 操作系统的分层模型。其从下而上可分为四层：硬件层、OEM(Original Equipment Manufacturer)硬件适配层、操作系统层、应用层。

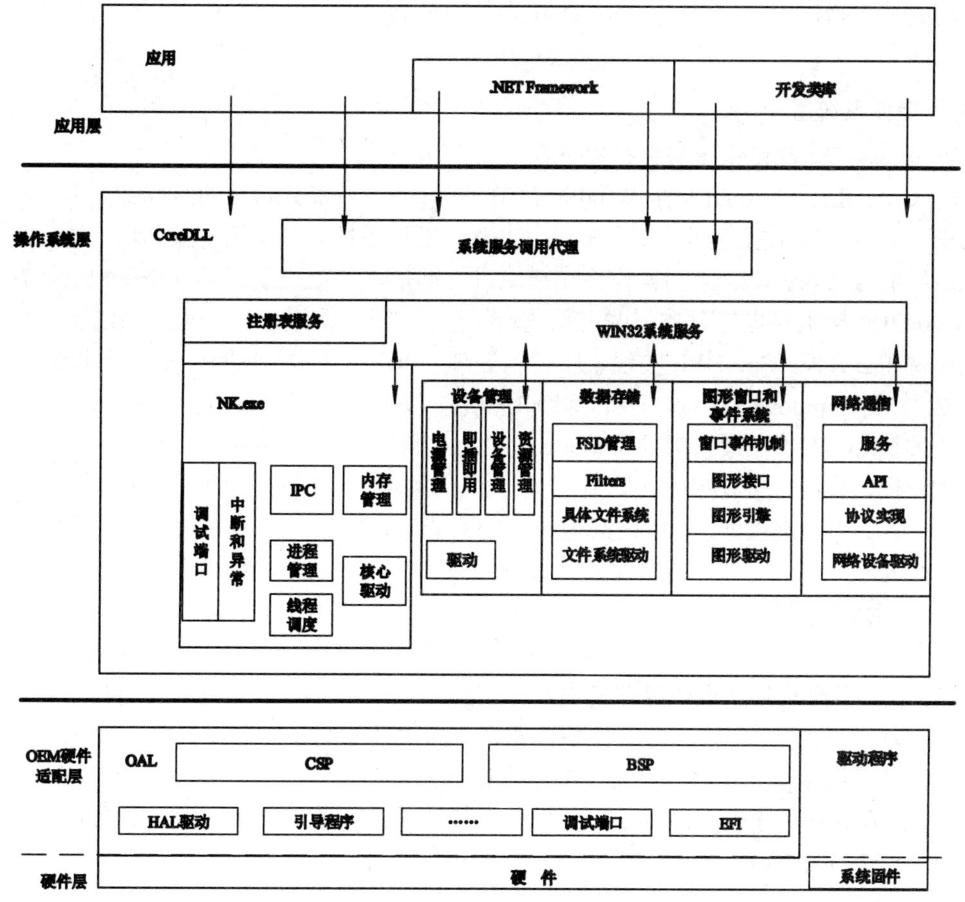

图 2-8　Windows CE 的分层模型

1. 硬件层

Windows CE 系统所需的最低硬件配置包括支持 Windows CE 的 32 位处理器、用于线程调度的实时时钟、用于存储和运行操作系统的存储单元。通常，硬件平台应具备其他的外设，例如串口、网卡、键盘、鼠标等。对于不同的应用领域和硬件平台，需要定制 Windows CE 操作系统并移植到目标硬件上。微软为几种典型的应用平台提供了参考定制方案模版。例如基于 PC 机的参考平台是微软内部用于开发和测试 Windows CE 操作系统的，它可以作为开发 Windows CE 应用程序和开发 X86 设备驱动的参考平台。

2. OEM 硬件适配层

OEM 硬件适配层位于操作系统层与硬件层之间，用来抽象硬件功能，实现操作系统的可移植性。OEM 硬件适配层可以分成 OEM 抽象层(OEM Adaptation Layer，OAL)、设备驱动程序、引导程序和配置文件等部分。OAL 部分主要负责 Windows CE 与硬件通信，它与 CPU、中断、内存、时钟和调试口等核心设备相关，用于屏蔽 CPU 平台的细节，保证操作系统内核的可移植性。设备驱动程序为 Windows CE 提供设备控制功能，包括 LCD/LED/VGA/SVGA 显示设备、鼠标、键盘和触摸屏，语音处理设备和扬声器，串口和基于并口的打印机，PC 卡接口和 ATA 磁盘驱动器或其他存储卡、Modem 卡等。引导程序主要功能是初始化硬件，引导并加载操作系统映像到内存。配置文件则是一些包含系统配置信息的文本文件。

3. 操作系统层

Windows CE 操作系统层包括以下模块。

(1) CoreDLL。CoreDLL 是 Windows CE.net 操作系统最为重要的组成部分之一。它是处在操作系统和应用层之间的一个模块，隔离了操作系统其他模块与应用层，这样使系统的应用层通过 CoreDLL 来与操作系统模块进行通信，使操作获得了一个保护层。在系统中，CoreDLL 层主要担任对外部调用系统功能进行代理的任务，它实现了系统 API 的管理和按名调用。另外，CoreDLL 实现了字符串处理、随机数生成、时间计算等基本支持函数。

(2) 核心 Windows CE.net。操作系统的核心在系统运行时体现为 NK.exe，一个占用空间很小的核心文件。在最新版的 Windows CE .net 操作系统中，NK.exe 文件只占有 200 KB 左右的空间。核心部分在整个操作系统运行中，始终运行在较高的优先级和处理器特权级别上。一般除中断例程外，系统内其他的线程不能抢占内核，并且在虚拟存储管理模式下，内核也总是被禁止换出的。核心主要完成操作系统的主要功能，如处理器调度、内存管理、异常处理、系统内的通信机制，以及为其他部分提供的核心调用例程，还为系统范围内的调试提供支持。

(3) 设备管理模块。设备管理模块是 Windows CE.net 操作系统对设备进行管理的核心模块。运行时表现为 Device.exe。设备管理模块提供基本的设备列表管理、即插即用管理、I/O 资源管理以及设备驱动程序工作的基本机制。

(4) 图形窗口和事件系统模块。图形窗口和事件系统模块是 Windows CE.net 与微软桌面操作系统区别较大的一个模块。在 Windows CE.net 中，操作系统将桌面操作系统的 WIN32 API 的用户界面(USER32)和图形设备接口(GDI32)合并成了一个模块，即图形窗口和事件系统模块，又称为 GWE 子系统。它在运行时表现为 GWES.exe。它主要实现基本的绘图引擎、窗口管理、界面的事件机制等。这个模块所实现的功能，正和它的名字中的序母相对应：G 代表图形(Graphics)，W 代表窗口管理器(Windows Manager)，E 代表事件管理器(Event Manager)。

(5) 通信和网络服务模块。通信和网络服务模块在 Windows CE.net 操作系统中是相对最为独立的一个模块。它的主要功能就是完成 Windows CE.net 操作系统与外界网络的通信功能，并为操作系统上层提供网络服务。

(6) 对象存储模块。对象存储是指 Windows CE.net 的存储内存空间。它包括三种类型的数据：Windows CE.net 文件系统，包括数据文件和程序；系统注册表；Windows CE.net 数据库(一种新的结构化存储方法)。

其中 Windows CE.net 文件系统又包括三种类型：基本 RAM 的文件系统、基本 ROM 的文件系统、FAT 文件系统。不论存储设备属于哪种文件类型，所有文件系统的访问都是通过 WIN32 API 完成的。所以，Windows CE.net 提供了与设备无关的文件访问。

(7) 应用和服务开发模块。应用和服务开发模块包括一般所说的 WIN32 系统服务模块。它是 Windows CE.net 对应用程序提供的接口。在系统实际运行时，这一部分的相当一部分内容被包含在了 NK.exe 中，但实际上它也包含了多个模块的上层对外功能的接口。

在应用开发和服务开发时，系统就是利用这一模块完成开发者的系统调用的。

4. 应用层

应用层是应用程序的集合，通过调用 Win32 API 来获得操作系统服务。需要注意的是 Windows CE 下的 API 是桌面版本 Win32 API 的一个子集；同时 Windows CE 还有许多独有的 API，例如 CE 数据库。

目前微软面向移动手持设备的最新开发平台为 Windows phone 8，但是该平台要求宿主机运行 64 位的 Windows 系统，开发平台占用的硬件资源和软件需求较高。因此本书选择 Windows CE 5.0 平台，介绍其上驱动程序和应用软件的开发技术。

2.7 小　　结

随着嵌入式系统的功能越来越强、系统越来越负责，EOS 在其中扮演的角色日益重要。本章介绍了嵌入操作系统的概念、体系结构及其发展趋势。给出了常见实时操作系统的介绍，为开发人员选择 EOS 提供支持。同时重点介绍了当前主流的嵌入式 Linux 操作系统和 Windows CE，阐述了相关操作系统移植和软件开发的流程，为在这两类操作系统基础上进行软件开发打下基础。

课 后 习 题

1. 简单介绍嵌入式操作系统的核心功能以及嵌入式操作系统的设计原则。
2. 分析比较嵌入式操作系统不同体系结构的特点，并举例说明不同体系结构嵌入式操作的适用场景。
3. 简单介绍嵌入式 Linux 的引导程序、内核和文件系统的功能，并分析三者之间的关系。
4. 简单介绍定制嵌入式 Linux 内核所需步骤及每一步骤的主要任务。

参 考 文 献

[1] 魏忠，蔡勇，雷红卫. 嵌入式开发详解[M]. 北京：电子工业出版社, 2003.
[2] 任哲，房红征，曹靖. 嵌入式实时操作系统 μC/OS-II 原理及应用[M]. 4 版. 北京：北京航空航天大学出版社，2016.
[3] 文全刚. 嵌入式Linux操作系统原理与应用[M]. 3版. 北京：北京航空航天大学出版社, 2017.
[4] 康一梅. 嵌入式软件设计[M]. 北京：机械工业出版社，2007.
[5] 何宗健. Windows CE 嵌入式系统[M]. 北京：北京航空航天大学出版社，2006.
[6] 林政. 深入浅出 Windows Phone8 应用开发[M]. 北京：清华大学出版社，2013.

第 3 章　UML 建模技术

UML(Unified Model Language，标准建模语言)是 OMG(Object Management Group，对象管理组织)提出的用于软件系统的可视化、详述、构造和文档化的统一建模语言。其以 Booch、OMT(Object Modelling Technology，对象建模技术)和 OOSE(Object-oriented Software Engineering，面向对象的软件工程)为基础，综合多种面向对象(Object Oriented，OO)建模方法，以便对任何类型的应用系统建模。自 UML 2.0 推出以来其应用从对 OO 系统建模扩展到了结构化设计系统、业务流程、事物系统、实时和嵌入式系应用，成为可视化建模语言事实上的工业标准。

本章在介绍 OO 基本概念的基础上，介绍 UML 的语义、表示方法及基于 UML 的软件分析设计技术，并以基于 POS 的前台销售系统为例说明 UML 建模方法和过程。

3.1　OO 基础

OO 的基本出发点就是尽可能按照人类认识世界的方法和思维方式来分析、解决问题。客观世界是由许多具体的事务、概念等组成，可以将人类任何感兴趣的事务、概念都称为对象。OO 方法以对象作为分析问题、解决问题的最基本元素，将计算机实现的对象与真实世界中的事务、概念建立一一对应的关系。因此，OO 方法符合人类的认识规律，更易于为人们所理解、接受和掌握。

3.1.1　OO 基本概念

1. 对象

对象是指人们要进行研究的任何事物。例如，从最简单的整数到复杂的飞机等均可看作对象。对象不仅能表示具体的事物，还能表示抽象的规则、计划或事件。对象主要有如下类型。

(1) 有形实体：指一切看得见、摸得着的实物，如计算机、手机、机器人和手表等。这些都属于有形实体，也是最容易识别的对象。

(2) 作用：指人或组织所起的作用，例如医生、教师、学生、工人、公司和部门等。

(3) 事件：指在特定时间所发生的事，如演出、飞行和开会等。

(4) 性能说明：对产品性能的说明，如产品名字、型号及各种性能指标等。

对象不仅能表示结构化的数据，而且能表示抽象的事件、规则以及复杂的工程实体。

因此，对象具有很强的表达能力和描述功能。

2. 对象的状态和行为

对象具有状态，一个对象用数据值来描述它的状态。例如学生张三具有姓名、年龄、性别、家庭地址、学历及所在学校等数据值，可用这些数据值来表示这个学生的具体情况。

对象具有操作，用于改变对象的状态，对象及其操作就是对象的行为。如某个工人经过“增加工资”的操作后，其工资额就会发生变化。由于对象实现了数据和操作的结合，并使数据和操作封装于对象的统一体中。对象内的数据具有自己的操作，这些操作具有较强的独立性和自治性。同时，对象内部状态不受或很少受外界的影响，具有很好的模块化特点。设计人员可充分利用这些特点，灵活地专门描述对象的独特行为。

3. 类

具有相同或相似性质对象的抽象就是类。因此，对象的抽象是类，类的具体化就是对象，即类的实例是对象。

类具有属性，它是对象的状态的抽象，用数据结构来描述类的属性。类具有操作，它是对象的行为的抽象，用操作名和实现该操作的方法来描述。例如人、教师、学生、公司、圆形、工厂和窗口等都是类的例子。每个人都有年龄、性别、名字及正在从事的工作，这些就是人这个类的属性。而“画圆形”“显示圆形”则是圆形这个类具有的操作。

4. 类的关系

客观世界中有若干类间存在有一定的结构关系，这些结构关系主要有：“一般具体结构”关系及“整体成员结构”关系。

“一般具体结构”称为分类结构，也可以说是“或”关系，是“is a”关系。例如，汽车和交通工具都是类。它们之间的关系是一种“或”关系，汽车“是一种”交通工具。类的这种层次结构可用来描述现实世界中的一般化的抽象关系，通常越在上层的类就越具有一般性和共性，越在下层的类越具体、越细化。

“整体成员结构”称为组装结构，它们之间的关系是一种“与”关系，是“has a”关系。例如汽车和发动机都是类，它们之间是一种“与”关系，汽车“有一个”发动机。类的这种层次关系可用来描述现实世界中的类的组成的抽象关系。上层的类具有整体性，下层的类具有成员性。在类的结构关系中，通常上层类称为父类或超类，下层类称为子类。

5. 消息和方法

消息是对象之间进行通信的一种构造形式。在对象的操作中，当一个消息发送给某个对象时，消息包含接收对象去执行某种操作的信息。接收消息的对象经过解释，然后给予响应。这种通信机制称为消息传递。发送一条消息至少要包含说明接收消息的对象名、发送给该对象的消息名(即对象名、消息名)，一般还要对参数加以说明，参数可以是只有认识消息的对象所知道的变量名，或者是所有对象都知道的全局变量名。消息传递是从外部使得一个对象获得某种主动数据的行为。使用消息传递的方法可更好地利用对象的分离功能。

类中操作的实现过程叫作方法，一个方法有方法名、参数及方法体。当一个对象接收一条消息后，它所包含的方法决定对象怎样动作。方法也可以发送消息给其他对象，请求执行某一动作或提供信息。由于对象的内部对用户是密封的，所以消息只是对象同外部世界连接的管道，而对象内部的数据只能被自己的方法所操纵。

3.1.2 OO 的特征

1. 对象唯一性

每个对象都有自身唯一的标识，通过这种标识，可找到相应的对象。在对象的整个生命期中，它的标识都不改变，不同的对象不能有相同的标识。在对象建立时，由系统授予新对象唯一的对象标识符，它在历史版本管理中有巨大作用。

2. 分类性

分类性是指将具有一致的数据结构(属性)和行为(操作)的对象抽象成类。一个类就是这样一种抽象，它反映了与应用有关的重要性质，而忽略其他一些无关内容。任何类的划分都是主观的，但必须与具体的应用有关；每个类是可能无限个体对象的集合，而每个对象是相关类的实例。

3. 继承性

继承性是父类和子类之间共享数据结构和方法的机制，这是类之间的一种关系。在定义和实现一个类的时候，可以在一个已经存在的类的基础之上来进行，把这个已经存在的类所定义的内容作为自己的内容，并加入若干新的内容。

继承性是面向对象程序设计语言不同于其他语言的最主要的特点，是其他语言所没有的。在类层次中，子类只继承一个父类的数据结构和方法，称为单重继承；如果子类继承了多个父类的数据结构和方法，则称为多重继承。

在软件开发中，类的继承性使所建立的软件具有开放性，可进行扩充，是信息组织与分类的行之有效的方法，它简化了对象、类的创建工作量，增加了代码的可重用性。

继承性提供了类的规范的等级结构。对单重继承，可用树型结构来描述；对多重继承，可用网型结构来描述。通过类的继承关系，使公共的特性能够共享，提高了软件的重用性。首先进行共同特性的设计和验证，然后自顶向下来开发，逐步加入新的内容，符合逐步细化的原则，通过继承，便于实现多态性。

4. 多态性

多态性是指相同的操作或函数、过程作用于多种类型的对象上并获得不同结果。不同的对象收到同一消息产生完全不同的结果，这种现象称为多态性。如 MOVE 操作，可以是窗口对象的移动操作，也可以是国际象棋棋子移动的操作。

多态性允许每个对象以适合自身的方式去响应共同的消息，这样就增强了操作的透明性、可理解性和可维护性。用户不必为相同的功能操作作用于不同类型的对象而费心去识别。

多态性增强了软件的灵活性和重用性，允许用更为明确、易懂的方式去建立通用软件。多态性与继承性相结合使软件具有更广泛的重用性和可扩充性。

3.1.3 OO 的要素

面向对象有一些基本要素，虽然这些要素并不是 OO 系统所独有，但这些要素很适合于用来支持 OO 系统。

1. 抽象

抽象是指强调实体的本质、内在的属性，而忽略一些无关紧要的属性。在系统开发中，抽象指的是在决定如何实现对象之前，确定对象的意义和行为。使用抽象可以尽可能避免过早考虑一些细节，大多数语言都提供数据抽象机制，而运用继承性和多态性强化了这种能力，分析阶段使用抽象仅仅涉及应用域的概念，在理解问题域之前不考虑设计与实现。合理应用抽象可以在分析、设计、程序结构、数据库结构及文档化等过程中使用统一的模型。

面向对象比其他方法技术有更高的抽象性。对象具有极强的抽象表达能力，对象可表示一切事物，可表达结构化和非结构化的数据，如工程实体、图形、声音及规则等。而类实现了对象的数据和行为的抽象，是对象共性的抽象。

2. 封装性

封装是保证软件部件具有优良的模块性的基础。封装性是指所有软件部件都有明确的内部范围以及清楚的外部边界。每个软件部件都有友好的界面接口，软件部件的内部实现与外部访问相分离。

面向对象的类是封装良好的模块，类定义将其说明(用户可见的外部接口)与实现(用户不可见的内部实现)显式地分开，其内部实现按其具体定义的作用域提供保护。

对象是封装的最基本单位。在用面向对象的方法解决实际问题时，要创建类的实例，即建立对象，这时除了应具有的共性外，还应定义仅由该对象所私有的特性。因此，对象封装比类的封装更具体、更细致，是面向对象封装的最基本单位。

封装防止了程序的相互依赖性带来的变动影响，面向对象的封装比传统语言的封装更加清晰、更加有力。

3. 共享性

面向对象技术在不同级别上促进了共享，共享有以下几种。

(1) 同一个类中对象的共享。同一个类中的对象有着相同的数据结构，这是由数据成员的类型、定义顺序及继承关系等决定的；也有着相同的行为特征，这是由方法接口和实现决定的。从这个意义上讲，这些对象之间是结构、行为特征的共享关系。进一步地讲，在某些实际应用中还会出现要求这些对象之间有状态(即数据成员值)的共享关系。例如所有同心圆的类，各个具体圆的圆心坐标值是相同的，即共处于同一状态。

(2) 在同一个应用中的共享。在同一应用的类层次结构中，存在继承关系的各相似子类中存在数据结构和行为的继承，使各相似子类共享相同的结构和行为。使用继承来实现代码的共享，这也是面向对象的主要优点之一。

(3) 在不同应用中的共享。面向对象不仅允许在同一应用中共享信息，而且通过类库这种机制和结构可实现不同应用中的信息共享。

4. 强调对象结构而不是程序结构

面向对象技术强调要明确对象是什么，而不强调对象是如何被使用的。对象的使用依赖于应用的细节，并且在开发中不断变化。当需求变化时，对象的性质比对象的使用方式更为稳定。因此，从长远看，在对象结构上建立的软件系统将更为稳定。面向对象技术特别强调数据结构，而对程序结构的强调比传统的功能分解方法要少得多。

3.2　UML 语义

UML 的定义包括 UML 语义和 UML 表示法两部分。UML 语义描述基于 UML 的精确元模型的定义。元模型为 UML 的所有元素在语法和语义上提供了简单、一致、通用的定义性说明，使开发者们在语义上取得一致，消除因人而异的表达方法所造成的影响。此外 UML 还支持对元模型的扩展定义。UML 表示法定义 UML 符号的表示法，为开发者或开发工具使用这些图形符号和文本语法进行系统建模提供了标准。这些图形符号和文字所表达的是应用级的模型，在语义上它是 UML 元模型的实例。

3.2.1　UML 元模型理论

UML 语言的结构基于四层元模型结构：元-元模型、元模型、模型和用户对象(用户数据)，如表 3-1 所示。

表 3-1　UML 四层元模型结构

层　次	描　述	举　例
元-元模型	元模型结构的基础，定义元模型描述语言的模型	MetaClass、MetaAttribute、MetaOperation
元模型	元-元模型的实例，定义模型描述语言的模型	Class、Attribute、Operation、Component
模　型	元模型的实例，定义信息域描述语言的模型	实际应用的域模型中的类、属性、操作、构件等。BookStore，DrawCircle
用户对象(用户数据)	模型的实例，定义一个特定的信息域	特定信息域中对象结构及相互交互。例如，<BookStore_1>、32.14

(1) 元-元模型(meta-meta model)：元模型的基础体系结构，定义一种说明元模型的语言。它比元模型具有更高的抽象层次，为准确定义元模型的元素和各种机制提供最基本的概念和机制。

(2) 元模型(meta model)：元-元模型的一个实例，定义一种说明模型的语言。一个系统往往是由多个模型的聚集、相互结合和通信组成。元模型通过把属性、操作、结合和通信进一步抽象为结构元素、行为元素来表达模型，并提供表达系统的机制(包)。另外，为了准确地表达模型的语义，提供了版型(Stereotype)、标记值和约束。在这样的元模型描述下生成的模型实例，可确保语义的准确刻画。

(3) 模型(model)：元模型的一个实例，定义特定信息域描述语言。模型规定了对象的属性、操作以及聚集、结合和通信，保证用户对象层的语义正确描述。

(4) 用户对象(用户数据)(user object)：模型的一个实例，描述了一个特定的信息域，它是按照某一领域的域模型组织的。任何软件系统在用户看来都是相互通信的具体对象。如果排除 OO 语言表示的细节，这些具体对象构成对象体系结构，并完成具体的相互通信，其目的是实现软件系统的功能和性能。从表示的角度来看，功能、性能即表示的语义。因此表示法系统必须能表达的第一个层次是用户对象层，即对象实例及其交互。

对各级模型元素的定义方式是，首先给出它的抽象语法(采用 UML 的类图表示法描述元素之间的关系)，然后给出其形式化规则(采用正文和对象约束语言)，最后描述其语义(采用准确的正文)。按这种方式总共定义了 118 个元素，划分到 3 个部分和 9 个包(package)中分别加以定义。

3.2.2　UML 的组织结构

UML 元模型比较复杂，它由近九十个元类(MetaClass)、一百多个元关联(MetaAssociation)和近五十个版型组成。元模型通过逻辑包将它们组织起来，并具有高内聚、低耦合的特点。UML 元模型的顶层由三个包组成(如图 3-1 所示)：基础包、行为元素包和模型管理包。其中基础包分为核心包、辅助元素包、扩展机制包和数据类型包(如图 3-2 所示)；行为元素包分为通用行为包、合作包、用例包和状态机包(如图 3-3 所示)。

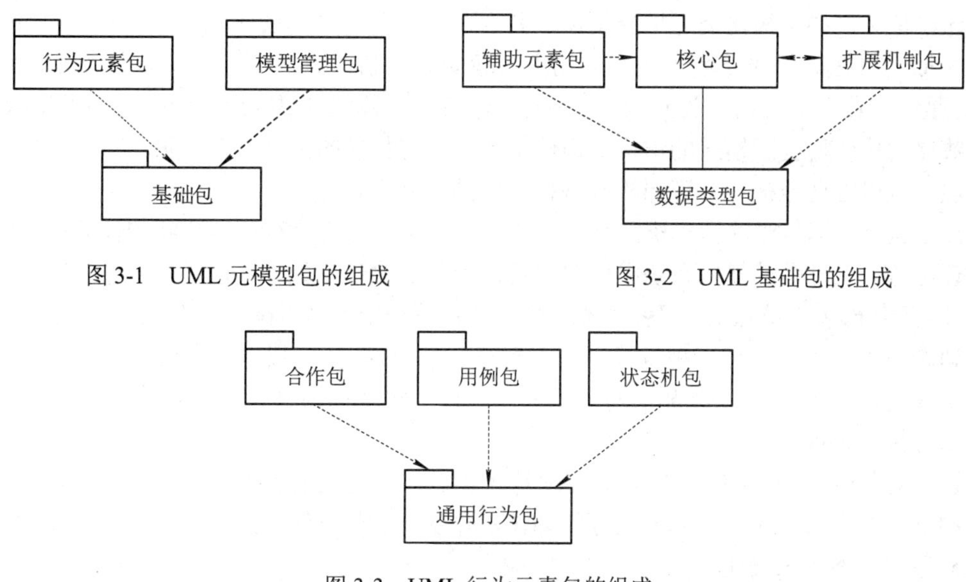

图 3-1　UML 元模型包的组成

图 3-2　UML 基础包的组成

图 3-3　UML 行为元素包的组成

(1) 基础包：为描述软件系统提供最基本的支持。

(2) 行为元素包：定义 UML 的行为建模的超结构(Superstructure)。包括以下四个包：

① 通用行为包：行为元素包最基本的子包，它定义了动态元素的核心概念，并提供支持合作包、状态机包和用例包的基础结构；

② 合作包：定义用于描述模型中不同元素间交互关系的概念；

③ 用例包：定义用于描述系统功能的概念；

④ 状态机包：定义用有限状态机描述系统动态行为的概念。

(3) 模型管理包：定义模型元素如何组织成模型、包和子系统。

3.2.3　UML 建模概念

UML 的概念和模型总体上可分为如下几个概念范围。

静态事物。一个精确的模型必须首先定义其所涉及的范围，即确定有关应用系统的关键概念、内部特性及相互关系。这组元素在 UML 中称为静态视图。

静态视图(static view)是用类来表达应用系统中的概念。每个类由一组包含该类表示的实际信息和具体实现该类所申明行为的离散对象组成。对象包含的信息类型被作为类的属性，它们执行的行为的规格说明被作为类的操作。UML 中的多个类通过泛化可以共享一些共同的结构。子类在继承共同父类的结构和行为的基础上可以增加新的结构和行为。对象与其他对象之间也会发生运行时的联系，这种对象与对象之间的关系称为类之间的关联。一些元素之间的关系可以被归纳为依赖关系。依赖存在于抽象的不同层级之间，可以是模板参数的绑定、授予对象的某种许可等。类也可有接口，类的接口描述了它们对外可见的行为。另一类关系是用例的包含和扩展关系。静态视图主要使用类图以及类图的变体。静态视图可用于生成程序中用到的大多数数据结构声明。在 UML 视图中还要用到其他类型的元素，比如接口、数据类型、用例等。

设计构造。UML 模型既能用于逻辑分析，又能用于设计系统的实现。某些构造提供了设计单位。例如结构化类元扩展了类，其表现为一组通过关系连接在一起的类的集合。协作模拟一组在短暂的环境中相互作用的对象集合。协作描述了相关元素相互作用的结构，它是一种典型的结构化类元。参数化的协作表示一种可在不同设计中复用的设计构造。该参数化的协作捕捉了模式的结构。构件是系统中可替换的部分。它按照一组接口来设计并实现，可以方便地被一个遵照相同规格说明的构件替换。

部署构造。运行时的计算资源称为节点，其定义了通常具有存储空间和计算能力的一个物理位置。工件是计算机系统中表现信息或行为的物理单元，其可以是一个模型、文档或软件。工件部署于节点上。部署视图描述了运行系统中的节点配置和节点上工件的布置。

动态行为。可以通过三种方式进行对象行为的建模：① 根据一个对象与外界发生交互的生存周期；② 是一系列相关对象之间相互作用实现行为时的通信方式；③ 是经过不同活动时执行进程的演变。

孤立对象(或一个对象的类元)的视图是状态机。状态机描述对象基于当前状态对事件做出的响应，作为响应的一部分执行的动作，并从一种状态转换到另一种状态的视图。状态机模型用状态图来描述。

一个交互(interaction)由一个结构化类元或者一个协作，连同各部分之间传递的消息流构成。交互用顺序图或协作图表示。顺序图强调的是时间顺序，而协作图强调的是对象之间的关系。

活动(activity)表示一段计算过程的执行，用一组活动节点表示，各节点间用控制流和数据流连接起来。活动既可以模拟顺序的行为，也可以模拟并发的行为；既可以用来展示计算过程，也可以展示人类组织中的工作流。

用例(use case)对行为视图起指导作用。每一个用例描述了一个用例参与者或系统外部用户可见的一个功能。用例视图包括用例的静态结构和用例的参与者，及在参与者和系统之间传递的动态消息序列，通常用顺序图或者文本表示。

模型组织。对于一个大型系统，建模信息应该被划分成连贯的部分，以便团队成员能够同时在不同的部分上工作。UML 模型采用层次组织单元将整个模型的内容组织成一个个大小适当的包，它们可以用于存储、访问控制、配置管理以及构造包含可复用的模型片段的库。包间的依赖是对包组成部分之间依赖的归纳。整个系统的架构决定了包间的依赖关系。因此，包的内容必须符合包的依赖关系和有关架构要求。

特性描述。UML 为使用者提供了可扩展的手段，以在不改变其基础部分的情况下满足大多数对 UML 扩充的需求。版型是一种新的模型元素，与现有的模型元素具有相同的结构，但加上了一些附加约束，具有新的解释和图标。版型定义了一组标记值。标记值(tagged value)是一个用户定义的属性，能够应用到模型元素上，而不是系统运行时的对象上。约束(constraint)是用某种特定约束语言(如程序设计语言或自然语言等)的文本字符串表达的条件。特性描述是一组有针对性的版型和约束，可以被应用到用户模型上。可为了特定目的开发特性描述，并将其存储到开发工具库中供用户模型使用。

3.2.4 UML 的构造事物

UML 的实体词汇表包含 3 种构造块：事物、关系和图。事物是模型中最具代表性的成分的抽象；关系则把事物组织在一起；图则是相关事物的集合。

UML 中有 4 类事物：结构事物、行为事物、分组事物和注释事物。

1. 结构事物

结构事物是 UML 模型中的名词元素，它们等价于各类语言中的名词。结构事物通常是模型的静态部分，描述所识别的概念或物理实体。UML 的 7 种结构事物分别是类、接口、协作、用例、主动类、构件和接点。它们是 UML 模型中可以包含的基本结构事物。它们也可以有变体，如参与者、信号、实用程序、进程和线程、应用、文档、文件、库、页和表等。

2. 行为事物

行为事物(behavioral thing)是 UML 模型的动态部分。行为事物的描述跨越了时间和空间的行为。UML 有两类主要的行为事物：交互和状态。

3. 分组事物

分组事物是 UML 模型的组织部分，描述了事物的组织结构。在所有的分组事物中，包是最主要的分组事物。其是组合和组织实体的常规工具，它拥有自己的内容并可定义命名空间。包类似于计算机中的文件、文件夹和子目录，也是一种模型元素和图。

4. 注释事物

注释事物是 UML 模型的解释部分。这些注释事物用来描述、说明和标注任何事物。注解和约束是 UML 中的主要注释事物。

注解(note)是依附于一个实体或一组实体之上，对它或它们进行约束或解释的简单符号。约束(constraint)是用文本语言陈述句表达的语义条件或限制。通常，约束可以附属于任何一个或者一组模型元素上。它代表了附加在模型元素上而不只是附加在模型元素的某一个视图上的语义信息。在嵌入式系统实现过程中，约束起着非常重要的作用。系统的非功能性(如实时性、资源紧缺限制等)建模主要通过约束来实现。

3.2.5 UML 中的关系

在 UML 中有 4 种类型的关系：依赖、关联、泛化和实现。

1. 依赖

依赖是两个元素之间的一种关系，其中一个元素(服务提供者)的变化会影响另一个元素(客户)。如果说依赖代表了一种知识的不对称，则独立的元素称为服务提供者，而依赖它的元素称为客户。在图形上，把一个依赖画成一条有方向的虚线，箭头由客户指向服务提供者。在 UML 中依赖关系是多种建模关系的统一表示。

2. 关联

关联是两个或多个类元之间的关系。如果两个或更多类元的实例之间有连接，那么这几个类元之间的语义即关联。关联的实例称为链。链是对象之间的连接。关联是设计时存在于类之间的关系，而链则是运行时存在于对象之间某个瞬间的联系。关联的每个实例是对象引用的一个有序表。在图形上，把关联画成一条实线，它可能有方向，可以在关联上加一个名称，在关联的两端还可以含有诸如多重性和角色名等修饰。聚合和组合是一种特殊关联，反映两种类型的实体间“整体—部件”关系。

3. 泛化

泛化是一个较普通的元素和一个较特殊元素之间的类元关系。较特殊的元素完整地包含了较普通的元素，并含有更多信息。用这种方法特殊元素共享了普通元素的结构和行为。泛化是两个相同种类的类元之间的直接关系，其中一个元素称为父，另一个称为子。泛化也反映了一种传递的、反对称关系，一直向着父类元的方向可以到达祖先；反之，可以到达其后代。与泛化相反方向的行为称为专化。泛化的名词语义代表以上所描述的关系。泛化也可以是动词，其语义为抽象，是指把几个具有共同特征的元素抽象出一个超类的行为过程。泛化功能可以大大减少设计和程序的内部重复，是面向对象技术的一项主要优点。泛化的主要目的是支持继承和多态性，另外在结构化描述对象和支持代码复用方面也起重要作用。在图示上把一个泛化关系画成一条带空心箭头的实线，箭头指向一般父实体。

4. 实现

实现是规格说明和其实现之间的关系。它表示不继承结构而只继承行为。规格说明描述了某种事物的行为和结构，但不确定这些行为如何实现。而实现则提供了如何以高效和可计算的方式来实现这些行为的细节。规格行为的元素和实现行为的元素之间的关系称为实现关系。在实现关系中，实现元素必须支持说明元素的所有行为。UML 中主要在两种地方遇到实现关系：一种是在接口和实现它们的类或构件之间；另一种是在用例和实现它们的协作之间。在图示上把一个实现关系画成一条带空心箭头的虚线，箭头指向规格说明元素。

3.3 UML 图形表示

UML 表示法是 UML 语义的可视化表示，是用来为系统建模的工具。UML 包括静态结构图、用例图、行为图、实现图 4 大类，表示各种模型的各个方面。从模型的不同描述角度来划分，UML 可以由下列 4 类图(共 9 种图形)来定义：

- 静态结构图(Static Structure Diagram)

  - ■ 类图(Class Diagram)
  - ■ 对象图(Object Diagram)
- ● Use Case 图(Use Case Diagram)
- ● 行为图(Behavior Diagram)
  - ■ 状态图(Statechart Diagram)
  - ■ 活动图(Activity Diagram)
  - ■ 交互图(Interaction Diagram)
    - ◆ 顺序图(Sequence Diagram)
    - ◆ 协作图(Collaboration Diagram)
- ● 实现图(Implementation Diagram)
  - ■ 构件图(Component Diagram)
  - ■ 实施图(Deployment Diagram)

UML 定义了一些在各种图中常用的元素，例如 String(串)、Name(名)、Label(标签)、Keyword(关键词)、Expression(表达式)、Note(注释)等，并给出它们的表示符号。例如关键词由一个被书名号括起的串表示，注释用一个折起一角的长方形内的正文表示。在各种图中用来对一组模型元素打包的元素叫作“包(Package)”，其表示法是用一个大的方框围起这组元素，并在角上用一个小框给出包的名字。

此外，UML 还定义了一些称作“扩充机制”的元素。这种元素可以附加到其他模型元素之上，将原有的建模元素特化成一种语义较特殊的新变种，或者表示出它们的某些细节，以达到对表示法进行扩充或细化的作用。这些元素包括以下几部分。

约束(Constraint)：约束是模型元素之间的一种语义关系，它说明了某种条件和某些必须保持为真的命题。其表示法是在{}(大括号)之间用一种工具能识别的语言(如 UML 提供的对象约束语言)写出表示条件的正文串。

注释(Comment)：注释是写在注释符号(折起一个角的长方形)之内的正文串。所使用的语言应易于人的理解，不必考虑被工具理解。

元素特征(Element Property)：用来显示模型元素的一些附带特征，如属性、关联、目标值等。其表示法是在大括号内写出形式为“关键词=值”的正文串，多个串之间彼此用逗号隔开。

版型(Stereotype)：用来附加到其他模型元素之上，将原有的建模元素特化成一种语义较特殊的新变种。带有版式的建模元素可看作原先建模元素的一个子类，它在属性、关系等方面与原先的元素形式相同，但用途更为具体。版式是用书名号括起来的关键字表示的。上述概念的表示法如图 3-4 所示。下面分别介绍各种图以及图中用到的建模元素与表示法。

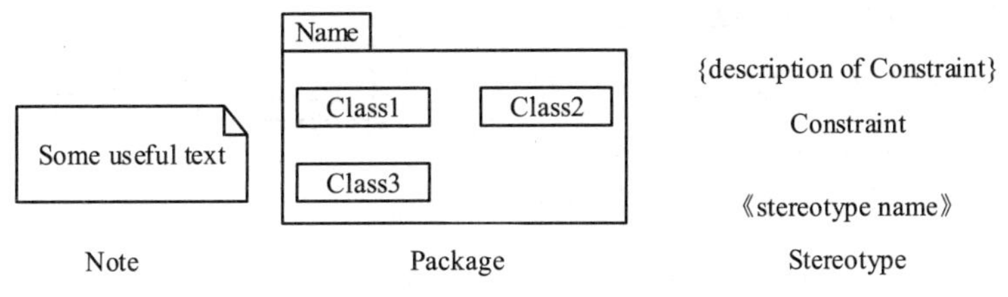

图 3-4　图元素、包和扩充机制

3.3.1 UML 静态结构图

静态结构图包括类图(class diagram)和对象图(object diagram)。

类(Class)：类是对具有相似的结构、行为和关系的一组对象的描述。类图是(静态)声明的模型元素集合。类图主要用来描述系统中各种类之间的静态结构。类与类之间有着多种不同的联系，如关联、依赖、泛化和包含等。所有这些联系以及类的属性和行为，都可以在类图中清晰地加以描述。

对象图是类图的一种变形。除了在对象名下面要加下划线以外，它所使用的符号与类图基本相同。二者的区别在于对象图显示的是类的多个对象实例，而不是实际的类。因此，对象图是对类图的一种实例化，即系统在某个时期或某个特定时刻可能存在的具体对象实例以及它们之间的具体关系。对象图并不像类图那样具有重要的地位，但是利用它通过具体的实例分析，有助于设计人员更具体地了解复杂系统的类图所表示的丰富内涵。

类图能包括对象，一个有对象而没有类的类图便是一个对象图。静态结构图中用到的各种建模元素的表示法如图 3-5 所示，以下分别加以介绍。

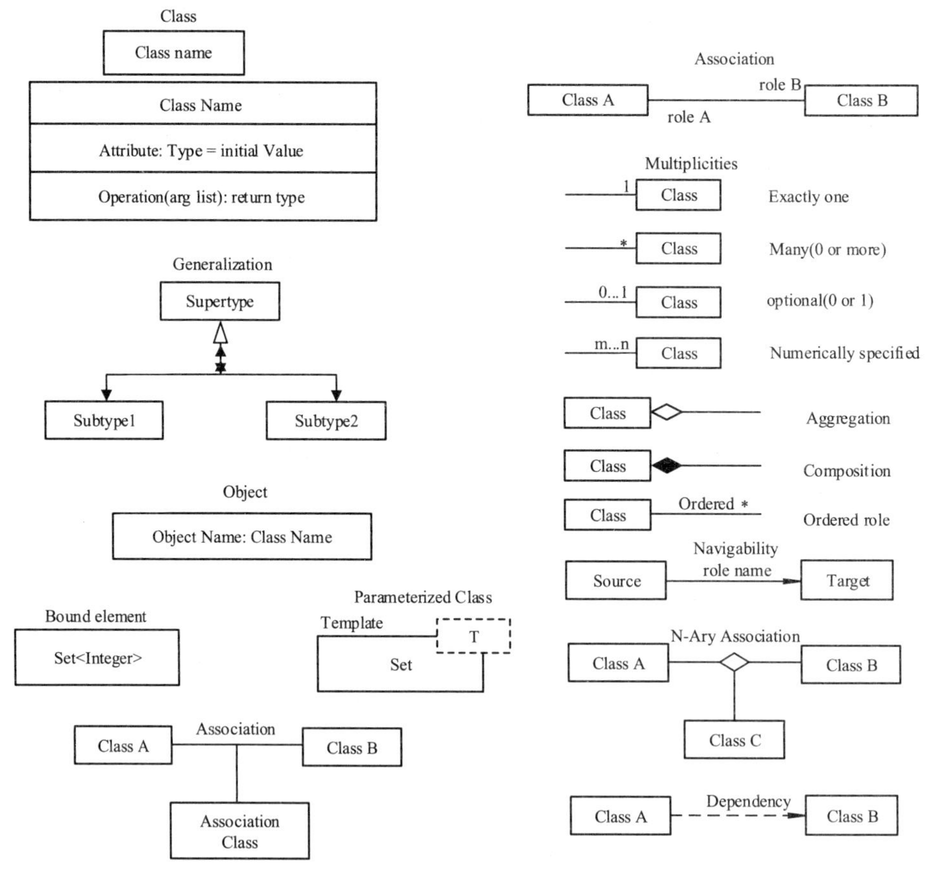

图 3-5　静态结构图中的建模元素表示法

UML 对类提供了 3 种图形表示符。第 1 种是细节抑制方式，只在一个方框中给出类名；第 2 种是分析级细节方式，在上、中、下 3 栏分别给出类名、属性名与类型、操作名；

第 3 种是实现级细节方式，给出更多的细节。

Name Compartment(名字栏)：定义了类符号的名字栏的书写规范。

List Compartment(列表栏)：定义了类符号的属性栏和操作栏的书写规范。

Attribute(属性)：规定了属性的写法以及以下 3 种可见性符号："+"表示 public(公共)，"#"表示 protected(保护)，"-"表示 private(私有)。

Operation(操作)：规定了操作的写法，采用与属性相同的 3 种可见性符号。

Type vs. Implementation Class(类型与实现类)：这是将版式关键词《type》或《implementation class》附加到类表示符号之上，并在属性栏和操作栏中给出属性与操作的定义细节而得到的两种较特殊的类元素。其中"类型"刻画一个对象可能采用然后又放弃的可变规则；"实现类"定义了在用一种语言实现时对象的物理数据结构与过程。以下 7 种表示符号都是用这种方式得到的。

Interface(接口)：是对一个类或其他实体(诸如包这样的大单位)的对外可见操作的说明，它不说明实体的结构。其表示法很像类符号，但没有属性栏；在名字栏中加关键词《interface》，在操作栏填写接口定义。

Parameterized Class(Template)(参数化类，即模板)：它是带有一个或多个未绑定的形式参数的类，因此它定义一个类家族，将参数与一个实际值绑定便说明了其中一个类。参数化类的表示法是在类符号的右上角加一个虚线框，框内说明各个形参的不同实现类型。

Bound Element(绑定元素)：它的作用是将模板的参数与实际的值联系(绑定)。其表示法是用文字说明模板的参数值表。

Utility(实用程序)：以类的形式声明的一组全局变量与过程。它不是一种基本构造，而是一种编程便利设施。其表示法是在类符号的类名栏中标以关键字《utility》。

Metaclass(元类)：表示类的类，它的实例是类。其表示法是在类名栏中加关键词《metaclass》。

Class Pathname(类路径名)：用以表示对一个类的引用。表示法是在引用这个类的地方(在其他包中)以符号"::"指出被引用的类名。

Importing a Package(引入一个包)：表明在一个包中可以引用另一个包中的类。这是一种特殊的依赖(dependency)关系。其表示法是在 dependency 符号(虚箭头)上旁加关键字《import》。

Object(对象)：对象是类的一个特殊实例。UML 给出的对象表示法是一个只有两栏的方框，名字栏填写对象(实例)名并指出它所属的类名，属性栏中给出每个属性的值。

Composite Object(组合对象)：由一些紧绑在一起的部分所构成的高层对象，它是组合类(composite class)的实例。用含有两栏的方框表示，在上栏填写组合对象名并指出其类名，在下栏画出它的各个部分对象。

Association(关联)：分为二元关联和多元关联。

二元关联：是两个类之间的关联(包括从一个类到它自身的关联这种特殊情况)。其表示法是用一条实线连接两个类符号。这条线可根据绘图时的方便画成平直的、斜的或弯曲的，也可由若干段组成。线的端点与类符号相接的地方叫做关联端点，端点附近可以注明一些有用的信息，表明关联的不同情况(稍后介绍)。整个关联也可以带有一些附加信息，包括：关联名(association name)，通过这样的命名表明关联的作用；关联类(association class)符号和普通的类符号相同，但必须附着在一个关联上，用于表明关联的属性与操作，这些东西都是任选的、非强制的。

Association End(关联端点)：关联端点不是独立的元素，它是关联的一部分，用于表明关联的一些细节内容。一部分细节内容通过在关联端点旁边附加一些字符或图形来表示，包括多重性(multiplicity)、有序性(ordering)、限制(qualifier)、角色名(rolename)、可变性(changeability)、可见性(visibility)。另一些细节是通过关联线端点的不同形状来表示的，包括：开放型的箭头表示可导航性(navigability)，即表示从关联一端的对象实例能够找到另一端与它关联的对象实例；空心的菱形箭头表示聚合(aggregation)，即表示关联一端的对象实例是另一端对象实例的组成部分；实心的菱形箭头表示强形式的聚合关系，称作组装(composition)。

Multiplicity(多重性)：在关联端点上标注数字(表示具体的数量)或“*”(表示多个)，以表明本端有多少个对象实例与另一端的对象实例相关联。

Qualifier(限制)：在关联的一端与类符号相接口的地方画一个矩形框，框中给出一些属性值指明关联另一端的对象符合什么条件才有资格与本端的对象关联，它是关联的一部分，而不是类的一部分。

Association Class(关联类)：用于表明一个关联带有类的特征(包括属性和操作)，用普通的类符号表示，附着在关联线上。

N-Ary Association(多元关联)：3 个以上的类之间的关联。其表示法是从一个菱形向各个相关联的类符号画出连接线。

Composition(组装)：是 aggregation 的形式之一，它表示整体对部分有很强的拥有关系和相同的生存时间。其表示法是在关联线的端点加一个实心的菱形箭头。

Link(链)：是关联的一个实例，表明两个对象之间的联系。其表示法是在两个对象实例之间画一条直线。

Generalization(一般化)：是较为一般的元素和与之完全一致而又增加了更多信息的较为特殊元素之间的分类学关系。此概念和大部分 OO 技术文献中所讲的“继承关系”或“一般特殊关系”基本相同，不过，UML 的 generalization 除用于表示类之间的关系外还用于包、Use Case 和其他元素。表示法有两种方式，一种是共享方式，在一般元素的符号旁边画一个三角形，从三角形的底边引出一条连线，而这条连接有若干分支，分别连向各个特殊元素；另一种是分散式，在一般元素的符号旁边画多个三角形，每个三角形的底边画出引向一个特殊元素的连线，在连线旁边可以加一个文字标注，叫作 discriminator(鉴别器)，标明是按什么进行分类的。

Dependency(依赖)：UML 对 dependency 的语义是这样定义的：指出两个(或多个)模型元素之间的语义关系，其涵义只涉及这些元素本身而不涉及他们的实例，它指出在这种依赖中对目标元素的一个改变可能需要对源元素的一个改变。依赖有以下几种。

trace-Trace：在不同的表意层次上表示同一概念的两个元素之间的一种历史连接。

refine-Refinement：两个有映射(未必完全)关系的元素之间的历史或衍生连接。

use-Usage：为了一个元素的正确实现或功能履行需要另一个元素出现。

bind-Binding：将模板参数绑定到一个实际的值，以创建一个非参数化元素。

依赖的表示法是在两个模型元素之间画一条带箭头的虚线，旁边可以标明该依赖关系属于以上哪一种，也可加一个名字。对类而言，dependency 可以为如下几种理由而存在：

一个类向其他类发送消息；一个类以其他类作为其数据的一部分；一个类提及其他类作为对一个操作的参数。

Derived Element(派生元素)：派生元素是可以从其他元素计算出来的元素。尽管它没有增加语义信息，但是有了它可以更清楚或者更有利于设计。其表示法是在派生元素的名字前加一条斜线。

3.3.2 Use Case 图

Use Case 图用于表现参与者与 Use Case 之间的关系，即表现一个系统或一个类对于系统外部的交互者的功能。它是系统开发者和用户反复讨论的结果，表明了开发者和用户对需求规格达成的共识。首先，它描述了待开发系统的功能需求；其次，它将系统看作黑盒，从外部执行者的角度来理解系统；最后，它驱动了需求分析之后各阶段的开发工作，不仅在开发过程中保证了系统所有功能的实现，而且可用于验证和检验所开发的系统，从而影响到开发工作的各个阶段和 UML 的其他图形。UML 定义了如下几种构成 Use Case 图的元素(如图 3-6)。

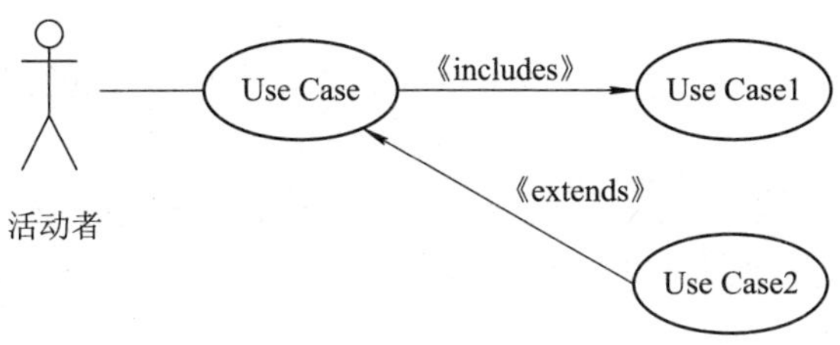

图 3-6　Use Case 图

Use Case：一个 Use Case 是一个系统或一个类提供的紧凑的功能单元，它是由系统与一个或多个外部交互者(即参与者)之间交换的消息序列以及系统执行的活动共同体现的。

Actor(参与者)：是直接与系统交互的外部对象所扮演的角色。

Use Case Relationship(Use Case 关系)，包括如下 4 种关系：

(1) communicates(通信)：这是参与者与 Use Case 之间仅有的关系，是参与者对 Use Case 的参与。

(2) extends(延伸)：是两个用例间依赖关系的一种版型。被扩展的用例称为基本用例；扩展后的用例称为客户用例。其所体现得思想是，基本用例在其行为描述中给出许多特定的扩展点，客户用例可以在这些扩展点上插入额外的行为。依赖的箭头指向基本用例。在以下几种情况下，可使用扩展用例：

① 表明用例的某一部分是可选的系统行为；

② 表明只在特定条件(如例外条件)下才执行的分支流；

③ 表明可能有一组行为段，其中的一个或多个段可以在基本用例中的扩展点处插入。所插入的行为段和插入的顺序取决于在执行基本用例时与主角进行的交互。

(3) includes(包含)：是依赖关系的一种版型。其定义了一个行为片段，该行为片段将被包含在基本用例中。引入行为片段的用例称为客户用例；提供包含行为的用例称为提供者用例。当若干用例使用同一个行为单元时，包含关系非常有用，可以把这个行为单元提取出来，作为一个提供者用例，而不用在每个用例中重复相同的行为。依赖的箭头指向提供者用例。

(4) generalization(泛化)：类似于类的泛化关系，更特殊化的用例继承了基本用例的所有属性、操作和状态图。例如，用例“订票”可以泛化为“电话订票”和“网上订票”等。

3.3.3　UML 交互图

UML 给出了两种形式的交互图(Interaction Diagram)，一种叫顺序图(Sequence Diagram)，另一种叫协作图(Collaboration Diagram)。它们基于相同的基本信息但强调不同的方面。

1. 顺序图

展示按时间顺序排列出来的交互。特别是，它展示对象在其“生命线”上参加的交互和它们按时间顺序交换的消息，它不展示对象之间的关系。顺序图所表示的交互是一组在对象之间为产生所要求的操作或结果而进行合作时所交换的一组消息。顺序图有简单形式和详细形式两种画法，后一种画法在水平方向展示各个参加交互的对象，垂直方向表示时间。整个平面显示各个对象之间进行交互的时间及空间关系，顺序图如图 3-7 所示。用于顺序图的建模元素有：

Object Life Line(对象生命线)：一条垂直的虚线，用于展示对象在从创建到撤销的时间范围内所扮演的角色。

Activation(活动期)：展示对象直接或通过其下级过程执行一个活动的时间段。

Message(消息)：是对象之间的一次通信，用于传送信息并期望发生某种活动。消息的接收是一种事件。

Transition Time(过渡时间)：消息发送或接收所用的时间，二者可能相同也可能不同。

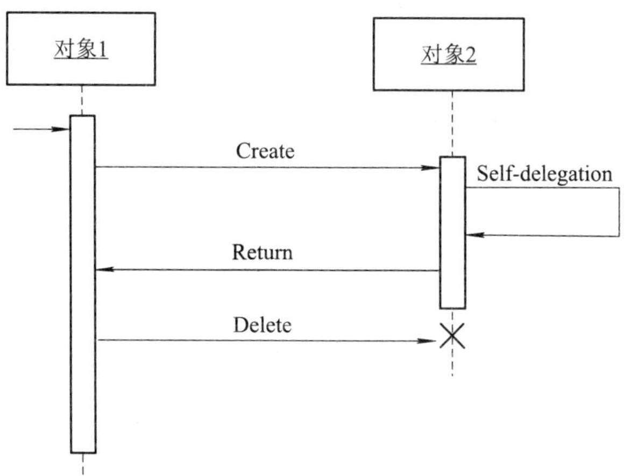

图 3-7　顺序图

2. 协作图

协作图表示在一些对象之间组织的操作和它们之间的链。与顺序图不同的是，协作图表示的是对象角色之间的关系，而不表示时间顺序。协作图描绘了在特定上下文中一组相关对象之间的协作，以及这组对象为产生所要求的操作或结果而进行协作时所交换的一组消息。因此，协作图所描述的内容由两部分组成：对象静态结构的描述，即对象间的链接关系，又称为上下文；执行行为的描述，即对象间交换消息的顺序。

协作图的图形表示以对象为结点，结点之间既有表示消息的箭头连线，也有表示关联的连线。消息连线有3种，分别表示调用、控制流和异步3种不同的消息，但仍有一些不能表示的情况，如阻塞(balking)和超时(timeout)等，需要用一些进一步扩充的表示符号。协作图中使用的关联符号也包括多种不同的端点情况，如qualifier和composition等。协作图如图3-8所示。

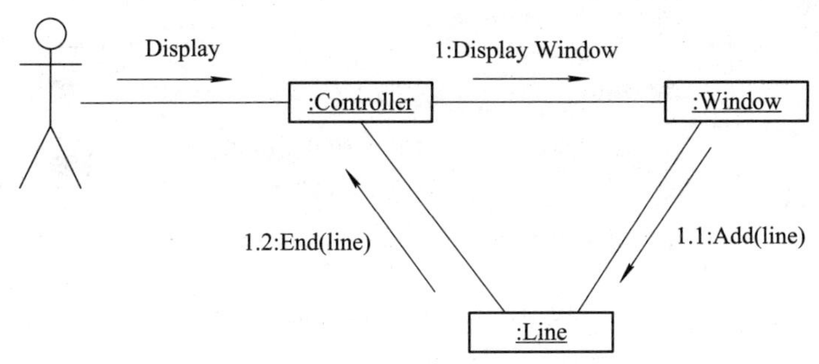

图3-8 协作图

在执行期间创建、删除或执行后删除的对象分别用{new}、{destroyed}、{transient}标记。对象间的链接关系通常是关联的实例，而且版型也可以附加在链接角色上，指明对角色的限制。常用的版型有：《association》关联、《parameter》过程参数、《local》过程内的局部变量、《global》全局变量和《se1f》自链接(对象可以给自己发送消息)。

消息流描述对象间传递的各种消息，用依附在链接旁边的箭头表示，指明消息传递的方向和消息类型(简单消息、同步消息和异步消息)。附加在箭头上的消息标记符号，指明消息的顺序、名称、参数和返回值类型等。

建立协作图的建模概念或元素有：Collaboration(协作)、Collaboration Content(协作内容)、Interaction(交互)、Pattern Structure(模式结构)、Collaboration Role(协作角色)、Multiobject(多对象)、Active Object(主动对象)、Message Flows(消息流)、Creation/Destruction Markers(创建/析构标记)。

3.3.4 UML状态图

状态图(Statechart Diagram)在UML中也称作状态机，它表现一个对象在其整个生存期内接受激励后经历的一系列状态以及它的反应与活动，它附属于一个类或一个方法。建立状态图所用的建模元素有：State(状态)、Composite State(复合状态)、Substate(子状态)、Event(事件)、Simple Transition(简单转换)、Complex Transition(复杂转换)、Nested State(嵌套状态)、Sending Message(发送消息)、Internal Transition(内部转换)等。

状态是对象执行了一系列活动的结果。当某个事件发生后，对象的状态将发生变化。状态图中定义的状态有初态、终态、简单状态、复合状态。其中，初态是状态图的起始点；终态是状态图的终点；简单状态不可进一步细化；而复合状态可以进一步地细化为多个子状态。简单状态和复合状态包括两个区域：名字域和动作域(可选)，动作域中所列的动作将在对象处于该状态时执行，且该动作的执行不改变对象的状态。图3-9列出了状态图中状态的种类。状态图如图3-10所示。

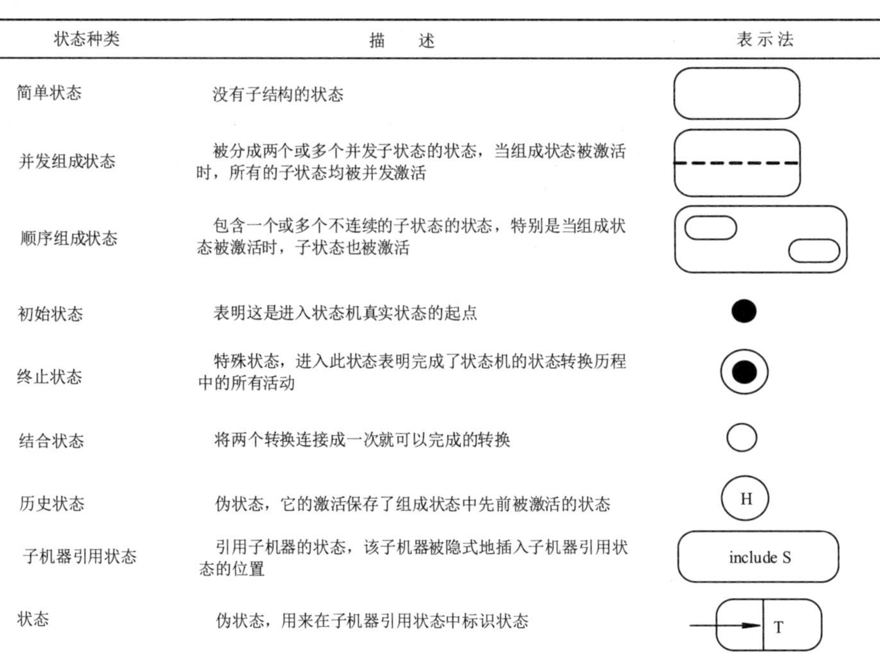

状态种类	描　述	表示法
简单状态	没有子结构的状态	
并发组成状态	被分成两个或多个并发子状态的状态，当组成状态被激活时，所有的子状态均被并发激活	
顺序组成状态	包含一个或多个不连续的子状态的状态，特别是当组成状态被激活时，子状态也被激活	
初始状态	表明这是进入状态机真实状态的起点	
终止状态	特殊状态，进入此状态表明完成了状态机的状态转换历程中的所有活动	
结合状态	将两个转换连接成一次就可以完成的转换	
历史状态	伪状态，它的激活保存了组成状态中先前被激活的状态	H
子机器引用状态	引用子机器的状态，该子机器被隐式地插入子机器引用状态的位置	include S
状态	伪状态，用来在子机器引用状态中标识状态	T

图 3-9　状态的种类

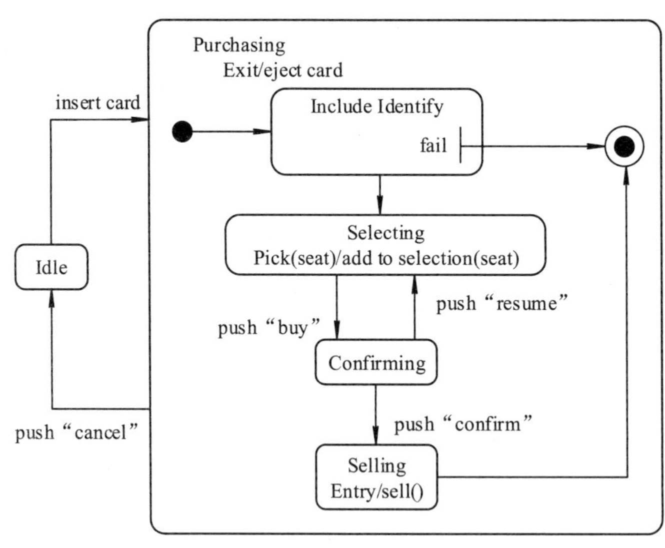

图 3-10　状态图

复合状态可以进一步地细化为多个子状态，子状态之间有“或关系”和“与关系”两种关系。“或关系”说明在某一时刻仅可到达一个子状态，“与关系”说明复合状态中在某一时刻可同时到达多个子状态(称为并发子状态)。

转换(Transition)：状态图中状态之间带箭头的连线称为转换。状态的变迁通常是由事件触发的，此时应在转换上标出触发转移的事件表达式。如果转换上未标明事件，则表示在源状态的内部活动执行完毕后自动触发转换。UML 提供了三种不带参数的标准事件：entry(进入该状态时触发)，do(处于该状态时触发)，exit(退出该状态时触发)。

3.3.5　UML 活动图

活动图(Activity Diagram)是状态图的变种，它的状态表示操作所执行的活动(Activity)，其转换是由操作的完成而触发的。它表示了一个过程本身的状态机，过程是对类中一个操作的实现。

活动图是状态图的一种特殊形式，是由状态图变化而来的，它们各自用于不同的目的。活动图依据对象状态的变化来捕获动作与动作的结果。活动图中一个活动结束后将立即进入下一个活动，而在状态图中状态的变迁可能需要事件的触发。构成活动图的元素如下：

(1) 活动和转换：一个操作可以描述为一系列相关的活动。活动包括起始点、结束点、简单活动和组合活动。活动间的转移允许带有约束条件、动作表达式等。在活动图中如果使用一个菱形的判断标志，则表达了活动的条件执行。通过使用一个称为同步条的水平粗线，则可以表示并发活动。

(2) 泳道：将活动图的逻辑描述与顺序图、合作图的责任描述结合起来。泳道用矩形框来表示，属于某个泳道的活动放在该矩形框内，将对象名放在矩形框的顶部，表示泳道中的活动由该对象负责。

(3) 对象：在活动图中可以出现对象。对象可以作为活动的输入/输出，对象与活动间的输入/输出关系由虚线箭头表示。如果仅表示对象受到某一活动的影响，则可用不带箭头的虚线来连接对象与活动。

(4) 信号：在活动图中可以表示信号的发送与接收，分别用发送标志和接收标志来表示。发送和接收标志也可与对象相连，用于表示消息的发送者和接收者。

Action State(活动状态)、Decision(判断)、Swim Lane(泳道，在图中画出来就像游泳池中的泳道，把各个活动组放在不同的泳道中以便更加清晰)、Action-Object Flow Relationship(活动—对象流关系，表示一个活动与有关对象之间的消息和输入/输出关系)、Control Icon(控制图符，表示信号的发送与接收)等。活动图如图 3-11 所示。

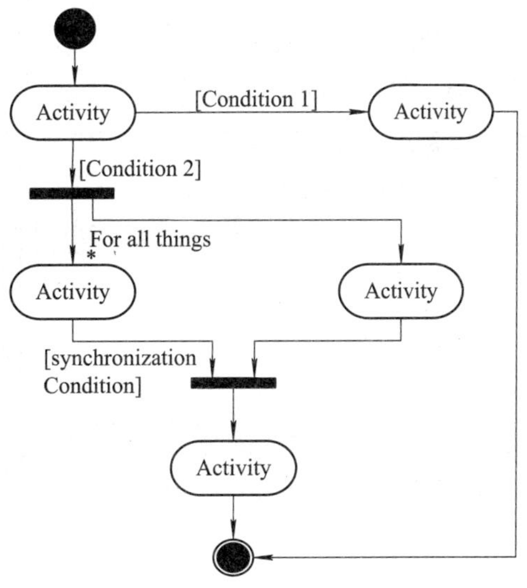

图 3-11　活动图

3.3.6　UML 实现图

实现图(Implementation Diagram)表现实现方面的问题，包括源代码结构和运行时的实现结构。实现图分为两种，一种是表示代码自身结构的构件图，另一种是表示运行时系统结构的实施图。为构造实现图而定义的元素及图形表示有 Node(结点)和 Component(构件)，同时 UML 规定了在一个对象内部定位其他成分和对象的画法。

1. 构件图

构件图(Component Diagram)表示源代码、二进制代码及可执行代码等软件成分之间的依赖关系。各种软件模块在图中用构件(component)结点表示，它们之间的各种依赖关系(如编译、界面、调用等)用不同的箭头相连。构件可以带有接口，因此构件图也可以描述构件之间的接口关系和调用关系。构件图如图 3-12 所示。

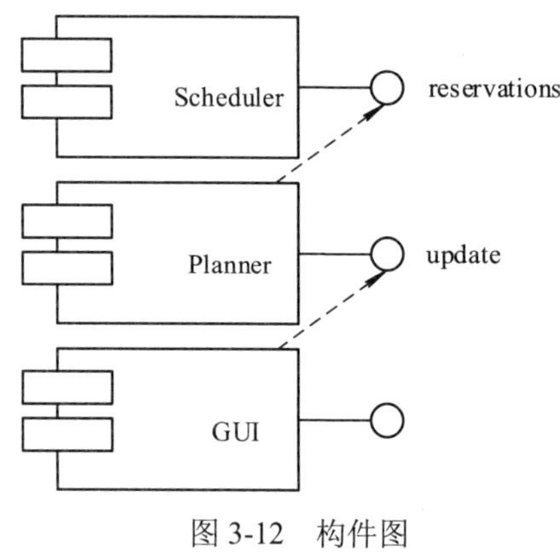

图 3-12　构件图

2. 实施图

实施图(Deployment Diagram)描述系统硬件的物理拓扑结构以及在此结构上执行的构件。实施图可以显示计算节点的拓扑结构和通讯路径、节点上运行的软件构件、软件构件包含的逻辑单元(对象)等。实施图的结点内可包含若干成分或对象，构件之间的箭头表示一个成分使用另一个构件的服务。实施图如图 3-13 所示。

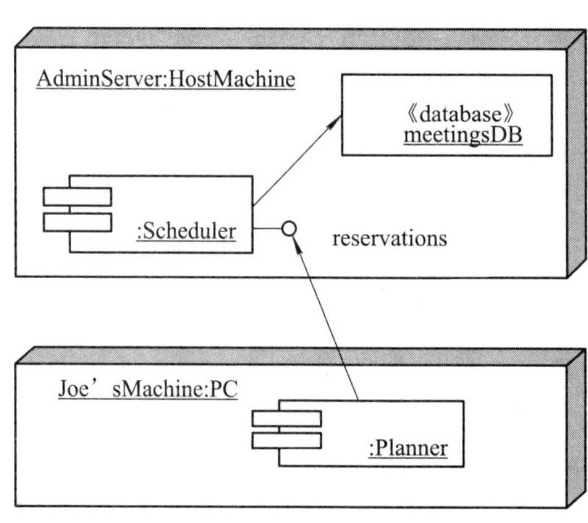

图 3-13　实施图

3.4　基于 UML 的软件建模

复杂软件系统开发是一项工程，经历了分析、设计、实现、测试、维护等一系列软件生命周期阶段，必须按工程学的方法进行组织和管理。由于分析和设计阶段建立的系统模型是保证工程正确实施的基础，因此本节重点介绍 UML 的建模过程。

3.4.1　UML 建模过程

参考面向对象软件开发的理念，在具体开发一个应用项目时，UML 的建模过程通常可以分为以下 4 个阶段。

(1) 用例建模。需求分析阶段，首先对系统基本功能需求进行描述，然后可以使用用例来捕获用户需求，即用例建模。在用例建模阶段，首先找出系统的执行者，分析执行者要做什么。在此基础上，获取用例、确立角色，然后依据系统功能来确立系统的用例模型，建立用例视图。

(2) 静态建模。在静态建模阶段，首先从系统的内部结构和静态视角出发，分析、描述系统中的各类实体(对象和类)，以及它们内部和彼此间的关系，进而确定实体功能范围的约束和限定。然后建立系统的粗略框架，并逐步细化其内部功能需求，直至建立系统的静态模型。静态建模的结果是建立逻辑视图，例如：类图和对象图等。

(3) 动态建模。为了实现用例，类之间需要协作，这可以用 UML 动态模型来描述。在前两个阶段的基础上，分析系统中各种行为发生的时序状态和交互关系，以及各类实体的状态变化过程，进而动态描述系统行为、反映系统内部对象之间的动态关系。动态建模应建立并发视图，包括顺序图、合作图、状态图和活动图。通常可以根据需要选取其中一到两种图来说明问题，不必罗列全部视图。

(4) 实现与测试。实现阶段是采用编程语言将来自设计阶段的类转换成实际代码的过程，通常可以选择某种面向对象的编程语言(如 C++、Java 等)作为开发工具。UML 模型还可作为测试阶段的依据。在完成系统编码后，需要进行测试以保证所开发的系统符合用户需求。测试通常包括单元测试、集成测试、系统测试和验收测试。不同的测试小组使用不同的 UML 图作为测试依据：单元测试使用类图和类规格说明；集成测试使用构件图和合作图；系统测试使用用例图来验证系统的行为；验收测试由用户进行，以验证系统测试的结果能否满足分析阶段确定的需求。

由于 UML 所建立的图符无法直接执行，因此需要相应的过程模型环境支持，以将 UML 模型转换成代码。过程模型环境的主要功能包括模型的分析、设计，模型语法正确性和一致性检测，可视化对象和行为代码生成，文档自动生成，动态分析执行结果，代码到模型的逆向工程等。在开发阶段应根据实际情况，选择合适的代码生成工具将模型映射为相应语言的代码框架。使用工具生成的代码框架主要将类的属性、方法、参数及类之间的关联映射为相应的代码，方法的具体实现需要手工编程完成。完成后的代码在过程环境支持下模拟执行，对当前过程执行状况进行监控，收集诸如资源使用情况、活动代理响应时间等方面的信息，做出统计报告，根据统计分析报告完善所建立的模型。然后依据新的模型再次指导代码生成，通过多次的迭代设计直到生产正确的代码。

3.4.2 UML 建模过程的特点

UML 是一种建模语言，而不是一种方法，因此它本身不包含方法的重要组成部分——对过程的描述。UML 本身是独立于过程的，使用者可以选用任何适用于自己项目类型的过程。UML 中虽然没有包含过程指导，但其设计目标是支持大部分的面向对象开发过程。概括而言，基于 UML 的建模过程主要有以下特点。

1. 以体系结构为中心

多年以来，软件设计人员一直强烈地感觉软件体系结构是一个非常重要的概念和元素。它不但使得开发人员和用户能够更好地理解系统的逻辑结构、物理结构、系统功能及其工作机理，也使系统的修改及扩充更加容易。一个清晰、良好的体系结构对软件开发非常重要，因此使用 UML 的建模过程以体系结构为中心。

基于 UML 技术，Booch 等提出用五个互连的视图(见图 3-14)来描述软件体系结构。每一个视图都是在一个特定的方面对系统的组织和结构进行的投影。

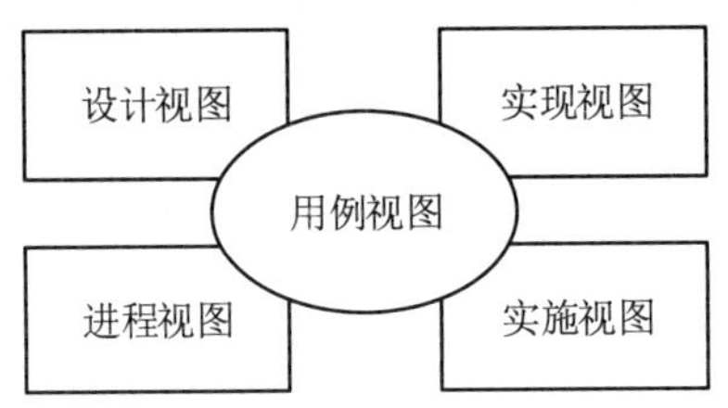

图 3-14　UML 五个视图

系统的用例视图(Use Case View)由专门描述可被最终用户、分析人员和测试人员看到的系统行为的用例组成。用例视图实际上没有描述软件系统的组织，而是描述了形成系统体系结构的动力。在 UML 中，该视图的静态方面由用例图表现；动态方面由交互图、状态图和活动图表现。

系统的设计视图(Design View)包含了类、接口和协作，它们形成了问题及其对问题解决方案的术语词汇。这种视图主要支持系统的功能需求，即系统提供给最终用户的服务。在 UML 中该视图的静态方面由类图和对象图表现，而动态方面由交互图、状态图和活动图表现。

系统的进程视图(Process View)包含了形成系统并发与同步机制的线程和进程，该图主要针对性能、可延展性和系统的吞吐量。在 UML 中，进程视图的静态方面和动态方面的表现方式与设计视图相同，但注重于描述线程和进程的主动类。

系统的实现视图(Implementation View)包含了用于装配与发布物理系统的构件和文件。这种视图主要对系统发布的配置进行管理，它由一些独立的构件和文件组成，这些构件和文件可以用各种方法装配产生运行系统。在 UML 中，该视图的静态方面由构件图表现，动态方面由交互图、状态图和活动图表现。

系统的实施视图(Deployment View)包含了形成系统硬件拓扑结构的节点(系统在其上

运行)。这种视图主要描述对组成物理系统部件的分布、交付和安装。在 UML 中，该视图的静态方面由部署图表现，动态方面由交互图、状态图和活动图表现。

这五种视图中的每一种视图都可单独使用，使不同的人员能专注于他们最为关心的体系结构问题。它们也存在相互作用，如实施视图中的结点拥有实现视图的构件，而这些构件又表示了设计视图和进程视图中的类、接口、协议以及主动类的物理实现。

2. 用例驱动

传统的面向对象开发方法因为缺乏贯穿整个开发过程的线索，因此很难清楚地阐述一个软件系统是如何实现其功能的。而在 UML 建模过程中，用例模型就是这样一个线索，它是整个软件开发过程的基础。项目往往是从分析系统需求开始的，UML 使用用例捕获系统的功能需求。用例模型是需求分析工作流的结果，它从用户的角度描述该系统应该实现的功能。然而，用例并不仅仅是一种定义系统需求的工具，它还驱动系统的设计、实现和测试，即驱动整个系统开发过程。用例可以作为分析与设计工作流的输入，是实现分析与设计模型的基础。同样在测试工作流中，用例模型组成测试实例，用来有效地校验整个系统的正确性。另外，用例还是用户手册的基础、并驱动整个迭代开发过程的运作。这样，用例不仅启动了开发过程，而且与整个开发过程有效结合在一起。

3. 增量和迭代

增量迭代的核心思想是将大型系统的开发分解为多个顺序开发的部分，先确认一部分，再做下一部分，当下一部分和上一部分有关联时，可对上一步的结果进一步验证、修改，通过多次反复迭代直至整个项目完成。

开发一个大型软件系统往往持续几个月或更长的时间，因此将此工作划分为一系列比较小的部分，每个小部分能导致一个增量的一次迭代，这样的开发方式是非常有效的。图 3-15 所示为以用例驱动为核心的迭代过程。迭代指的是工作流中的步骤，增量指的是产品的增长。为了实现高效软件开发，必须有选择、有计划地实施迭代。开发人员可以根据以下两个因素选择一次迭代中实现的内容。首先，迭代与一组用例有关，这些用例共同扩展了到目前为止所开发产品的可用性；其次，迭代涉及最重要的风险。由于后续迭代是建立在先前迭代完成成果基础之上，因此从用例开始必须经过分析、设计、开发、测试和评价阶段。当然，增量并不一定具有添加性，在项目开发早期，开发人员可能会用一个更详尽或者更复杂的设计取代以往较简单的设计。通过迭代，项目开发人员能够及时从迭代过程中得到反馈信息，修改以前工作中的错误，有效地监控开发过程，并对迭代工作流进行校正，这对时间跨度较长的嵌入式系统开发具有非常重要的意义。

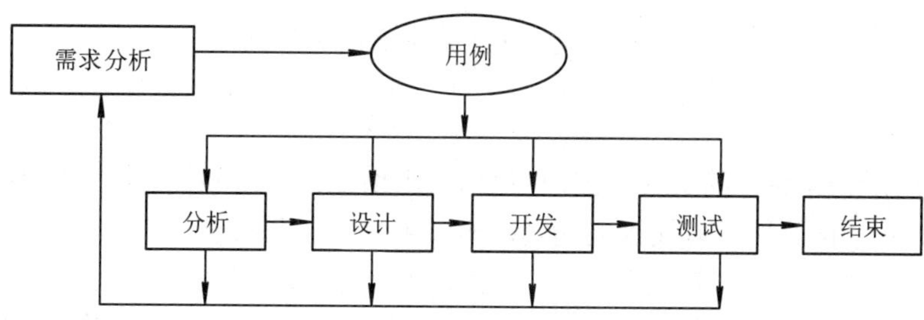

图 3-15　以用例驱动为核心的软件迭代过程

总之，以体系结构为中心、用例驱动、增量迭代为特点的 UML 建模过程能够使系统开发人员较容易地控制整个开发过程，管理其复杂性，维护其完整性。

3.4.3　UML 建模实例

下面以超市中基于 POS 的前台销售系统为例说明 UML 建模方法和步骤。为了说明方便，系统被简化以最基本的方式处理销售业务，其功能需求如下：

- 为顾客选购的商品计价、收费、打印清单；
- 记录每种商品的编号、单价和现有数量；
- 帮助商家找出哪种商品将脱销，从而及时补充货源；
- 随时按上级系统的要求报告当前的款货数量、增减商品的种类或修改商品定价；
- 交接班时结算货款数目和商品数目。

根据上述功能需求，采用 UML 可依次建立系统的用例图、类图、对象图、顺序图、合作图、状态图、活动图。

1. 用例图

图 3-16 为系统的用例图，它包括一系列用例和从系统中抽象出的执行者。与系统交互中的执行者包括售货员、采购员、管理者等。用例售货、订货和供货及维护模拟系统的功能需求。用例价格更新、确定特价商品、商品种类增删包含在用例维护里。用例和执行者之间的联系表示了执行者对用例的责任。例如，执行者售货员负责卖出商品，这是由用例售货所描述的功能。

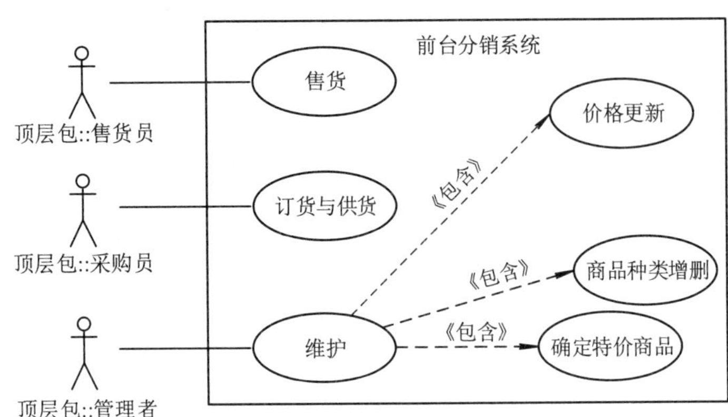

图 3-16　用例图

2. 类图

图 3-17 所示为系统中的部分类图，它包括一组由上述系统中抽象出的类及类之间的相互联系。从图左上面开始可以找到名为收款机、销售事件和账册的类。收款机类的属性中收款员表示哪位收款员在收款机上工作；开始时间和结束时间规定了收款员开始工作和结束工作的时间。类收款机有三个操作：① 登录，接收收款员的登记，并且使他/她能开始工作；② 售货，计算金额并收钱；③ 结账，在收款员下班或交班时结算本班的账目。

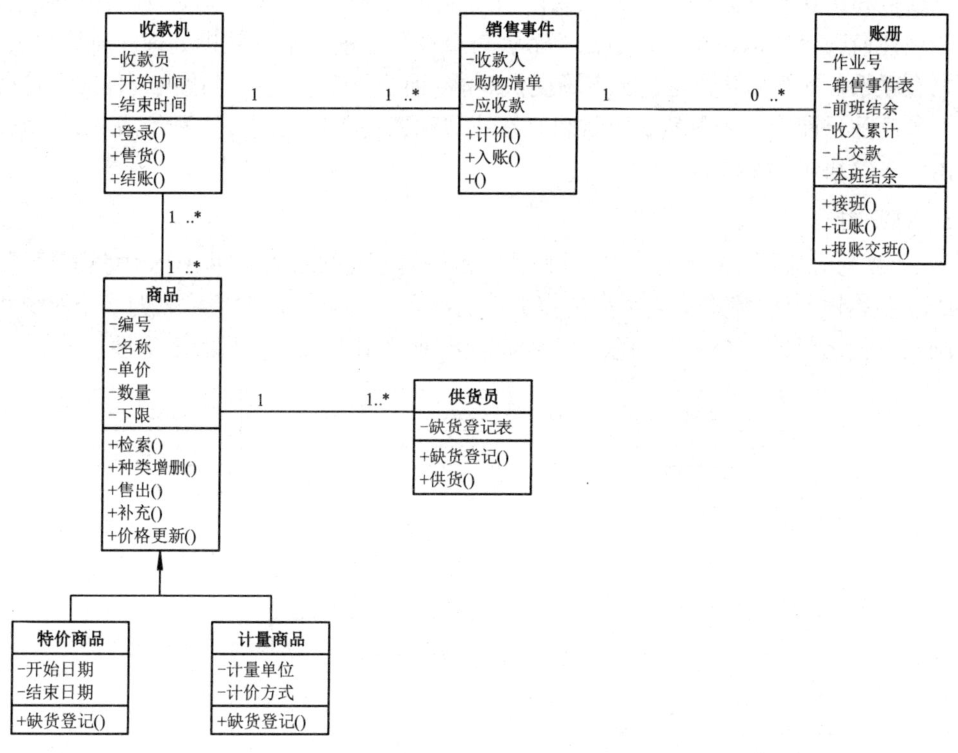

图3-17　类图

类销售事件有三个属性：① 收款人，记录新的销售事件是在哪个收款机上由哪个收款员处理；② 购物清单，记录顾客所购商品的编号、名称、数量和单价；③ 应收款，表示发生在一次购买事件中累加起来的总钱数。操作计价逐条记录商品清单，并累计应收款数。入账将本次销售事件的信息加入账册。

类账册的销售事件表和收入累计属性记录所有的销售事件和一个收款员在一天内的销售总量。前班节余、上交款和本班节余属性描述一次交接班的信息。操作接班记录接收前一班收款员的货款；报账交班是向上级系统报账，记录上交的和留给下一班收款员的款数。

类商品的属性包括编号、名称、单价、数量和下限。下限描述什么时候一种商品的架上数量小于这个值，就提醒供货员补充。商品有五种操作：① 检索，当商品从收款机得到信息后查找将被售出的商品。② 种类增删，修改商品的目录。③ 售出，从架上数量减去一种已售出商品的数量。④ 补充，加上被补充的商品的数量。⑤ 价格更新，改变商品的价格。

类供货员的属性缺货登记表用来登记缺货商品。供货员有两个操作：① 缺货登记，输入缺货商品的编号和名称到缺货登记表；② 供货，供货员补充商品后向商品发送消息以更改数量，并删除缺货登记表中相应的条目。

类特价商品和计量商品是商品类的子类，表示两个子类继承了商品的所有属性和操作，并且又有自己特殊的属性和操作。

收款机和销售事件之间有一种联系，描述收款机处理销售事件。而且，每个收款机还可以处理任何数目的销售事件，但是一个销售事件只能由一个收款机处理。商品和供货员之间也有联系，描述供货员为超级市场提供商品。而且一个供货员可提供一种或多种商品，但是一种商品只能由一个供货员来提供。在账册和销售事件之间有一种组成关系，它表示账册由许多销售事件组成。

3. 对象图

图 3-18 为对象图，它包含一系列的对象和它们之间的联系。图 3-18 中只表示了每个对象的重要属性。为了简化，虽然类销售事件的很多对象可能和类收款机的一个对象相关，但只画出它们之间的一个一对二联系，没有给出对象图中其他联系的多重性。

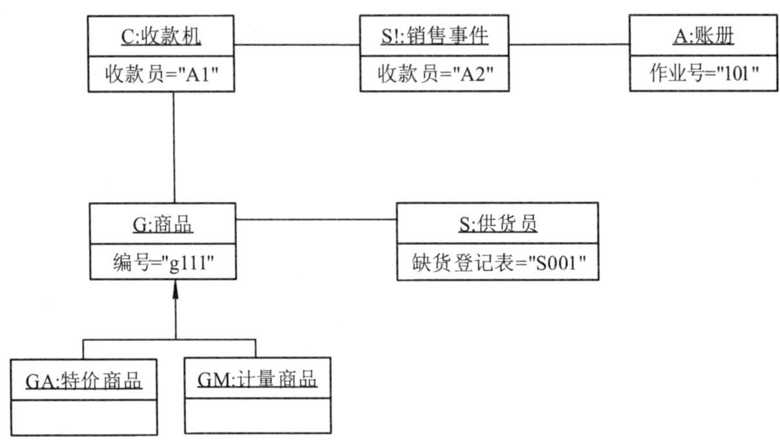

图 3-18 对象图

4. 顺序图

图 3-19 表示了一个顺序图，描述了处理一个销售事件的控制流。流程从收款机对收款员的指令响应开始。首先，收款机向商品发送消息请求检索操作来查找将被出售的商品。然后发送消息请求售出操作。如果该商品的数量少于下限，则向供货员发送消息进行缺货登记。收款机的售出操作将向销售事件发送信息请求销售计价和入账操作。最后，销售事件发送信息给账册以记账，并控制流程返回收款机等待下一次销售。

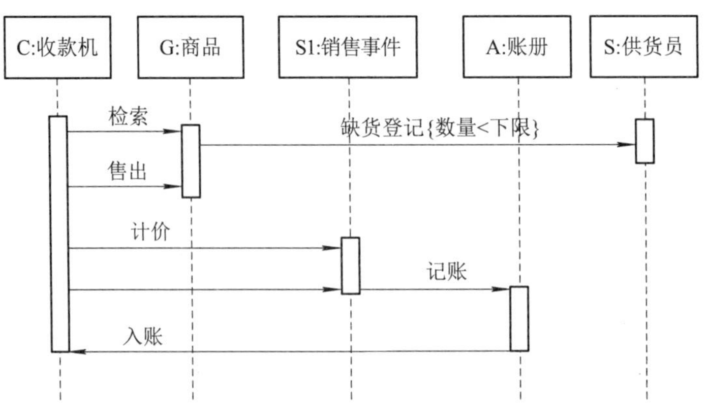

图 3-19 顺序图

5. 合作图

图 3-20 表示合作图，它详细描述了一个销售事件过程中的控制流程，并强调这些对象之间的结构关系。合作图在语义上等同于顺序图。

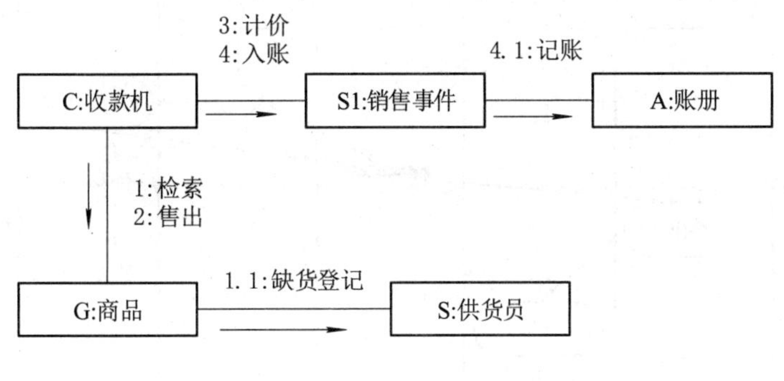

图 3-20　合作图

6. 状态图

图 3-21 给出了对象收款机的状态图。在对象收款机的生命周期中有三个状态：初始化状态(收款机开始工作)、空闲状态(收款机准备接收收款员的命令)和售货状态(一个组合的状态，收款机处理一个销售事件)。当收款机对象开机接收收款员的登录后进入初始化状态，进行初始化；然后处于空闲状态等待接收指令；接收收款员的指令后控制由空闲状态转到售货状态。进入售货状态时，控制先到计算状态(计算商品和钱的总数)，然后到打印状态(打印顾客的发票)，最后到记录状态(为对象销售事件记录销售的细节)。

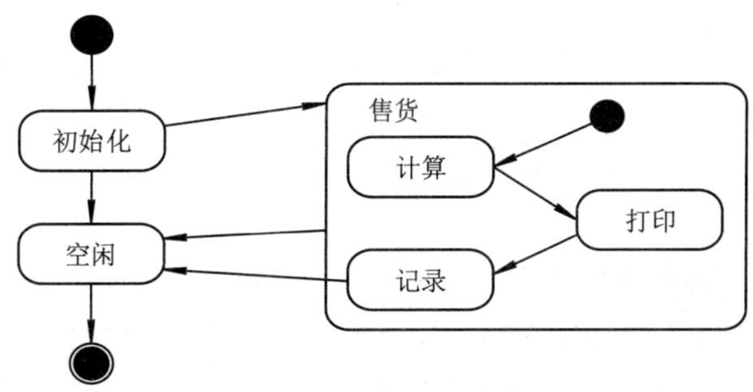

图 3-21　状态图

7. 活动图

图 3-22 表示一个销售事件的活动图，它详细描述了在收款员对收款机发出指令后的工作流程。活动开始于收款机接收指令然后流向商品(检索)。如果将被出售的商品数量小于下限，流程将流向供货员(缺货登记)，然后回到收款机的执行售货来销售商品。销售过程包括销售事件(计算然后入账)、账册(记账)和收款机(打印)。最后结束在收款机(等待)等待下一个销售事件的状态。

由于系统较小，本书省略了构件图和配置图。

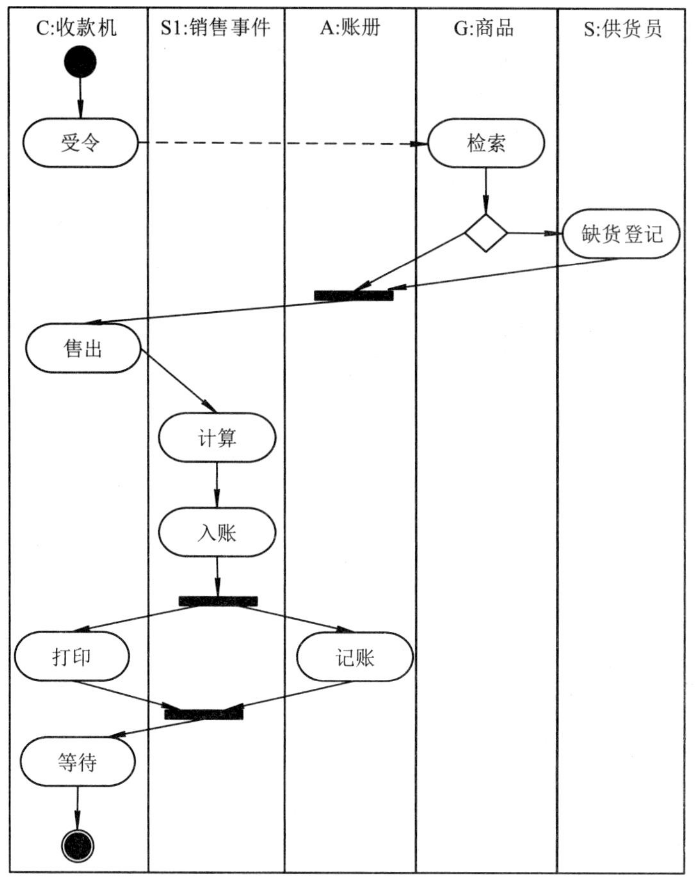

图 3-22　活动图

3.5　小　　结

随着 UML 成为可视化建模语言事实上的工业标准，其在嵌入式领域的应用也引起了广泛关注。同其他建模语言相比，UML 用于嵌入式系统设计的主要优势有三个方面：①统一了静态结构和动态行为等不同方面的描述；②以不同的视角来构建模型，如逻辑视图、物理视图等，用于理解和规划系统的不同设计阶段；③良好的扩展机制，扩展的 UML 语言可为任意特定应用领域建模。近年来，越来越多的研究人员和开发人员采用 UML 进行嵌入式系统的分析设计。

课 后 习 题

1. UML 中有哪几类事物？简单介绍每类事物的功能。

2. UML 中有哪几类关系？简述每类关系的含义及其图形表示。

3. 简述 UML 中每类视图的功能，并分析比较哪些视图适用于系统的动态建模，哪些视图适用于系统的静态建模。

4. 分析在嵌入式软件分析、设计、实现和部署的不同阶段会用到哪些 UML 视图，并比较不同阶段采用视图间的关系。

参考文献

[1] 胡荷芬，吴绍兴，高斐. UML 系统建模基础教程[M]. 2 版. 北京：清华大学出版社，2014.

[2] 邵维忠，梅宏. 统一建模语言 UML 评述[J]. 计算机研究与发展，1999，36(4): 385-394.

[3] FOWLE M，SCOTT K. UML Distilled: Applying the Standard Object Modeling Language[M]. Boston: Addison Wesley，1997.

[4] GRADY B，JAMES R，IVAR J. 软件开发方法学精选系列：UML 用户指南[M]. 2 版. 邵维忠，麻志毅，等，译. 北京：人民邮电出版社，2013.

[5] 谭火彬. UML2 面向对象分析与设计[M]. 2 版. 北京：清华大学出版社, 2018.

[6] J.RUMBAUGH，I. JACOBSON，G. BOOCHA. The Unified Modeling Language User Guide[M]. 北京：Addison Wesley，1999.

[7] LTGARTH G, Designing for Concurrency and Distribution with Rational Rose Realtimeleb /OL)https://www.ibm.com/developerworks/rationa/library/content/03july/0000/0598/ps-0598.pdf

[8] B. Selie，J. Rumbaugh. Using UML for Modeling Complex Real-Time Systems[M]. White paper，Rational(ObjecTime)，1998.

[9] 覃征，何坚，高洪江，等. 软件工程与管理[M]. 北京：清华大学出版社，2005.

[10] 邓良松，刘海岩，陆丽娜. 软件工程[M]. 西安：西安电子科技大学出版社，2000.

[11] 朱成果. 面向对象的嵌入式系统开发[M]. 北京：北京航空航天大学出版社，2007.

[12] 刁成嘉. UML 系统建模与分析设计[M]. 北京：机械工业出版社，2009.

第 4 章　面向对象的嵌入式软件开发过程

嵌入式系统日益复杂，直接编码实现系统越来越不现实。而随着 OO 技术的成熟，尤其是 UML 技术的广泛应用，开发人员逐渐形成了以 UML 为核心的软件开发过程。本章在介绍基于 OO 技术的软件开发基本概念和原则基础上，介绍用例驱动、以框架为核心的迭代式增量过程，进而介绍适用于嵌入式系统的统一软件开发过程和嵌入式系统快速面向对象开发过程。

4.1　OO 开发过程中的基本概念

随着计算机的性能日益增强，用户对计算系统的性能期望值越来越高，导致通过计算机技术来解决的问题日益庞大、复杂。自从 20 世纪 60 年代软件危机全面爆发以来，计算机研究人员从没有停止过对软件开发的工程化方法研究，并出现过多种有影响的开发过程模型。例如瀑布模型、原型模型、螺旋模型等。这些过程模型对软件开发和软件产业的蓬勃发展产生了巨大的推动作用。与此同时，随着 OO 技术的成熟，尤其是 UML 技术的广泛应用，开发人员逐渐形成了以 UML 为核心的软件开发过程，并在开发实践中逐渐形成一些基于 OO 技术的新概念和开发原则。

4.1.1　模式

模式是一种业已验证的通用问题的解决方案。软件开发周期的不同阶段(如分析、构架、设计和实现)都存在不同的模式。通常大家见到(或应用)最多的是设计模式(design pattern)，其又可进一步细分为结构模式(structural pattern)和行为模式(behavioral pattern)。

模式不是对新事物的创造，而是对过去已有的所有成功解决问题的总结。使用现有的模式可以让分析、设计和开发人员充分利用以往成功的经验来展开工作。已有的模式已经被他人仔细思考过，并在以往的问题中得到了成功应用，因此与没有经过测试的定制开发方法相比，模式会更正确、更为健壮。在软件开发过程中，应用以往的成功模式不仅能提高软件产品的质量，也能大大提高系统的开发效率。

4.1.2　复用

复用是指对业已存在的制品的使用。在系统开发中重复使用已有的制品，具有减少系统开发时间、节约开发成本、增加系统的稳定性和可靠性等诸多优点。复用技术有两个完全不同的层面，即使用现有的制品和创建可复用的制品。使用现有制品的复用，其内容可以是复用一个函数(如编译器提供的库函数)、一个类、一个设计模式、一个分析模型等。在解决问题的过程中，复用已有制品要比设计新的制品更加容易。在开发实现计算系统的过程中，大多数开发者都会复用已有的制品，只有小部分开发者才会创建新的可复用制品。通常创建可复用制品需要大量的开发经验，因此不建议开发人员一开始使用面向对象技术就创建可复用制品。可复用制品通常包括模型、类库、框架和模式等。

4.1.3　构架

构架是组成软件系统的结构实体、接口以及这些实体在协作中的行为选择，由这些结构实体与行为构成更大子系统的组合方式，用来指导组织这些实体、接口和它们之间协作的软件系统的组织决策。构架关心具有全局性和策略性的问题，它是有关软件系统组织重要决定的集合。例如决定开发一个多层的系统，每一层中包含特定的子系统，这些子系统之间按照特定的方式通信，该决定即构架决定。软件构架涉及系统的结构和行为，也涉及系统的使用、功能、实施、可扩展性、复用、可理解性、经济性和技术约束等的考虑。构架概念是 OO 技术中一个重要概念。

4.1.4　框架

框架是为了构建一个完整应用而详细阐述的一种程序结构。框架不同于软件开发中的各种库，库只能提供被调用的服务，是完全被动的。框架可以说是一个“部分完整的应用”，可以提供开发人员所想要执行的特定功能和服务。在 UML 2.0 中将框架视作包的构造型，它为某一领域中的应用提供可扩展的模板。在描述框架时，常常需要使用面向特定应用的行为来特化抽象类。

在实时嵌入式系统开发中，框架具有特殊重要的地位。它为应用提供一个核心的和稳定的系统结构。如果系统的框架建立得合理、可扩展并能反映系统的本质特征，这个框架就为整个项目的成功打下了坚实的基础。可以说，嵌入式系统建模的主要任务是确立系统的框架。

4.1.5　模型

模型是集成的、相互关联的抽象集合，它准确地描述了将要实现的系统。模型由语义和这些语义的用户视图两部分组成。模型语义是对模型所代表的含义的正式说明。视图是从某个特定视角采用可见表示法对模型语义的投影。用户模型的最重要的部分是系统的语义，结构和行为是其中两个主要方面。

模型的结构主要用来识别系统中的各个事物以及它们之间的关系。例如一组对象以及它们的关系，表示了系统运行在某个时间点上的状态或条件，即系统的一个“快照”视图；类的集合及其关系则定义了系统中可能的对象集合以及运行时对象间可能存在的瞬时关系映射。其中，对象仅存在于运行时，而类是作为对象的规格说明仅存在于设计时。因此，从不同视角、不同层次观察系统，会形成系统不同的模型。

模型的行为定义了在系统执行时结构类元是如何工作和交互的。这要通过两个互相补充的视角共同完成，即从整体上描述可观察到的外部功能；从结构类元内部观察其组成元素是通过怎样的协作完成其外部功能。即可以针对单个的结构类元(类或对象)的行为建模，也可以对高层次抽象的组合结构类元(如用例、子系统、组件、模式等)的行为建模。无论是哪种类元，都可以使用 UML 提供用例图、状态图或活动图来描述其外部可见的行为，指明它们的功能、动作和允许的行为顺序。描述组合类元内部元素之间如何通过协作完成可见或不可见的外部行为时，可以使用 UML 提供的顺序图、协作图或活动图来建模描述。

采用分层细化描述系统结构和行为的原则，任何复杂系统都可以从整个系统到构成该系统的组成元素，从外部可见的整体行为到内部元素协作的交互行为这样无限级地细化描述下去，直到描述到系统最小划分(类或对象)。

4.2 OO 软件开发原则

随着软件系统规模越来越大、功能越来越复杂，仅仅依靠源代码级的软件开发越来越难以实现大型复杂的嵌入式系统。而迭代增量开发和模型驱动构架方法为快速、高效地开发可靠嵌入式系统提供了有效解决方案。

4.2.1 迭代式开发

迭代式的开发方法是把一个需要很长时间才能完成的大任务分解为一系列较小的任务，依据小且可控的增量来迭代构造软件系统。每一个迭代都可以得到一个可运行的、改进的系统。因此迭代式开发是一种循序渐进的开发方法，它使项目开发中的问题不至于完全堆积到项目的末期，进而可以及时解决开发中遇到的问题。

采用迭代增量开发方法，每次开发总体应用程序中小且集中的片，并且必须处理已识别出或感觉到的风险，以利及时提交高质量的产品。在进行迭代开发时，首先要开发出系统的基点，即包含分析、设计、实现和交付可工作代码一组基线；然后逐步扩大系统范围。例如为已有对象增加属性和行为，以及增加新的对象等。每次迭代基本上都包括一整套完整的分析、设计、实现和测试阶段。与瀑布式开发方法的严格顺序要求不同，迭代式开发通常存在不同阶段的交织。例如当设计人员在进行本迭代周期的设计工作时，需求分析人员可以开始下一迭代周期的工作，继续识别和描述剩余的用例。即使是较小的项目，也通常包括可以相互独立开发的构件，从而使各团队之间实现自然的并行。这种并行性可较大幅度地加速开发活动；同时也增加了资源管理(如配置管理和文档版本控制)和工作流程同步的复杂程度。因此，迭代式开发中良好的团队管理至关重要。

每次迭代结果都会生成一个可执行的非完整、但可以集成和测试的系统。开发人员可以依据以往迭代和测试的反馈信息准确地评估进度、调整计划。迭代开发可以尽早地发现并及时解决出现的问题，最大限度地减小系统风险。

4.2.2 模型驱动

模型驱动是指在软件生命周期中，系统开发是依据具有特定目标的不同模型来组织实施的，即整个系统的最终实现是在模型的构架基线之上经过多次迭代和增量达成的。由于模型是从一个特定的视角对应用系统进行的完整抽象，在软件开发的不同阶段，开发人员可以建立不同视角的系统模型。通过建立系统的抽象模型，开发人员可以捕获应用程序的重要特征，以及它们与低级实现独立地相互关联的方式。

模型驱动的软件开发，要求最终的实现代码必须和不同阶段的系统模型具有可追踪性，必须是同一底层模型的不同视图。当今建模的主要问题在于，对于很多企业来说，模型只是纸面上的练习，这往往造成模型和代码不同步的问题。即代码会被不断修改，而模型不会被更新，使得模型就失去了意义。如果允许代码偏离设计模型，代码和模型的分别维护就会成为巨大的负担。

弥补建模和开发之间的鸿沟的关键，就在于将建模变为开发的一个必不可少的部分，使得开发人员可以在项目早期测试那些可执行的模型。为此 OMG 提出了模型驱动构架(Model Driven Architecture, MDA)的概念，其目标是定义一种描述和创建系统的新途径，支持软件设计和模型的可视化、存储和交换。

4.2.3 MDA 的开发模式

MDA 将模型作为核心元素来指导系统的理解、设计、构造、开发、操作、维护和修改。其核心思想是把软件结构的模型抽象出来，形成具有高度抽象与任何实现技术无关的平台独立模型(Platform Independent Model，PIM)，然后经由特定的转换规则和转换工具，将 PIM 转换成一个或者多个与具体实现技术相关的平台相关模型(Platform Specific Model，PSM)，最后将 PSM 转换成代码模型。MDA 把建模语言作为编程语言使用，而不再只是作为设计语言，它确定了由对软件体系的建模来驱动软件的开发过程。MDA 把从模型到代码的自动生成提高到更高的层次。它的出现让开发者重新认识了图表、文档、代码和模型，要求软件开发具有数学般精准的描述，使得 UML 的用途走得更远，而不仅仅是好看的图画。

MDA 的基本原理如下。

1. MDA 开发生命周期

如图 4-1 所示，在 MDA 软件开发过程中，最核心的是建模过程而不是传统的编码过程，所有过程活动必须以软件模型为核心。MDA 生命周期和传统生命周期没有大的不同，主要的区别在于开发过程创建的工件。

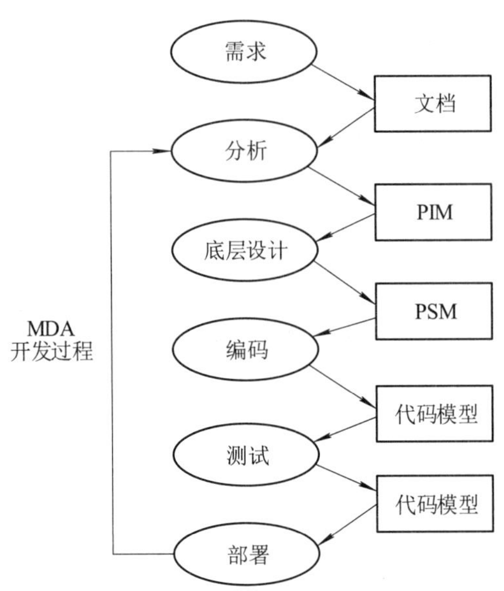

图 4-1　MDA 软件开发过程的生命周期

MDA 开发过程包括 PIM、PSM 和代码。PIM 是具有高抽象层次、独立任何实现技术的模型。PIM 被转换为一个或多个 PSM。PSM 是为某种特定实现技术量身定做的。例如，EJB(Enterprise Java Beans) PSM 是用 EJB 结构表达的系统模型。开发的最后一步是把每个 PSM 转换为代码，PSM 同应用技术密切相关。传统的开发过程从模型到模型的转换或者从模型到代码的转换是手工完成的。但是 MDA 的转换都是由工具自动完成的。从 PIM 到 PSM，再从 PSM 到代码都可以由工具实现。PIM、PSM 和 Code 模型被作为软件开发生命周期中的设计工件(即传统的软件开发方式中的文档和图表)，它们代表了对系统不同层次的抽象，其中将高层次的 PIM 转换到 PSM 的能力提升了抽象的层次，能够使得开发人员更加清晰地了解系统的整个构架，而不会被具体的实现技术所干扰，同时对于复杂系统，也减少了开发人员的工作量。

OMG 的构想是将目前的开发行为提升到更高的抽象层级——分析模型级，把针对特定计算平台的编码工作交由机器自动完成，进而将业务逻辑与实现技术成功解藕，二者相对独立变化。一个完整的 MDA 应用包含：一个权威的 PIM；一个或者多个 PSM；一个或者多个完整的实现，即开发人员决定支持的所有平台上的应用程序实现。

2. 精确的建模语言

在 MDA 中，模型的转换是由机器自动处理，而不像传统的软件开发中，开发人员手工进行模型到模型和模型到代码的转换。而模型都是由建模语言来描述的。大多数的早期软件建模语言被非正式地定义，并很少注重它的精确性。人们时常使用不严密的自然语言来解释建模概念。然而，由于模型在这种语言中很可能并且通常是被不同厂商的工具解释成不同的含义，因此经常导致概念混淆。此外，除非模型解释的问题事先已被明确地讨论过，否则像这样的分歧还不能被人所发觉，而只是在开发过程的较晚阶段才能被发现，也就是当问题的结果已明显显现出来的时候。

为了把不明确的概念减少到最少，并且和多数现代其他模型语言形成对比，第一个标准化的 UML 定义是用元模型来指定的。元模型是一个定义每一种 UML 建模概念特性和这些特性与其他相关概念之间的关系模型。它是用 UML 的基本子集定义的，并且通过一系列在对象约束语言(Object Constrain Language，OCL)中正式的强制进行补充。

3. 可重用的模型转换

在传统的软件开发过程中，从模型到模型的转换(或者从模型到代码的转换)主要是开发人员手工完成的。许多工具虽然可以生成一些代码，但是通常生成的代码也只是一些模版代码。其中主要编码工作仍然是要手工完成。而在 MDA 中，转换是由工具自动完成的。

基于 MDA 的开发过程的具体步骤如下：

首先是从系统如何能更好地支持商业逻辑的视角出发，建立完整描述系统业务功能的 PIM。在建立 PIM 过程中，需要根据客户的需求或者其他因素不断地更新 PIM，对 PIM 进一步细化，以便 PIM 能够精确地描述系统。

其次是通过特定的转换规则，使用模型转换工具，将 PIM 转换成一个或者多个 PSM。PSM 是与平台相关的模型，在 PSM 中开发者可使用客户要求的平台或者合适的平台实现技术来描述系统。由于目前多数系统都是跨平台实现的，因此，一般一个 PIM 会变换成多个 PSM。

然后是对 PSM 进行不断地精化，以便能生成高质量的代码。通过转换工具生成的 PSM 或许会有不足之处，因此就要修改 PSM，以满足 PSM 对特定平台的描述。而对 PSM 的修改也应该能反映到 PIM 中，这样才能更好地保持模型的一致性。

最后是使用转换工具，将每个 PSM 转换成相应的代码，从而使用代码对系统描述。目前已有很多 CASE(Computer Aided Software Engineering)工具可以实现该功能。

基于 MDA 思想进行软件开发，为提高软件生产效率，增强软件可移植性、互操作性、可维护性及软件质量方面都产生了极大影响。OMG 通过 UML、元对象基础设施(Meta Object Facility，MOF)、XML 元模型交换(XML Metadata Interchange，XMI)、公共仓库元模型(Common Warehouse Metamodel，CWM)等一系列标准分别解决了 MDA 的模型建立、模型扩展、模型交换、模型转换这几个方面的问题。

4.3 用例驱动、以框架为核心的迭代增量开发过程

软件问题可以概括为开发人员将面临的一个大型软件所包含的各个组成部分集成为一个整体协作运行系统的问题。软件开发团队需要一种受控的工作方式和过程来集成软件开发的方方面面。例如：

(1) 指导一个团队按需工作；

(2) 布置团队及每个开发成员的任务；

(3) 明确开发何种软件制品；

(4) 提出并建立监控和测量一个项目产品活动的准则。

由于软件系统日益复杂，以及其所固有的需求变更等原因，造成已有的系统模型及其

修正模型难以满足软件开发过程中存在的变更。另外，在软件开发生命周期不同阶段模型的描述方法不统一，造成不同阶段间存在难以跨越的鸿沟。Ivar Jacobson、Grady Booch 和 James Rumbaugh 等在总结多年面向对象技术应用研究工作的基础上，提出了统一软件开发过程。

统一软件开发过程使用 UML 来设计软件系统的所有蓝图，是用例驱动、以框架为中心的迭代增量式软件开发过程。它不仅仅是一个简单的过程，而是一个通用的过程框架。统一软件开发过程可用于各种不同类型的软件系统、不同的应用领域、不同类型的开发组织、不同的功能级别及不同规模的项目。

4.3.1　用例驱动

统一软件开发过程的目标是为开发人员有效地实现并实施满足用户需求的系统提供指导。从评估用户需求到软件系统实现之间包含众多步骤。其中，识别和管理用户的需求是成功开发软件系统的基础。为了有效识别用户的需求，就需要某种有效的捕获用户需求的手段，以使参与项目的每个人都能够清楚地了解这些需求。

用户在 UML 通常称为参与者(actor)，这个术语在 UML 语义中所指的不仅可以是人，也可以是其他系统。参与者是指在所描述的系统之外，并与系统相互作用的任何实体。它们与系统之间的相互作用称为交互，每一个有意义的交互就是一个用例。

用例是反映系统外部参与者与系统之间交互关系的规格说明，每个用例说明了实体为外部参与者提供的一种可见服务，是系统中一个完整的功能单元。用例的目标是在不显示实体内部结构的情况下，定义应用系统中某个实体的一个完整行为。所有用例的集合就是用例模型。系统可以采用用例模型来图形化描述系统的全部功能。与传统软件需求工程相对照，用例模型可以取代系统需求规格说明书。

用例模型不但是用户、分析人员和软件设计人员之间对系统理解、交流和达成共识的基础，也是系统分析、设计和开发人员开展开发工作的基础以及系统最后测试验收的依据，能够驱动系统设计、实现和测试的进行。概括起来，用例不仅是捕获系统需求的有力手段，也是后续系统设计、测试和验收的依据，即用例可以驱动整个开发过程。

在每一次软件迭代开发过程中，用例驱动完成需求捕获、分析、设计和实现到测试等一整套工作流。基于用例模型，开发人员可以创建一系列实现这些用例的设计和实现模型。开发人员可以审查每个后续建立的模型是否与用例模型一致。测试人员通过由用例模型产生的测试用例测试系统的实现，进而确保实现模型的软件正确实现了用例。因此，用例不仅启动了开发过程，而且使其各个环节融合为一个整体。用例驱动表明软件开发过程沿着从用例得到而开展的一系列工作流程。用例被确定，用例被设计，最后用例又成为测试人员构造测试用例的基础。

图 4-2 为软件开发生命过程及不同阶段各模型之间的关系。其中用例对软件开发过程的驱动不是单向的，而是与系统框架协调发展。在面向对象软件开发过程中，在分析系统需求时，用例是开发技术人员介入系统的切入点，而且系统各个层级类元的构造过程也是从用例开始的。构造用例驱动系统框架的形成，反过来系统框架又会影响用例的完善。系统框架会随着软件开发的生命周期延续而不断完善。

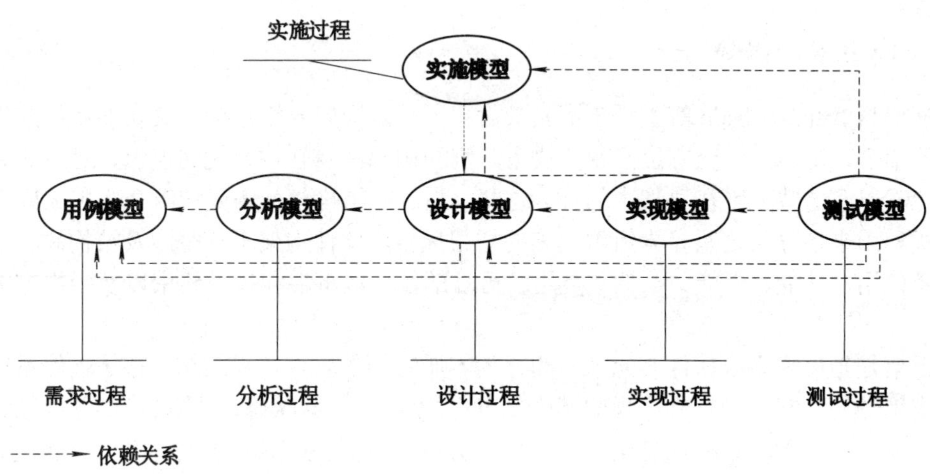

图 4-2　软件开发过程中各模型之间的关系

需求捕获有两个目标：① 发现真正的需求；② 以适合于用户和开发人员的方式加以表示。其中，“真正的需求”是指实现后可以给用户带来预期价值的需求，但是在项目的开始，用户本身也难以确定这些需求。“以适合于用户和开发人员的方式加以表示”是指对需求的最后描述必须能够让用户理解，纯粹以计算机技术表示是不能达到此目的。

在分析设计阶段，用例模型通过分析模型转化为设计模型。即分析模型和设计模型都是由类元和用例实现的说明集合组成。分析模型是需求的详细的规格说明，并可以作为设计模型的切入点。开发人员通过分析模型将需求工作流中描述的用例转化为概念性类元间的协作，以便更准确地理解这些用例。分析模型与设计模型不同，它是一个概念集合而不是软件实现元素的集合。分析模型的用例实现与设计模型中相应的用例实现之间是一种跟踪依赖关系，即分析模型中的每个元素都可以相应在实现它的设计模型中跟踪到。

设计模型是用于描述用例实现的类元集合。它关注功能性需求和非功能性需求；同时，也关注与实现环境有关，并最终影响系统的其他约束。设计模型是系统实现的蓝图，其与实现模型之间存在着直接的影射关系。通常，设计模型是有层次的(子系统、组件、协作一直到实现的类)，模型中包括跨越层次间的关系，如关联、泛化和依赖等关系。

开发人员根据设计模型实现设计好的类，即精化设计模型，依据设计好的框架(骨架)实现设计好的类。软件开发人员所建立的源代码和相关文档的集合构成实现模型。实现过程不改变系统结构，因此实现模型是设计模型依某种关系而形成的直接映射。这种映射可以通过自动化程序直接实现，也可以由开发程序的开发人员人工完成。

最后，在测试阶段，测试人员验证系统是否确实能实现用例中所描述的功能和满足系统需求。测试模型由测试用例组成。每个测试用例定义了输入、运行条件和结果的集合。大多数测试用例可直接从用例模型中获得。因此，在测试用例和相应的用例之间存在跟踪依赖关系，即测试人员通过执行用例验证系统能够做用户需要它做的事。执行用例的测试属于系统功能测试。在迭代开发过程中，功能测试不一定非要等到系统全部完成后才开始，执行用例的测试可以在分析模型、设计模型和实现模型上以不同的粒度方式进行。测试模型中除了与功能实现有关的测试(“黑盒”)用例之外，还应对各层级系统的结构和实现进行测试，即通常所说的“白盒”测试。

4.3.2　以框架为核心

框架与 Ivar Jacobson 等人提出的构架含义不同。构架一般是指有关软件系统组织重要决定的集合，是对系统全方位问题的决策。例如构架涉及软件系统的组织、对组成系统的结构元素以及这些元素在协作中的行为选择、由这些结构与行为元素组合成更大的子系统的方式和用来指导将这些元素组织起来的构架风格。软件构架不只是涉及结构和行为，它还涉及使用、功能、性能、柔性、复用、可理解性、经济性和技术约束以及折中方案、美学等。

框架是指反映系统软件类元结构和行为本质特征的软件体系结构。它是软件系统设计时的逻辑结构，它对于软件实现的其他部分(对象、算法和状态过程等)有着更为稳定的结构。它就像一个建筑物钢筋骨架，而其他部分则相当于建筑物的构件(如墙、门、窗等)。一个建筑物的骨架应该是稳定的，涉及骨架的改动往往对建筑物造成灾难性的后果。而诸如门窗的大小、墙的颜色等可以依据用户的喜好进行调整。系统分析的一个主要目的就是要获得一个稳定的、经得起较长时间检验的系统软件分析框架，而其他组件可以通过迭代逐步增加和精化。

软件框架包含了系统中最重要的静态和动态特征。框架是根据用例模型和系统的其他方面约束(如硬件的功能与结构、操作系统等)共同综合形成的。框架刻画了系统的整体设计，它不关注细节部分，是系统在体系结构层级的抽象。框架的好坏依赖于框架设计师的经验和素质，同时随着软件过程的展开也可以帮助框架设计师确定正确的目标。

每一个系统都存在功能和表现形式两个方面。一个成功的软件产品必须要做到这两个方面的平衡。通常，功能与用例对应，即通过用例来精细化描述系统行为；表现形式与框架相对应，即通过框架来描述系统的结构特征。用例与框架之间是相互影响相互作用的。一方面，用例在实现时必须适合框架，另一方面，框架必须预留空间以实现现在或将来需要的用例。一个好的框架可以容纳在某一问题空间现有系统所涉及和将要涉及的用例。

尽管用例驱动是非常有效的系统方法，但软件开发并不仅仅是盲目地依赖用例驱动工作流就能够完成的。要得到一个可用的系统还需要考虑多方面的因素，尤其是系统的框架和系统约束。嵌入式系统自身的复杂性和其较长产品生命期，决定了嵌入式系统的软件框架起着更加重要的作用。首先，一个好的嵌入式软件框架可以指导开发人员向着共同的目标努力。其次，一个考虑良好、设计周全的嵌入式软件框架，为团队理解系统、组织开发、复用软件和不断进化系统提供基础。

软件系统看不见、摸不着，存在于开发人员的心目中。因此，开发大型、复杂的嵌入式系统软件需要一个框架设计师，指引开发人员可以向着共同的目标努力。软件框架不一定是在软件开发初始就能完全成熟的，框架设计师在项目开始的阶段通常要经过几次迭代才能使框架完善。在框架建立的后期阶段，需要经过反复的细化才能得到一个可靠的框架。结构良好、功能可靠的软件框架是后续软件系统设计、实现及部署的基础。

4.3.3　迭代和增量式过程

开发大型的软件系统可能会持续几个月甚至几年，是一项非常艰巨的工作。为了确保项目的完成，通常会将一个长期而复杂的任务划分成一系列较小的、切实可行的小任务。每一个较小的任务可以称为一个袖珍项目。每个袖珍项目都是一次能够产生一个增量的迭代过程。每一个迭代都要经过需求、分析、设计、实现和测试等主要工作流程。其中，增量是指通过一次迭代使目标产品在某方面(或者从模型，或者从代码)有所增长。为了获得最佳效果，迭代过程必须按照计划好的步骤有选择地执行。

在每一次迭代中，开发人员基于两个因素来确定要实现的目标。首先，迭代过程要处理的一组用例，这些用例合起来能够扩展所要开发产品的可用性。其次，迭代过程要解决突出的风险问题。后续的迭代过程建立在前一次迭代过程后期所开发的产品基础上。一个增量不一定是对原有产品的增加，尤其在生命过程初期，开发人员可能用更加详细、完善的设计来代替最初简单、粗粒度的模型设计。在生命过程的中后期，增量主要是对制品的代码方面的增加。

在每次迭代过程的前期，在技术方面主要是以形成系统框架为基本目标。系统框架的形成是用例驱动的，因此分析人员要标识并详细描述能说明系统主要问题的相关用例，抽象系统问题概念，建立实现这些用例的粗粒度框架。框架形成以后，后期迭代主要是以形成的框架为向导来开展设计，用组件来实现设计，并验证这些组件是否满足相关用例。如果一次迭代达到了目标，开发工作便可以进入到下一次迭代。如果一次迭代没有达到预期目标，开发人员必须重新审查前面的方案，并使用其他不同的方法。

为了确保最好的开发效果，项目组应采用有计划的迭代过程以实现目标。迭代的过程要按照一定的逻辑顺序进行，一般选择由易到难的顺序，使开发人员有一个进入项目和理解项目的过程。一个合乎逻辑、可控的迭代过程会使项目沿着设计路线顺利进行下去。对于不可预见的问题，可以通过增加迭代次数或改变迭代顺序来化解问题，尽管这会增加开发过程的工作量和时间。将不可预见问题减到最少是降低风险的最有效措施，而这往往需要开发者有丰富的经验。

用例驱动、以框架为核心和迭代增量式开发过程三个概念是三位一体的，去掉三个概念中的任何一个都会使统一开发过程不够完整。正如 Ivar Jacobson 所说：“它就像一个三条腿的凳子，因缺少了一条腿，凳子便会翻倒。”

统一软件开发过程，还有后面介绍的嵌入式系统快速面向对象过程模型都借鉴了用例驱动、以框架为核心、迭代增量过程的思想。

4.4　统一软件开发过程

在统一软件开发过程中，大型软件的开发过程包含了先启、精化、构建、产品化四个阶段。如图 4-3 所示，先启、精化、构建、产品化四个阶段构成一个统一软件开发周期。图中的纵轴代表统一软件开发周期所要求的环境和所包括的活动。统一软件开发周期的每个阶段都有一个主要里程碑，在阶段结束时对输出工件进行评估，确定是否实现了此阶段的目标。软件开发过程中涉及的角色和其职责如下。

配置管理员：控制和管理软件设计开发过程中的程序、文档、数据。

系统分析员：设计和开发过程中的确认工作。

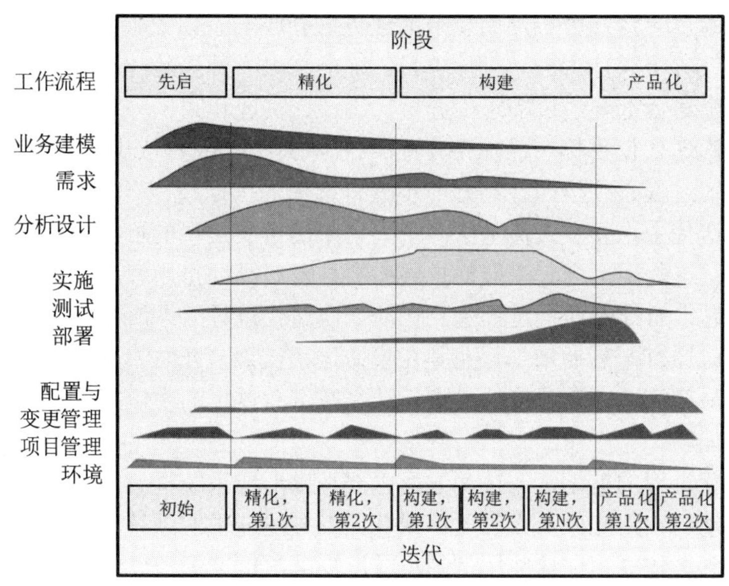

图 4-3　RUP 开发周期

系统设计人员：设计和开发过程中的验证工作。

项目经理：对项目的成败负责。

程序开发人员：负责编码、模块功能的实现。

系统测试人员：软件开发过程中模块、系统的调测。

质量管理人员：进行开发过程中的质量监控和评审会的组织。

产品经理：负责整个产品的形象定位，传递正确的产品信息给顾客，管理用户的期望。

下面详细描述开发过程中各阶段的目标、角色职责和主要里程碑。

4.4.1　先启阶段

本阶段的目标是明确项目内容、目的、商业机会、存在问题，确定项目的时间进度、预算、需要的各方面支持性条件，预测项目风险；建立项目的软件规模和边界条件，包括运作前景、验收标准以及希望产品中包括和不包括的内容；识别系统的关键用例；对比一些主要场景，展示至少一个备选构架；评估整个项目的总体成本和进度(以及对即将进行的精化阶段进行更详细的评估)；评估潜在的风险；准备项目的支持环境。

产品经理、项目经理、系统分析员在本阶段起核心作用。项目经理制订《项目开发计划》、《备选项目人员名单》、采用功能点方法估算《项目概预算》，编写《项目规格说明书》。产品经理负责与客户沟通确定项目规模，希望产品中包括和不包括的内容。系统分析员应用 UML 进行用例分析，建立分析模型，确定系统的业务需求、用户需求、功能需求，通过分类、指派优先级来管理需求；按照 UML 模板编写《软件需求规格说明书》《词汇表》《数据字典》。项目经理考虑备选构架，准备项目的环境，制订工作分解结构，并根据 UML 用例评估整个项目的总体成本，把握整体的设计过程。

主要里程碑：生命周期目标里程碑。评估标准：是否已经获得正确的需求，并且对这些需求的理解是共同的；对成本/进度估算、优先级、风险和开发流程是否合适达成一致意见；已经确定所有风险并且有针对每个风险的减轻风险策略。

4.4.2　精化阶段

本阶段的目标是管理项目的复杂度，设定边界并描述接口，消除冗余，并确定可能的重用；将解决方案映射成过程模型，提供一个基于组件的灵活设计；建立系统构架的基线，用以设计过程中的里程碑或内部的发布，在项目团队成员中建立对于解决方案的通用观点。

项目经理、系统分析员、系统设计员在本阶段起核心作用。系统设计员以软件分析模型和《软件需求规格说明书》为输入，从开发团队角度描述解决方案的组件、服务和技术过程，确立构架的基线，考虑现实世界中的技术约束(包括实现和性能上的考虑)，确定开发语言与环境，采用 UML 实现软件设计模型，生成《系统设计说明书》，设计物理数据库。系统分析员对设计模型、系统设计说明书确认。项目经理确保构架、需求和计划足够稳定，制订自制/外购/复用决策，充分减少风险，把握构建阶段的成本和进度。

主要里程碑：生命周期构架里程碑。评估标准：产品前景和需求是稳定的；构架是稳定的；已经找到了主要的风险元素，并且得到妥善解决；构建阶段的迭代计划足够详细和真实，可以保证工作继续进行；构建阶段的迭代计划由可靠的估算支持。

4.4.3　构建阶段

构建阶段从某种意义上来说是一个制造过程，此过程的目标是完成所有所需功能的分析、开发和测试，实现有用、质量足够好的版本(Alpha 版、Beta 版和其他测试发布版)，通过优化资源和避免不必要的报废和返工，使开发成本降到最低。采用迭代式、递增式开发方法，开发随时可以发布到用户群的完整产品。

项目经理、系统设计人员、程序开发人员、测试人员和质量管理员在本阶段起核心作用。项目经理负责资源管理、控制和流程优化。程序开发人员根据设计模型进行编码，实现模块功能。测试人员根据已定义的评估标准进行单元测试、集成测试，系统设计人员验证开发的产品符合设计要求。质量管理员根据开发计划进行开发过程中的质量监控，根据前景的验收标准对产品发布版进行评估。

主要里程碑：最初操作性能里程碑。评估标准：产品已开发了所有功能，并完成了所有 Alpha 测试。除了软件之外，用户手册也已经完成，而且有对当前发布版的说明，产品随时可以移交给产品化团队。

4.4.4　产品化阶段

本阶段的目标是按用户的期望确认新系统；转换操作数据库；培训用户和维护人员；市场营销；进行分发和向销售人员进行新产品介绍；商业包装和生产；销售介绍；现场人员培训；调整活动，如对调试、性能或可用性进行加强；根据产品的完整前景和验收标准，对部署基线进行的评估。

产品经理、项目经理、测试人员在本阶段起核心作用。产品经理从用户角度评估和验证产品，获得用户反馈，管理客户的期望，进行用户培训。测试人员在开发现场测试可交付产品。项目经理执行部署计划，基于反馈调整产品，制订产品维护或迭代开发计划。

主要里程碑：产品发布里程碑。此时确定项目是否达到目标，是否应该开始另一个开发周期。

4.4.5　迭代开发与控制管理

不管开发团队经验如何，在开发大粒度软件时不可能预知所有的风险，采用图 4-3 所示的迭代方式递进开发能够降低风险，有效控制、管理软件开发过程。在迭代开发中，每次迭代完成都会发布一个可执行文件，一个功能完善、质量可靠的系统通常需要多次迭代开发才能实现。

专家委员会会议评审通过项目策划，便进入第一次迭代，配置管理员利用在配置管理服务器上为项目建立配置管理环境，质量管理人员根据项目经理提交的《项目开发计划》进行动态跟踪，及时发现存在的问题，并反馈给项目经理。变更管理委员会对迭代期间的变更进行统一管理，确保项目中所做的变更一致，并将产品的状态、对其所做的变更以及这些变更对成本和时间表的影响通知给有关开发人员。项目团队成员要定期向项目经理提交进度报告，并汇报以下信息：① 按照工作包预定的工作量；② 完成他们所负责的每个工作包所需的估计工作量；③ 已完成的任务；④ 已发布的可交付工件；⑤ 需要管理人员注意的问题。项目经理对照计划评估指标，复审在风险列表上为每种风险列出的风险指标，确定是否立即采取任何降低风险的策略。在迭代开发周期中设置需求、设计、测试三个关键评审点，评审通过后才能进入下一阶段。并将评审结果反馈给项目经理。当一个迭代开发周期结束，项目经理根据评审结果和项目团队成员的反馈信息判断项目结束还是进入下一演进周期。

4.5　嵌入式系统快速面向对象开发过程

在总结实时嵌入式系统开发经验基础上，Bruce Powel Douglass 提出了嵌入式系统快速面向对象过程(Rapid Objected-Oriented Process for Embedded System，ROPES)。如图 4-4 所示。该模型以 UML 为基础，也强调用例和迭代增量开发。与统一软件开发过程相比，该模型淡化了先启、精化、构建和产品化的生命过程，将它们演变成了从外围到里圈的系统进化过程。

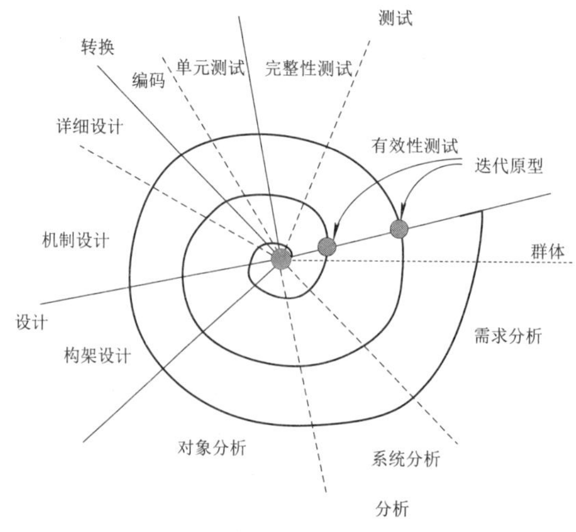

图 4-4　ROPES 软件开发过程

ROPES 模型与通常软件开发中使用的螺旋模型存在较大不同。首先，虽然二者都是基于原型的，但两者原型的含义不尽相同。ROPES 中每一个原型是一次经过几乎所有核心工作流的一次迭代，是可运行、可测试的；而螺旋模型的早期原型是不经过核心工作流过程的。其次，ROPES 模型的由外向内的旋转意味着：① 系统是收敛的；② 系统的每一次迭代通常是对前一次迭代制品的进一步精细化过程。ROPES 在整个过程中都使用统一的 UML 描述方法。

4.5.1　ROPES 中的主要活动

ROPES 是一个迭代增量的软件开发过程，这个过程包括以下几个主要活动。

1. 分析

分析定义了系统必需的应用程序特征，这些特征对于所有可能的、可接受的解决方案都必须是无歧义的和稳定的。也就是说，分析要确保系统正确性的至关重要的所有特征，并避免易于引起异议的设计特征。分析的原则是其与设计实现的无关性，一个分析的结果可以用任何一种能够解决该问题的设计实现。分析阶段由需求分析、系统分析和对象分析三个子阶段组成。

1) 需求分析

需求分析阶段从客户(如系统用户、市场部门的职员或合约人等)那里获取需求。该过程能辨别系统黑盒需求中的详细内容，既有功能上的又有性能上的，并且不需要显示内部结构。对于嵌入式系统，非功能需求(或约束需求)起着更重要的作用。它们决定着怎样和在什么样的资源条件下完成系统功能。这一阶段的目标是获得当次迭代的用例模型，或系统的需求规格说明。

在此阶段，需求分析人员应注意获得系统的“真正”需求。在实际项目中，客户提出的未必就是待开发系统的真正需求。这是因为大部分客户可能知道系统的使用现场情况，但他们很少能从系统的角度来考虑问题，而这往往会导致需求模糊、不完整。

2) 系统分析

系统分析是大型复杂嵌入式系统开发中很重要的一个阶段。系统分析会针对系统的关键概念和关键结构进行细化，并将系统功能划分给各个硬件组件和软件组件。系统分析本质上是系统的功能视图，而不是类或对象视图。在这个阶段，需要为复杂系统确定大粒度的组织单元；为组织单元构造较为详尽的行为规格说明；从软件、电子、机械三个方面进行系统级功能划分；对复杂控制算法进行细化和特征化，用可能的方式对执行模型进行行为测试(推理、走查、执行可执行模型等)。系统分析的结果是按功能分解的高级体系结构，包括若干黑盒节点，这些黑盒节点进一步包含称为组件的行为元素。

系统分析不涉及任何类或对象，更不用去识别它们。这一阶段的目标是获得当次迭代的实施模型、运行规格说明和软硬件规格说明。系统分析通常只在大型或者很复杂的嵌入式系统上进行。对于小型或者相对简单的系统可以跳过这一步骤。

3) 对象分析

对象分析子阶段要给出系统中重要的对象和类，以及它们的主要属性。在系统分析阶段定义了系统要求具备的行为。这些行为要通过对象分析阶段给出的对象结构予以满足。本阶段产生的类和对象是实现系统分析阶段定义的系统功能的主要概念结构，而不是最终实现的物理结构。本阶段产生的模型称为概念模型(或分析模型、逻辑模型、本质模型)，而不是物理模型(或设计模型、实现模型)。

对象分析又包含以下两个基本过程。

(1) 对象结构分析：主要任务包括应用对象定义策略来发现重要对象；对对象进行抽象进而给出类；揭示对象和类之间是如何关联的；构造符合用例行为需求的对象协作机制。对象结构分析目标是正确识别应用程序的关键抽象，以及连接它们的关系。

(2) 对象行为分析：主要任务包括定义交互对象最重要的行为；给出对象最重要的操作和属性；将性能约束分解为类操作的性能约束等。对象行为分析的目标是识别系统关键抽象如何响应外部和内部刺激，以及它们如何动态协作，以获得系统级的功能。

在开发过程中这两个基本过程通常是交替甚至是并发进行的。

2. 设计

设计定义了与分析模型保持一致的针对所处理问题的特定解决方案。设计通常与优化有关。由于设计模型和分析模型都是系统模型在不同抽象层次上的视图，因此设计模型与分析模型保持一致是非常重要的。分析模型到设计模型的进化可以通过细化和转化两种方式进行。转化方法是通过工具自动或半自动实现的过程。细化方法是人工方式。设计由框架设计、机制设计和详细设计三个子阶段组成。

1) 构架设计

构架设计主要关注影响大部或全部应用策略的设计决策，包括到物理部署模型的映射，运行时工件的标识，以及并发模型。其实，在系统分析阶段已经形成了系统的较高层次上的基本框架，只是系统分析产生的框架主要是针对电子、机械和软件三个方面的概念框架，而框架设计主要是指软件框架。

构架设计的主要活动包括任务的识别和特征刻画、定义软件组件及其分布情况、应用设计模式、全局性错误处理等。框架设计的目标是产生反映系统软件类元结构和行为本质特征的软件体系结构。

2) 机制设计

机制设计是整个设计阶段的中间层次。机制设计给前面产生的框架(或协作)添加新的更精细化的内容，并根据某些系统优化标准对其进行优化。机制设计的作用域是系统框架中的单个协作，协作的上下文在框架中给出。通过添加类或是应用模式对协作中的类元具体化。如果系统比较复杂，机制设计要经过多次迭代才能完成。

机制设计的活动包括通过添加类或应用模式来细化协作、确定类之间的关系实现、确定类的绝大多数属性和操作等。机制设计的目标是获得系统的所有可封装的类和对象。

3) 详细设计

作为设计的最低层次，详细设计添加了优化最终原型所需要的更详细信息，包括对关联、聚合和组合的实现方式的定义；操作的前置不变量和后置不变量、类的异常处理、属性的确切类型和有效值范围；方法或状态中的复杂算法设计等。详细设计的目标是产生由设计人员无异议地进行代码设计的设计模型。

3. 转换

转换过程将系统的 UML 模型转换为所用开发程序语言的源代码，并通过编译器生成可执行的目标代码。转换过程包括代码的开发和单元测试(白盒测试)两部分内容。

4. 测试

面向应用程序采用一组测试用例进行测试，产生一组可观察的结果，并应用正确性标准来识别缺陷或者展现最低限度的可接受性。本阶段的测试过程属于黑盒测试，测试用例主要基于需求分析和对象分析阶段所确定的场景。在可执行应用上测试最少要包括完整性测试和有效性测试两部分，通常还包括集成测试。

5. 评审

评审原型活动在正式产品开发中是不可或缺的。评审过程既是一种项目管理措施，也是一项重要的技术活动。评审最终确认此次迭代产生的原型的正确性与不足，决定是否增加迭代次数等。

4.5.2　ROPES 过程中的阶段工件

图 4-5 描述了 ROPES 的主要阶段几个节点产生的工件。

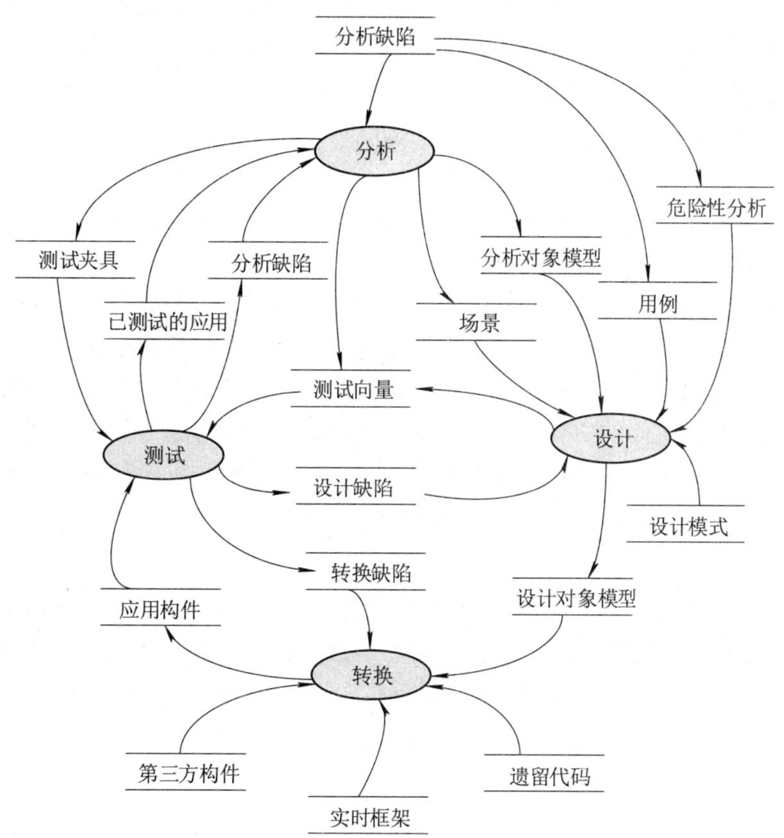

图 4-5　ROPES 过程工件

1. 分析阶段

从技术方面来说，系统从一份正式的书面《用户需求》开始是合理的技术介入点。这份用户需求可以完全出自用户之手，也可以由系统分析人员与用户共同完成。系统开始时的用户需求是系统的初始需求，它应包含系统构想和系统的主要功能。随着项目的展开，《用户需求》可以在后期的迭代过程中进一步完善和细化。

系统分析人员从用户需求开始进入需求分析阶段。需求分析产生的制品是分析模型。分析模型主要包括 UML 用例图和场景图。当两个 UML 模型仍然不能反映系统的所有功能需求和非功能需求时，也可以附加如 OCL 文件或自然语言文本说明。分析模型是一种有效的与业务专家交流的工具。分析的目标是在不引入任何特殊实现的情况下，全面地描述问题。当然，在实际工作者中要完全避免实现带来的影响是不可能的。分析模型其实就是传统意义上所说的《需求规格说明书》。它除了起到需求规格说明书的作用外，由于采用图形化、无歧义的 UML 描述，既可以起到与用户良好沟通的作用，也可以为后期系统的技术开发人员指明需求问题的内涵，使其尽快理解和消化实质性问题。

需求分析之后，系统的后期活动都应围绕着框架进行。系统分析和对象分析产生分析框架。分析框架从技术上来说，是系统自上而下向内部的第一层观察，如果系统足够大且足够复杂，这一层可能只看到构成系统的子系统和构件。如果系统足够小且足够简单，这一层可能看到的就是构成系统的类(甚至对象)和构件。分析框架的重点不是系统的具体实现而是功能实现。这种功能实现往往是粗粒度的，它只注重通过怎样的协作达到系统的功能要求，而对于非功能要求(尤其是约束的具体实现)是不需要细致考虑的。

2. 设计阶段

设计阶段要产生能够被编码人员具体实施的设计框架。设计框架是对分析框架的进一步精化。设计包括选择和细化两方面内容。其中，对于分析框架的实现可能有多种方案可以选择，设计按照某种优化原则从中选择出最佳或最合理方案。在选择中可以参考业已完成、公开发布的各种设计模式。如果模式和模式的改进组合不能满足系统的设计要求，就应该自己实现系统的所有细节。从框架的设计粒度方面可以再分为构架设计、机制设计和详细设计三个子过程。构架设计要对分析框架进行设计视角的再次确认，根据实现需要进行适当的调整；机制设计的最小考虑单位应该到面向对象的最小实体类和对象，而设计的重点是这些最小实体之间的协作，涉及关系、接口、职责和角色等；详细设计的目标是系统编码人员可以从这个模型开始直接进行编码工作，它涉及对象所有属性和操作的具体落实，如各种关联、服务、接口、状态和算法的实现等。

3. 转换阶段

转换阶段要把本次迭代的原型转换成目标代码。生成的具体方式依赖于所采用的不同程序设计语言(面向对象语言如 C++，非面向对象语言如 C 等)。这一阶段产生的目标代码可以在目标机上运行，也可以在开发机上模拟运行(如可执行的框架、模拟调试等)。这一阶段的测试称为单元测试，其仅保证代码本身所实现功能的正确性，通常由编码人员自己完成。

4. 测试阶段

测试阶段根据迭代开始的原型所涉及的需求用例设计相应的测试用例，并依据测试用例填写测试文档。测试阶段保证原型能安装在框架内运行，是集成测试。确认测试则是根据测试用例以黑箱方式证明原型满足其使命的过程。

5. 评审阶段

评审阶段既是一次迭代的结束，也是下一次迭代的开始。这时对本次迭代原型进行评议总结。这通常是项目管理和技术评价的交汇点，在此点上不仅要从技术上对原型的完成情况进行评议，还要对之前制订的迭代开发计划做出是否进行调整的决策。最后要形成交给管理部门存档的表格或者是一组文件。而完成的原型则根据管理需要继续保留在开发部门或交给管理部门做一个备份。

ROPES 过程中的阶段工件如表 4-1 所列。

表 4-1　ROPES 过程中的阶段工件

活动	过程步骤	生成的工件	工具生成的工件
分析	需求分析	用例模型 用例场景	用例图 用例描述 消息顺序图 报告生成
	系统分析	初始高级体系结构模型 精化控制算法	类图(代表子系统模型) 部署图 构件图 状态图 活动图
	对象结构分析	结构对象模型	类图 对象图 逆向工程(从遗留代码中创建模型) 报告生成
	对象行为分析	行为对象模型	消息顺序图 状态图 报告生成
设计	构架设计	并发模型 部署模型	活动对象 正交的与状态 构件模型 框架(提供了操作系统任务模型)
	机制设计	协作模型	类图 消息顺序图 框架(提供了状态执行模式)
	详细设计	类细节	类： ● 属性 ● 操作 ● 用户定义类型 ● 包范围的成员
转换		可执行应用	从结构和行为模型生成的完全可执行代码包括： ● 对象和类图 ● 顺序图 ● 状态图

续表

活动	过程步骤	生成的工件	工具生成的工件
测试	单元测试 完整性测试 有效性测试	设计缺陷 分析缺陷	主机或远程目标上设计级的调试和测试包括： ● 激活多线程应用 ● 激活的顺序图 ● 激活的状态图 ● 激活的属性 下面动作上的断点： ■ 操作执行 ■ 状态的进入或退出 ■ 转换 ■ 时间插入 ■ 执行控制脚本

4.5.3　嵌入式软件框架

UML 给开发人员提供了多种视图以捕获系统静态结构和动态行为特征，如何使用这些视图往往令开发人员头疼。其实，通过三种相关但不相同的视角来对系统进行建模就可以描述系统的结构和行为方面的本质特征。这三个视角就是系统内部结构视角、类元间交互视角和类元生命历史状态视角。反映这三个视角的 UML 模型分别是类模型、交互模型和状态模型。在此把类模型、交互模型和状态模型的集合称为系统的软件框架。

1. 类模型

类模型描述系统中类元的结构，包括类元的标识、与其他类元的关系、属性和操作。类模型提供了状态模型和交互模型的上下文对象是面向对象划分世界中的单元；类则是对象的静态描述，是类模型的组成分子。

构建类模型的目标是从真实世界中捕获那些对应用而言重要的概念。在为工程问题建模的时候，类模型应该包含为工程师所熟知的术语；在为商业问题建模的时候，应该在类模型中使用商业术语；在为用户界面建模的时候，要使用应用程序的术语。分析模型不应该包含计算机制品，除非正在建模的应用本质上就是计算机问题，例如操作系统等。设计模型描述了要如何解决问题，一般会包含实现应用的计算机制品。类模型通过 UML 类图来表达。

2. 交互模型

交互模型描述类元间如何交互才能产生所需要的结果，它从系统独立类元间交互的视角描述了系统类元间的协作行为。交互模型既跨越了系统整体上从外部功能到其内部结构的界限，也跨越了系统由结构到行为的界限。它像胶水一样把整个系统的不同方面连接在一起。交互模型也称为场景，在系统建模的各个层级都会用到。在系统层级，它主要用于细化用例描述，即捕获系统同外部参与者之间交互的主要内容。在子系统层级，它用于描述类元之间的交互过程和交互行为，这些交互行为在系统实现过程中最终会映射成类元的属性或操作调用。

交互模型与状态模型从不同的视角为系统的行为建模。状态模型为某一个类元的生命历程建模，而不是对几个类元之间的交互过程建模。若要为几个类元之间的交互过程建模，就需要使用交互模型。交互模型虽然能为多个类元建模，但它所建模的仅是类元间交互的一个快照，而不是行为全景。因此，为了完整地描述行为，状态模型和交互模型这两者缺一不可，它们互为补充，共同为系统的行为建模。

交互模型由 UML 协作图或顺序图来表达。根据不同类型的系统或使用习惯，可以侧重使用某一种图，例如实时反应式系统多使用顺序图，数据库系统则多使用协作图。

软件框架由上述三个模型组成，并不意味着每个模型在软件生命期不同迭代过程中同等重要或具有同样的细节。通常在实践中会根据不同类型的系统(如数据库系统、工作流处理系统、反应式系统等)和系统生命期不同迭代过程的不同阶段对某些模型有所侧重。

尽管每种模型在一定程度上可以单独查看或理解，但不同模型有着有限而清晰的互连。例如框架中的每种模型都包含了对其他模型中的实体的引用。三种模型中的每一种都会随着开发过程的深入而演进。首先，分析师在不考虑最终实现的情况下会创建应用程序的分析框架；然后，设计人员会给分析框架添加解决方案制品而形成设计框架；最后，实现人员则把设计框架转换成编码制品。

3. 状态模型

状态模型描述了类元通过响应外部激励而发生的操作序列，而不是描述操作做了些什么、对什么进行操作或操作是如何实现的。状态模型的目标是标记变化的事件，界定事件上下文的状态以及事件和状态的组织。当类元处于某个状态时，可以进行某类活动。在活动的建模方面，状态模型只给出活动的规格说明而不考虑具体实现。所有活动最后都要体现在所描述类的操作里。状态模型可以从不同层面(系统、子系统和对象)以整个类元行为的全景为描述空间，从控制视角描述其全景行为。

状态模型由 UML 状态图来表达。每幅状态图都显示了系统内允许的某个对象类的状态和事件序列。状态图可以引用框架内其他的模型。例如，状态图中的动作和事件可以转化成类模型中类元的操作；状态图之间的引用就转成了交互模型中的交互。

4.6 小 结

随着面向对象技术的成熟，尤其是 UML 技术的广泛应用，开发人员逐渐形成了以 UML 为核心的软件开发过程。本章在介绍基于 OO 技术的软件开发基本概念和开发原则的基础上，重点介绍适用于嵌入式系统的统一软件开发过程和嵌入式系统快速面向对象的开发过程。

课 后 习 题

1. 模式、模型、框架和构架的定义，并简单介绍四者之间的关系。
2. 简单介绍 MDA 开发模式的开发过程以及不同阶段之间的关系。
3. 简单介绍统一软件开发过程模型特点、每一阶段的核心任务及输出的工件。

4. 简述 ROPES 开发过程每一阶段的目标、开展的核心任务以及相关输出工件。

参 考 文 献

[1] 胡荷芬，吴绍兴，高斐. UML 系统建模基础教程[M]. 2 版. 北京：清华大学出版社，2014.

[2] GRADY B，JAMES R，IVAR J. 软件开发方法学精选系列：UML 用户指南[M]. 2 版. 邵维忠，麻志毅，等，译. 北京：人民邮电出版社，2013.

[3] (美)STAHI,T., (美)VOLTER,M. 模型驱动软件开发：技术、工程与管理[M]. 北京：清华大学出版社, 2009.

[4] RUMBAUGH J., JACOBSON I., BOOCH G. The Unified Modeling Language Reference Manual[M]. 2nd. Boston: Addison Wesley, 2004.

[5] Bruce Powel Douglas. 嵌入式与实时系统开发：使用 UML、对象技术、框架与模式[M]. 柳翔, 译. 北京：机械工业出版社, 2005.

[6] 谭火彬. UML2 面向对象分析与设计[M]. 2 版. 北京：清华大学出版社, 2018.

[7] PHILIPPE K. RUP 导论[M]. 麻志毅，申成磊，杨智, 译. 北京：机械工业出版社, 2004.

[8] 朱成果. 面向对象的嵌入式系统开发[M]. 北京：北京航空航天大学出版社，2007.

[9] 刁成嘉. UML 系统建模与分析设计[M]. 北京：机械工业出版社，2009.

[10] ANNEKE K，JOS W,WIM B. 解析 MDA[M]. 鲍志云, 译. 北京：人民邮电出版社，2004.

第 5 章　面向对象的嵌入式软件需求分析

嵌入式系统需要与外部环境交互，因此重要的外部对象及其与系统的交互构成了嵌入式系统需求分析的基础。UML 通过用例来捕捉系统需求，通过用例及其补充描述建立系统的需求模型，并通过系统结构和行为分析把握系统的静态结构和动态行为。本章在介绍需求分析基本概念基础上，依次介绍基于 UML 的嵌入式系统需求分析、结构分析和行为分析。

5.1　基本概念

嵌入式系统需求分析与通用软件系统的需求分析类似，通过需求分析确定系统“做什么”。同时，嵌入式系统具有面向特定应用、与环境交互等特性，使得其需求分析又有自身的特点。

5.1.1　需求分析目标及内容

“什么是需求”目前尚未有公认的定义。其中，IEEE 软件工程标准词汇表分别从用户和开发者的角度将需求定义为如下：

(1) 用户解决问题或达到目标所需要的条件或权能；

(2) 系统或系统部件要满足合同、标准、规范或其他正式规定文档所要具有的条件或权能；

(3) 反映上面两条的文档说明。

概括起来，需求是指明系统必须实现什么的规约，它描述了系统的行为、特性或属性，是在开发过程中对系统的约束。

需求分析是指对要解决的问题进行详细分析，弄清楚问题的要求(包括需要输入什么数据，要得到什么结果，最后应输出什么)。需求分析的目的是定义待开发系统的基本性质。所谓基本性质指的是如果没有它们系统就会出错或出现不完整的性质。“需求分析”就是确定系统“做什么”，而不是“如何做”。

软件需求通常分为功能需求、非功能需求和领域需求。其中，功能需求描述系统所应提供的功能和服务，包括系统应该提供的服务、对输入如何响应及特定条件下系统行为的描述。对于功能性的系统需求，需要详细地描述系统的功能、输入和输出、异常等，这些需求通常来自于系统的用户需求文档。有时，功能需求还包括系统不应该做的事情。功能需求取决于软件的类型、软件的用户及系统的类型等。

非功能需求是指那些不直接与系统的具体功能相关，但与系统的总体特性相关的一类需求。如可靠性、响应时间、存储空间等。非功能需求定义了对系统提供的服务或功能的约束，包括时间约束、空间约束、开发过程约束及应遵循的标准等。非功能需求通常作为功能需求的补充。按照非功能需求的起源，可将其分为 3 大类：产品需求、机构需求、外部需求，进而还可以细分。产品需求对产品的行为进行描述；机构需求描述用户与开发人员所在机构的政策和规定；外部需求范围比较广，包括系统的所有外部因素和开发过程。非功能需求的分类如表 5-1 所示。

表 5-1　非功能需求的类别

<table>
<tr><td rowspan="12">非功能需求</td><td rowspan="5">产品需求</td><td>可用性需求</td><td></td></tr>
<tr><td rowspan="2">效率需求</td><td>性能需求</td></tr>
<tr><td>空间需求</td></tr>
<tr><td>可靠性需求</td><td></td></tr>
<tr><td>可移植性需求</td><td></td></tr>
<tr><td rowspan="3">机构需求</td><td>交付需求</td><td></td></tr>
<tr><td>实现需求</td><td></td></tr>
<tr><td>标准需求</td><td></td></tr>
<tr><td rowspan="4">外部需求</td><td>互操作需求</td><td></td></tr>
<tr><td>道德需求</td><td></td></tr>
<tr><td rowspan="2">立法需求</td><td>隐私需求</td></tr>
<tr><td>安全性需求</td></tr>
</table>

领域需求的来源不是系统的用户，而是系统应用的领域。它们主要反映了应用领域的基本问题，如果这些需求得不到满足，系统的正常运转就不可能。领域需求可能是功能需求，也可能是非功能需求，通常采用相应应用领域的专门语言来描述。

嵌入式系统需求通常是由领域专家提出和制订的，这些专家可能是系统的最终用户、市场销售人员或者相关领域的研究人员。真正需求的获得，不仅要获取并记录领域专家提出的需求，而且还要研究领域知识以便确切地理解应用问题。同时，分析人员还要站在开发人员的视角上去理解和描述需求，使得开发人员能够自然而然地理解所要面对的问题。分析人员经常面临大多数领域专家不习惯严格地按照系统开发人员的思维模式去考虑系统的问题。对此，需要针对需求建立系统的分析模型，进而在领域专家和开发人员之间建立起沟通的桥梁。总之，嵌入式系统需求分析的重点是创建分析模型，即分析人员通过创建模型来捕获、分析、审查需求。

在分析阶段，主要关注系统的功能需求和非功能需求。开发者要考虑如何利用现有的信息资源(例如用户需求文档、领域调研报告等)来开展调研，通过建模融合开发者和业务专家之间的理解，使得开发人员与领域专家对需求形成统一的认识。由于领域专家难以一次确定出完整且准确的需求，因此需求理解是一个渐进迭代的过程，可以配合软件开发过程来细化需求。此外，建立系统的分析模型可以加速开发人员和领域专家之间的融合。这是因为模型会使系统中遗漏或不一致的地方突显出来，使得问题易于明确。分析人员与开发人员、领域专家不断沟通、细化模型，逐步会使模型变得清晰一致。采用 UML 技术的需求分析主要涉及以下几方面：

(1) 确定大且相对独立的功能块，并以易于理解、无二义的方式描述其行为；

(2) 辨识外部环境中的参与者，这些参与者与系统之间存在交互关系；

(3) 提取系统与系统参与者集合之间传递的每条消息，包括那些表示事件发生的消息的寓意和特征；

(4) 对使用不同消息进行交互的协议进行细化，例如交互活动的顺序关系、前置和后置条件等。

由于嵌入式系统通常面向特定行业和应用，因此与领域专家交流沟通，明确系统的领域需求非常重要。由于嵌入式系统需要通过与外部环境交互以实现其功能，因此外部环境对象及其与系统的交互构成了嵌入式系统需求分析的基础。概括起来，需求分析首先通过用例来提取、分析系统的需求，建立系统的需求模型。然后再从系统的静态结构和动态行为方面来补充、细化描述系统的需求，最终产生一个由类模型、状态模型和交互模型组成的系统分析框架。

5.1.2　用例模型

用例是能够向用户提供有价值结果而执行的一组动作序列。用例描述了系统的一项内聚功能，该功能块以黑盒形式对系统外部具有可见性。用例所获取的是系统的功能需求，是对行为的描述，而非定义对象或类的集合。所有用例的集合就是用例模型。

为了实现该用例所描述功能，系统需要和外部对象相互作用。这些系统外部的对象就是参与者。用例与参与者之间能够交换信息，每个用例会涉及一个或多个参与者及系统本身。参与者可是用户或外部可见的子系统和设备(如传感器等)。由于嵌入式系统常常嵌入到其他设备中工作，因此参与者是操作系统的人还是与系统交互的设备，取决于系统的作用领域。如果系统包括与用户交互的设备，则用户是参与者。如果所开发的系统必须与其他设备交互，则这些设备是参与者。此外，根据迭代增量式开发原则，当对组成系统的构件(如子系统、协作、模式)进行分析时，组件外部的系统与组件交互，因而组件外部的系统也应看成是参与者。

在 UML 建模体系中，完备的用例建模包括以下几个方面。

(1) 用例名称，用例名称要能反映系统对外部的可见行为的功能划分。

(2) 参与者。

(3) 简述用例内容。

(4) 用例前置条件，即用例的入口条件。

(5) 用例后置条件，即用例的退出条件。

(6) 用例描述 UML 允许开发者对用例的行为顺序做更详细的描述，其中最常用的方法是场景描述。用例的实例是执行该用例行为的一条特定路径，这样的路径称为场景。场景是指系统某个特定的时期内发生的一系列消息和事件集合。场景由参加交互作用的对象集合和对象间交互的一个有序的消息列表组成。描述用例场景最常用的方法是顺序图。

(7) 备选(特殊条件)。用例通过对象间的协作来实现其所对应的功能。协作由一组一起工作、完成用例所对应功能的对象组成。由于对象经常会参与到多个用例中，这增加了系统分析的复杂度。在用例分析中，切记用例不定义甚至不暗指任何特定的系统内部结构。除了记录用例，并给出相关的参与者，分析人员还关注用例的行为顺序，给出参与者和系统间传递的消息以及相关属性和交互协议，这要通过用例的补充描述来实现。

下面以基于可穿戴计算、Android 和 Web 技术的跌倒检测报警系统为例说明建立嵌入式系统用例模型的方法。跌倒检测报警系统总体需求描述如下：

集成了动作感知模块的可穿戴背心能以 100 Hz 的频率实时采集三轴加速度、角速度数据，并将采集到的数据通过蓝牙以 115 200 bps 的速率发送到智能手机。智能手机接收到数据后通过阈值算法判断老年人是否跌倒。若跌倒，手机振铃报警；连续振铃 5 秒钟后，老年人没取消报警，手机获得内置 GPS 数据向 Web 服务器和联系人发送位置、时间等报警信息，告知联系人(家人/医护人员)和系统管理员，进而通过联系人为用户提供及时准确的救助服务。

系统管理员可以在服务器地图上实时显示在线用户、报警用户的具体位置等信息，并协调联系人为跌倒老年人提供及时准确的救助服务。

动作感知模块具有开机按钮和电源 LED。当用户按下开机按钮，模块进行传感器和蓝牙初始化，此时 LED 为黄色；初始化成功后蓝牙模块与手机配对连接，连接成功后模块向手机发送蓝牙 ID，手机接收蓝牙 ID 并将其发送到 Web 端，Web 服务器依照蓝牙 ID 更新用户状态为联机状态，然后 LED 为绿色工作状态。

用户可以在手机上添加联系人信息(联系人电话(不可为空)、姓名、地址)，并可删除、修改联系人信息；此外，用户可设置报警方式(振铃、短信、打电话)，取消手机振铃报警，并可通过手机进行用户注册。

基于上述跌倒检测报警系统需求描述，可以分别从用户、智能手机等方面对系统运行场景进行描述。图 5-1 所示为自然语言描述的跌倒检测报警系统需求场景描述。

1. 用户与活动感知模块交互场景描述

(1) 用户打开活动感知模块电源开关，模块进行初始化(初始化三轴加速度传感器、陀螺仪传感器；设置数据采样频率为 100 Hz；蓝牙初始化：115 200 波特率)。

(2) 蓝牙模块广播，等待与手机配对连接(此时 LED 灯为黄色)。

(3) 蓝牙连接成功，蓝牙模块向手机发送蓝牙 ID(设备 ID)，活动感知模块进入工作模式(此时 LED 灯为绿色)。

(4) 用户关闭活动感知模块电源开关，模块进入关闭状态。

2. 用户与智能手机交互场景描述

(1) 用户可以添加、删除、修改联系人(内容包括姓名、联系电话(不能为空)等)。

(2) 用户可以设置报警方式(报警方式可以为响铃、发短信、拨打电话)。

(3) 系统检测出跌倒后，用户可以在 5 秒内可通过手机屏幕的取消按钮取消报警。

3. 可穿戴背心(内嵌活动感知模块)与智能手机交互场景描述

(1) 用户穿着可以自动捕获活动信息的可穿戴计算背心活动。

(2) 传感器按每秒 100 次的频率实时获取用户活动的三轴加速度和角速度信息。

(3) 可穿戴计算背心将采集到的数据通过蓝牙(速率：115 200 B/S)实时传送给智能手机。

(4) 智能手机接收数据，并依据加速度和角速度阈值判断用户是正常活动状态，还是跌倒状态。

(5) 若检测出用户跌倒，且用户在 5 秒内没有响应，手机将向 Web 端发送手机按照预设的报警方式报警；若为短信报警，手机自动通过获得当前位置和时间信息，并将信息发送给手机中预设的联系人(如家庭成员、健康护理中心的护理人员)报警。

(6) 可穿戴背心关机(或模块与手机断开连接超过 1 分钟)，手机向 Web 端发送用户离线消息。

4. 智能手机与 Web 服务器交互场景

(1) 手机与可穿戴背心建立连接后，手机将蓝牙 ID 发送到 Web 端，Web 服务器更新用户为在线状态。

(2) 可穿戴背心与手机断开连接后，手机向 Web 端发送用户离线消息，Web 服务器更新用户为离线状态。

5. 系统管理人员与 Web 服务器交互场景

管理人员向 Web 服务器注册有效跌倒检测模块(模块编号、生产日期)。

图 5-1　自然语言描述的跌倒检测报警系统需求场景

依据自然语言建立的系统需求场景描述可以建立系统的用例模型。例如图 5-2 为根据用户与活动感知模块交互场景描述建立的相应用例模型。系统中的参与者为用户；用例包括数据采集传输、关闭设备、开启设备、蓝牙配对连接、系统初始化(包括三轴加速度计初始化、陀螺仪初始化、蓝牙初始化)。

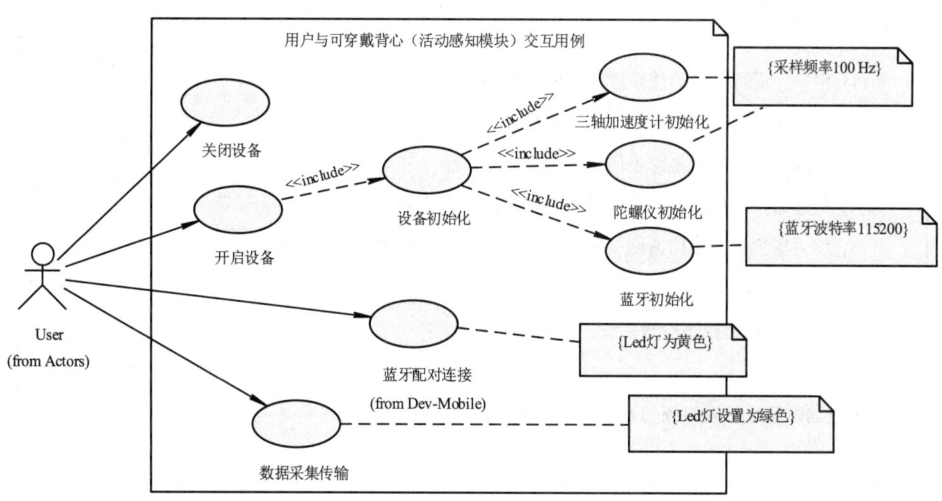

图 5-2　用户与活动感知模块交互的用例模型

图 5-3 所示为依据用户与智能手机交互场景描述建立的智能手机用例模型。系统中的参与者为用户；用例包括维护联系人信息、设置报警模式、取消报警、设置报警方式、添加联系人、修改联系人信息、删除联系人。

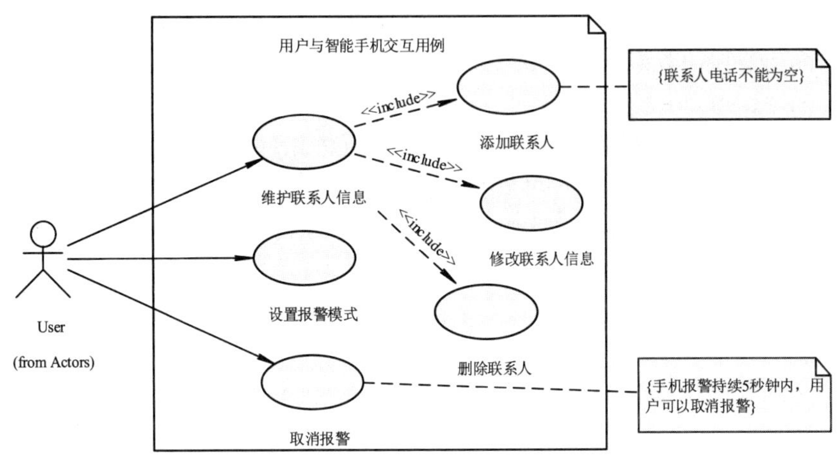

图 5-3　智能手机用例图

图 5-4 所示为用户与活动感知模块交互用例模型中“数据采集传输”的用例描述。其中的行为序列展示了用户穿上装有活动感知模块的可穿戴背心，开始采集并传输用户活动数据的活动序列描述。

用例：数据采集传输。

用例描述：采集老人日常活动的三轴加速度和角速度数据，并通过蓝牙将数据传输给智能手机。

参与者：可穿戴设备。

前置条件：用户已经穿上装有传感器和主板的可穿戴背心，设备已启动。

行为序列：

(1) 用户穿着可以自动捕获活动信息的可穿戴计算背心活动；

(2) 加速度传感器采集三轴加速度信息；

(3) 陀螺仪采集三轴角速度信息；

(4) 处理器控制传感器的采样频率(每 10 ms 采集一次)；

(5) 将采集到的三轴加速度、角速度塑胶通过蓝牙传递给智能手机。

异常：

取消：用户退出跌倒检测系统，系统停止采集。

后置条件：

系统通过蓝牙将采集到的数据实时传送到智能手机。

图 5-4　数据采集传输用例的用例描述

图 5-5 所示为系统中“添加联系人”用例的场景描述，展示了用户向手机添加联系人的活动过程。

用例：录入联系人。

用例描述：用户在系统菜单中选择录入联系人选项后，进入录入操作，按保存按钮后退出。

参与者：用户。

前置条件：手机显示系统菜单，等待用户输入选项。

行为序列：

(1) 用户选择添加联系人选项，系统进入到联系人录入界面；

(2) 录入联系人姓名，系统显示录入的字符，并允许用户修改；

(3) 录入联系人手机号码，系统显示录入的字符，并允许用户修改；

(4) 录入联系人地址，系统显示录入的字符，并允许用户修改；

(5) 用户选择确认，系统显示所有录入的项目内容；

(6) 系统询问用户是否录入更多条目，如选择是，返回(2)；若选择否，则退到(7)；

(7) 系统询问是否保持条目，若选择是，保持并退出；若选择否，直接退出。

异常：

取消：若果用户在上述序列中任何时候选择放弃，系统退回到系统菜单。

自动返回：若用户在 1 分钟内没有任何输入，系统自动退回到系统菜单。

后置条件：

系统退回到系统菜单。

图 5-5　“添加联系人”的用例描述

5.1.3　用例的补充描述

确定用例是需求分析的第一步，为了完整描述系统需求还需要用例的补充描述。尽管分析人员可通过用例名称来反映系统对外部可见行为的功能划分，但用例名称无法详细描述用例的行为顺序。UML 没有规定用例行为描述的具体形式。虽然自然语言文本也可作为一种非正式的用例行为描述手段，但此种描述方法不严谨，通常用于需求建模的初期。UML 中的用例场景为分析人员提供了有效描述用例行为的手段。

场景是指系统某个特定期间内所发生的一系列消息和事件集合，是说明行为的一系列动作。场景由参加交互的对象集合和在对象间交互的有序消息列表组成。描述用例场景可以用顺序图、活动图或附属于用例的程序设计语言文本来说明。采用哪一种描述方式，主要根据所处的建模层级和所要描述行为的目的来决定。针对嵌入式系统软件开发，采用 UML 顺序图可对用例的大部分场景建模。使用 UML 顺序图还不能对所有的系统需求场景描述清楚时，可考虑使用其他方式。

图 5-6 是活动感知模块开机后系统初始化顺序图场景描述。与图 5-1 相比，顺序图描述的用例行为比自然语言描述更接近于计算机表示。从图 5-6 的顺序图可知，对象之间交互是以对象间传递的事件和消息为基础的。

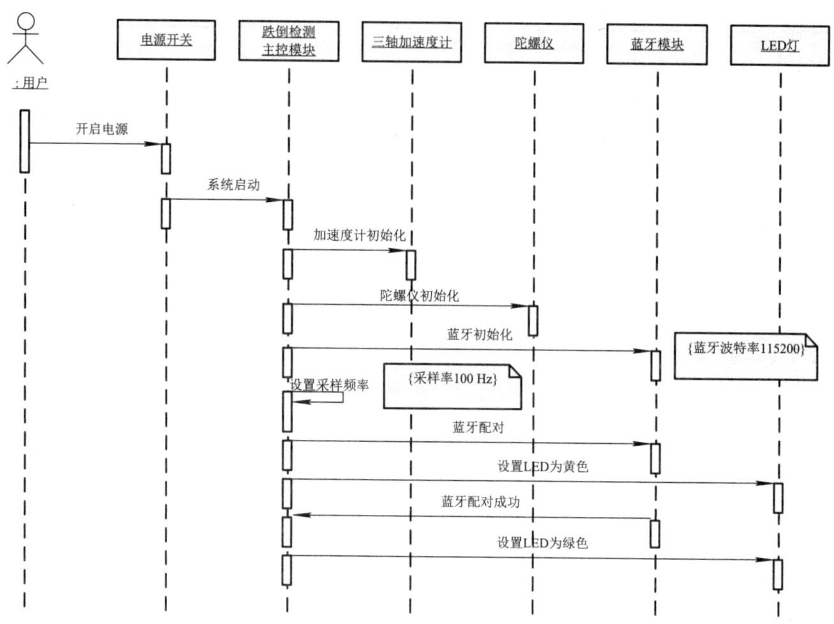

图 5-6　活动感知模块开机后系统初始化顺序图

用例通过对象间的协作来实现其所对应的功能，而消息传递是对象协作的基础。UML将消息定义为从一个对象到另一个对象的信息传递，是对象通信的基本单位。在用例分析过程中不关心消息交换的确切机制及实现细节，但需要标注消息必须具备的属性，以便刻画系统的功能和非功能需求。从逻辑上看，消息包含语义和特征标记两方面内容。其中，消息的语义就是它的含义。例如“每秒钟采样数据 100 次”等。特征标记是指特征的名称和参数特性，在需求分析中通常通过建立一个参数列表来描述。消息中的前置条件不变式和后置条件不变式分别指在消息发送前和接收后假定为真的条件表达式。在实例层面上，消息是从一个对象到另一个对象的通信，它可以是信号或调用操作。

消息到达模式可能是偶发性(非周期)的或周期性的。偶发性到达模式比周期性到达模式从本质上来说更难预测，但是可通过多种方法对它进行限定。例如通过最小/最大到达时间间隔用来定义两次消息到达之间的最小/最大间隔时间；各个消息到达时间的自相关依赖关系。

大多数简单的分析都假定消息到达是相互无关的，即一个消息的到达时间不会影响消息序列中下一个消息的到达时间。有时某些消息之间可能具有时间相关性(如 TCP/IP 协议中被分解为多个 IP 包的数据间存在时间相关性)。若一个消息的出现可能意味着另一个消息将很快到达，这被称为消息到达时间之间的自相关性依赖。若一类消息到达时间趋于成批到达的模式，被称为突发消息。

周期性消息具有一定的周期特征，消息按一定的周期到达，并可以有一定的抖动。抖动是指消息实际到达时间与周期点时间的偏离。抖动在建模的过程中通常被视为一个均匀随机过程，但其值总在一定时间之内。UML 标准支持同步模式，其中明确定义的同步模式有调用、异步和等待等。时间——响应需求是嵌入式系统的一项重要指标。一个消息即使具有正确的结果，如果其提交时间超过了期限，对一个硬实时环境系统而言也属于系统失效。要指定嵌入式系统的定时需求，需要额外的参数以保证被接受消息的定时性被描述出来。例如如果消息是周期性的，则它们的周期和抖动范围就必须定义；如果消息是偶发性的，它们的随机属性就必须被定义。

消息交互的协议最好用与该用例相关的顺序图集合描述。其中，针对消息的时间、时序等特征要求，可以在顺序图的消息上添加消息约束条件(如图 5-6 所示)来规范描述。

5.2　嵌入式系统需求分析

建立需求模型的过程开始于系统整体边界的确定，再寻找参与者和识别用例，然后通过场景和顺序图来详细描述用例。完全理解用例后，就可以借助用例关系把它们组织起来。建立需求模型总体包括如下步骤：

(1) 确定系统边界；
(2) 寻找参与者；
(3) 寻找用例；
(4) 寻找初始和终止事件；
(5) 准备普通场景；
(6) 增加变化和异常场景；
(7) 寻找外部事件；
(8) 画顺序图；
(9) 组织参与者和用例。

5.2.1　确定系统边界

了解应用系统的准确范围(即系统边界)，进而确定系统应包含哪些功能是需求分析的首要任务。此外，确定系统应该忽略哪些内容也是非常重要的。系统边界如果确定得正确，就可把系统看成是一个与外界交互的黑盒，即将整个系统视作一个类元或一个对象，而将其内部细节隐藏起来。

此阶段的重点是确定系统的目标及其呈现给参与者的视图。系统外部行为的具体实现及其内部结构设计应该留到系统设计阶段。图 5-7 所示为跌倒检测报警系统运行架构，图中红色矩形框明确了系统的边界，其他部分通常由平台供应商提供，无需项目组设计开发。

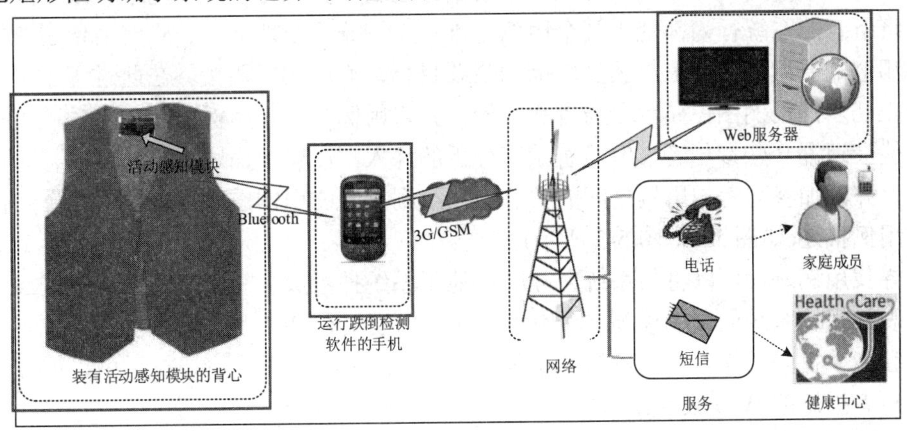

图 5-7　跌倒检测报警系统运行架构

5.2.2　寻找参与者

一旦确定系统边界，就要确定与系统直接交互的外部对象，即系统的参与者。参与者可以是人、外部设备和其他软件系统。由于参与者并不受系统的控制，因此参与者在使用系统时可能会犯错误。分析人员应铭记：参与者的行为是不可预测的，即使参与者的行为序列可以预期，也应该将应用程序设计得足够健壮，以预防参与者没有按照预期序列操作而造成系统崩溃。

在寻找参与者的过程中，要找的不是个体，而是行为原型。每个参与者都代表一个理想化的会执行一部分系统功能的用户。检查每一个外部对象，查看它是否有一些不同的界面。参与者呈现给系统的是一致的界面。外部对象可能会是多个参与者。例如，某人可能是同一家银行的员工和客户。

图 5-8 所示为依据跌倒检测报警管理系统场景描述提炼的系统角色及角色之间的关系。

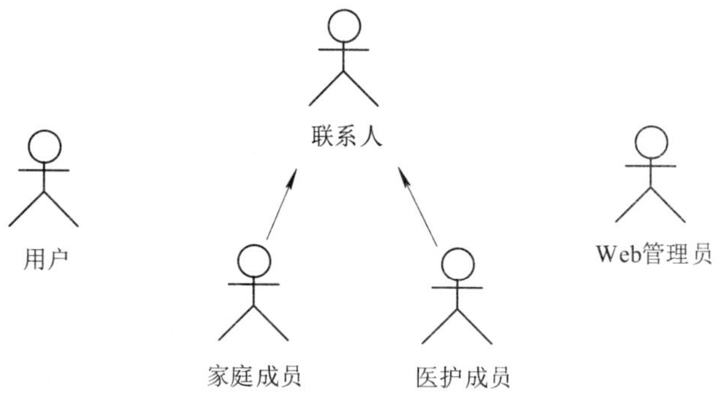

图 5-8　跌倒检测报警管理系统中的角色

5.2.3　寻找用例

由于每个用例都给参与者提供了有价值的内容，因此可以为每个参与者列举其使用系统的不同方式，而每一种方式都对应一个用例。通过用例可将系统功能细分成多个离散单元，并将所有的系统行为都处于某个用例之下。在细分系统功能时，应努力使所有的用例都保持相似的层次细节。重点关注用例的主要目标，而非实现决策。在此过程中，可以绘制出一张初步的用例图，显示参与者和用例，并将用例与发起用例的参与者关联起来。刚开始可能会遗漏一些参与者，但随着系统分析的深入，在详细描述用例时可以补充遗漏的参与者，并添加参与者与用例之间的关联。在绘制初步的用例图时，应该为每个用例写下简要的用例描述(如图 5-4、图 5-5 所示)。

在寻找用例时，可以将与系统交互的其他子系统抽象成参与者，可以从这些参与者的视角来观察提炼系统的用例模型。例如将活动感知模块和 Web 服务器作为参与者时，通过它们与智能手机间的交互完善的智能手机用例图如图 5-9 所示。将智能手机、Web 管理员作为参与者提炼的 Web 服务器用例图如图 5-10 所示。

用例除了与参与者存在关联关系，用例之间也可以存在包含、扩展和泛化等关系。

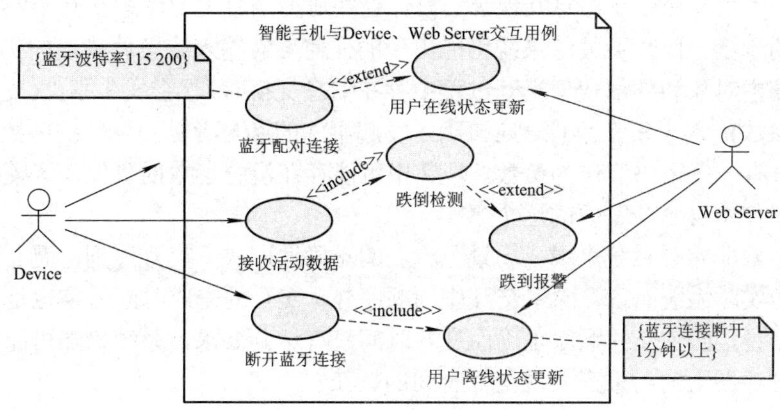

图 5-9　智能手机与活动感知模块、Web 服务器交互用例图

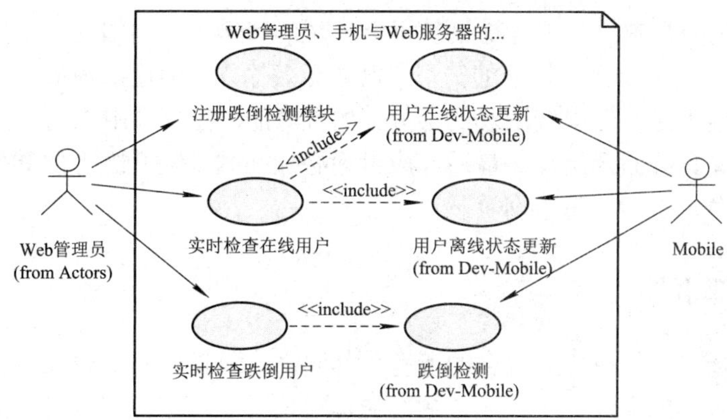

图 5-10　Web 服务器与智能手机、Web 管理员交互用例图

5.2.4　寻找初始和终止事件

用例将系统功能细分成多个离散单元，并显示了每个单元所关联的参与者，但它们并没有清晰地显示用例关联的行为特征。这需要从寻找发起每个用例的事件开始，确定哪个参与者发起了用例，并定义它发送给系统的事件，进而分析、理解履行每一个用例的行为顺序。通常情况下，初始事件是对用例所提供服务的一种请求。有时初始事件可能是触发一连串活动的事件。发现初始事件，还需给初始事件赋予一个有意义的名字，但此时不用确定初始事件的参数列表。

在需求建模时，必须通过定义终止事件来确定用例的作用范围。例如“申请贷款”用例的终止事件包括提交申请、批准或拒绝贷款请求，这些终止事件都是合理的选择。为每个用例确定一个或多个终止事件非常重要。

5.2.5　准备普通场景

为每个用例准备出一个或多个典型场景，进而把握预期的系统行为。这些场景描述了主要的交互、外部界面以及信息互换等。设计这些典型场景主要考虑交互示例，以确保不会忽略重要的步骤。此时不关注系统可能出现的任何异常输入或条件错误的交互。

通常系统中对象和外部代理交互过程中存在信息交换时，就会发生事件(被交换的信息就是事件的参数)。对于每个事件，应该确定发起事件的参与者以及事件的参数。例如事件“输入密码”有一个密码值作为参数。现实中可能存在没有参数的事件，这类事件中的信息其实就是事件本身已经发生的这个事实。

对于大多数非实时系统来说，场景逻辑上的正确性取决于交互序列，而非交互的确切时间。而对于实时系统而言，除了交互序列顺序外，交互的完成时间通常也是正确性的一部分。也就是说，即使交互顺序正确而交互时间没有达到要求，系统仍然可能出错。可以通过附加在顺序图上的约束来实现交互时间的捕获。

5.2.6　增加变化和异常场景

准备好普通场景后首先就要考虑系统可能出现的特例了。例如输入数据的长度、最大/最小值等。其次，要考虑交互错误的情形。例如无效输入、中途取消操作等。嵌入式应用系统中交互错误处理是开发中较困难的部分。如有可能，应允许用户在每一步都能终止操作或者返回到定义良好的开始点。最后，应考虑叠加在基本交互之上的其他类型的交互。例如系统中的帮助请求和状态查询等。

5.2.7　寻找外部事件

检查每一个场景，寻找场景包含的所有外部事件，包括所有的输入、决策、中断以及与用户或外部设备间的交互。事件通常触发目标对象产生动作。在寻找外部事件时，要注意系统内部计算步骤不是事件，而与外部交互的计算才能作为事件。在用场景来寻找普通事件的同时，不要忘记异常事件和错误条件。

应该把对控制流有着相同效果而参数不同的事件归类到同一个事件名称下。例如输入密码应该是一个事件，密码值是其参数。密码值的不同不会影响控制流，因为有着不同密码值的事件都是输入密码事件的实例。

最后，要注意某些参数或量化值可能从量变到质变的情况。此时，需要确定量化值之间的差异大到何时会导致不同的事件。例如按下键盘上的不同数字键通常被看成是相同的事件，这是因为计算控制不依赖于数值。但是如果按下“回车”键，由于应用程序对期处理方式不同，可能会被看成不同的事件。通常，不同应用对事件的处理不同。

5.2.8　画顺序图

针对每一种场景都准备相应的顺序图。顺序图显示了交互过程中参与者和系统对象之间的消息序列。每种参与者都对应交互图中的一列。顺序图清晰地显示了每次事件的发送者和接收者。如果同一个类的多个对象都参与了该场景，就要在顺序图中为每一个对象分配一列。通过扫描图中的某一列，就可以观察到会直接影响某个对象的那些事件。这样从顺序图中就可以总结出每个类接收和发送的事件(如图 5-6 所示)。

5.2.9　组织参与者和用例

最后用关系(包含、扩展和泛化)对分析阶段提炼的参与者、用例建立相应关系。例如参与者与参与者之间的泛化关系；参与者与用例之间的使用关系；用例与用例之间的包含关系、扩展关系。通过建立上述关系进一步组织以上步骤中得到的所有用例，建立系统的用例模型。来组织以上步骤中得到的所有用例。

5.3　嵌入式系统结构分析

UML 通过用例模型捕获嵌入式系统外部可见的功能，但用例模型不揭示系统的内部结构。目前尚未有工具来自动完成由外部功能描述到内部结构转换及功能分解，因此接下来需要分析人员辨别系统内部的关键对象、类以及它们之间的关系(即对象分析)，建立系统的对象模型。

5.3.1　领域分析与问题陈述

领域分析主要发生在对象分析的初始阶段，重点关注在真实世界中传达应用语义的内容，它有助于正确理解所处理问题的本质。在嵌入式系统分析过程中，领域分析一般要通过学习系统所涉及领域的专业知识，并同领域专家的交流沟通来进行。领域分析的最终结果是针对用户提出的需求，形成一个描述所开发系统的问题陈述文本，或建立一个领域类模型。

问题陈述是由分析人员根据在项目初期阶段开展的一系列活动(包括研究用户需求、领域分析、与领域专家和最终用户讨论需求、形成需求模型等)，生成一个简短并能切实反映需求内容的文本。其目的是为下一阶段发现对象活动准备输入。形成问题陈述的过程是分析人员再次凝练需求的过程，有助于分析人员对用户需求的准确把握和深入理解。

若需求模型中的用例描述采用了文本说明的方法，此时可用所有用例的行为顺序说明文档取代问题陈述作为发现对象过程的输入。总结问题陈述的方法被广泛应用于嵌入式系统开发。

5.3.2　发现对象

作为 UML 的模型元素，用虚线的椭圆表示的协作用来连接对象模型和用例模型。协作代表了一组对象，这些对象(通常是复合对象，在后期的活动中可进一步细化)具有特定的角色，在分析层级上以实现用例为目的(即每个用例都通过一组在一起工作的对象来实现)。图 5-11 展示了用例与协作的关系。用例模型驱动对象模型，通过每次只关注一个用例，分析该用例对应协作中对象及其行为，可以把分析引向富有成效的方向——建立系统的对象模型。通过将标识过的对象连接到用例模型，可以有效帮助团队开发满足需求的最佳系统。

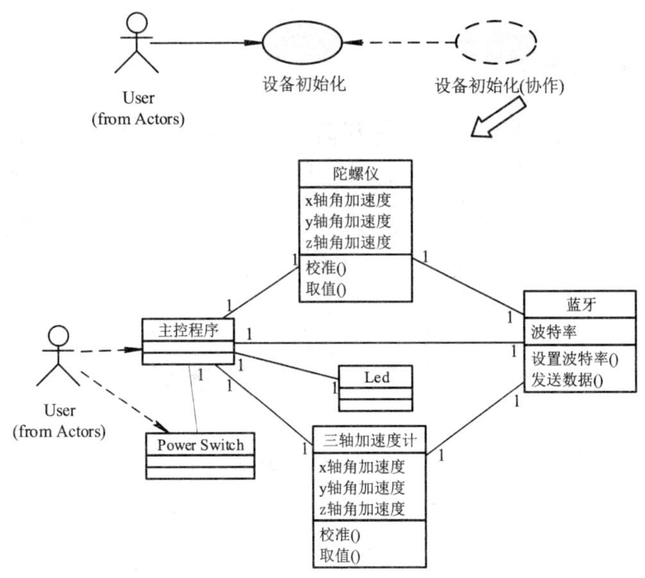

图 5-11　用例与协作的关系

一旦创建了对象模型，系统级的用例就可以被提炼，以考虑标识过的对象及其关系。这样就可以检查对象模型是否满足用例指定的需求，并且说明了对象是如何通过协作来完成用例的。

发现对象、标识对象的问题是系统最终成败的关键。找对象并非难事，难的是找到合适的对象。面向对象的分析没有捷径，只有通过不断地学习、总结才能提高“找对象”的技巧。在此，列出一些常见的发现对象方法。大家在使用这些方法进行分析时要注意，不要试图在任意一个项目上把它们都用到。这些方法不是正交的，因此它们发现的对象在很大程度上可能互相重叠。在项目开发中通常会将以下 3 到 4 种方法同时使用。

1. 陈述名词

陈述名词方法就是强调问题文本描述中的每一个名词及名词短语，并将其视为潜在的对象或对象属性。此活动的输入文档可以是前小节形成的问题陈述，或者是需求模型中用例文本场景描述集合。本方法所标识的对象可分为以下 4 类：

(1) 感兴趣的对象；

(2) 不感兴趣的对象；

(3) 参与者对象；

(4) 对象的属性。

常见的做法是找出感兴趣的对象。参与者通常已在用例模型中标识了，但偶尔也有一些新的或遗漏的参与者需要标识。不感兴趣的对象是指与系统无直接关系的对象。属性通常在问题陈述中表现为名词，并很明显地只是表现对象的特征。当不确定时，可以试着把名词划分到对象类中。如果随后的分析发现这个名词不具有独立性，而是依赖于某些概念名词并反映该名词的某个方面，那它就是该对象的属性。

2. 标识因果

一旦标识出潜在的对象，就可以从中找出行为上最活跃的对象。这些对象能够：

(1) 产生或控制动作；

(2) 为参与者或设备提供服务；

(3) 产生或分析数据；

(4) 存储信息；

(5) 包含其他种类的基本对象。

前两类对象称为因果对象。因果对象是能自动执行动作，协调构件对象的活动，或者生成事件的对象。大部分因果对象最终成为了主动对象，并作为任务的根组成其他对象。它们的构件在所有者组成线程的上下文内执行。

3. 标识服务设备

嵌入式系统通常嵌入于对象或环境中，并利用传感器和控制器与外部对象交互。因此通过标识服务设备，可以发现交互过程中动作、事件和消息的目标，以及在需要时被动提供服务的实体。通常可将提供系统所用信息的设备建模为被动对象，这些设备需要被配置、校准、启用和控制，进而为系统提供服务。

被动对象没有因果对象那么明显，它们可以提供被动的控制服务、数据存储或者两者兼而有之。被动对象也被称为服务器，因为它们为客户端对象提供服务。在嵌入式系统中常见的被动数据对象有传感器、显示器等。嵌入式系统的任何模拟信息输入都是经过传感器变换再经 A/D(Analog / Digital)转换器输入的。建模时如不考虑硬件实施可以把它们看成是一个对象，称为传感器。通常传感器是根据命令获取数据，并将其结果返回给调用者的；显示器则根据调用者的命令，将消息中的数据按命令要求通过自身的服务操作显示到显示设备上。在硬件上，被动服务者有时可能是一个芯片，如傅立叶变换、数字滤波、数据块的校验等专用芯片。

4. 标识真实世界的事物

真实世界中的事物是指存在于真实世界，但不一定是电子设备的实力。例如空气、气压、反应器皿等。采用面向对象技术建模时，常常需要对真实世界中对象的信息或行为(即使它们不属于系统本身)进行建模。例如 ATM(Automatic Teller Macchine)系统就必须对客户的一些相关特征进行建模。典型的客户对象属性一般会包括姓名、地址、联系方式、付金额等。此时，本策略着眼于真实世界中与系统交互的事物(在系统中存在这些事物的映像)，但并非这些事物的所有侧重面都会被建模，仅对系统有意义的属性建模。

5. 标识关键概念

关键概念是位于具有感兴趣的属性和行为的领域内部的重要抽象。这些抽象通常可能不是现实世界的物理存在，但是必须被系统建模。例如在图形用户接口(GUI)领域内，窗口就是一个关键概念。在银行领域，账户是一个关键概念。在一个自主的工业机器人中，任务计划是需要用来实现所需生产过程的一组步骤，它是机器人规划中的一个重要概念。在 C 语言编译器设计中，函数、数据类型和指针是关键概念。这些概念在真实世界里都没有物理存在形式，通常只作为抽象概念存在，并在适当的领域内被建模为关键对象。

6. 标识事务

事务是必须持续一段有限的时间并代表其他对象的交互的对象。事务对象在通用计算系统中较为常见。例如存款、开户、注销、交易等。在嵌入式系统中，诸如显示、报警、错误处理、任务调度、监护条件判别等是较常见的处理事务。

7. 标识持久信息

持久信息通常包含在被动对象中。如堆栈、队列、树或数据库等。无论是易变的内存介质(DRAM 或 SRAM)，还是长期存储介质(FLASH，EPROM 或磁盘等)，都可以存储持久信息。

通常持久数据可用来安排设备运行和维护，并出现在系统的运行和维护报表中。例如机器人必须存储、调用任务计划，随后的系统分析可能会处理其他持久数据。各类计量系统(如电度表、煤气表、水表等)必须永久记录运行结果，因为它们是事务管理和计算费用的基本依据。

8. 标识可视化元素

很多嵌入式系统直接或间接与人交互，如手机、数码相机，等等。嵌入式系统人机交互接口的具有显著的多样性。例如可用一个发光二极管表示电源或系统运行状态，可以像 Windows 窗口一样具有按钮、窗口、滚动条、图标和文本等复杂显示对象。尽管目前有众多针对嵌入式系统的 GUI(Graphic User Interface)组件，如 MiniGUI、OpenGUI 等，但由于移植、资源等原因大多数嵌入式系统产品的人机接口都是单独开发的。

对于具有复杂显示界面的系统，可以考虑使用软件组件的方法满足显示需求。对于较简单的显示系统，显示元素常常要作为系统对象在系统分析和设计时统一考虑。

9. 标识控制元素

控制元素是控制其他对象的实体，是因果对象的一种具体类型。某些被称为控件的对象通常组织系统中构件对象的行为。控制元素可以是简单的对象或者是精致的控制系统，如模糊逻辑推理机、专家系统推理机等。另外，某些控制元素可能是允许用户输入命令的物理接口设备，如按钮、开关、键盘、鼠标等。

10. 用例场景

分析用例场景也可以有效地发现系统对象。它可以标识遗漏的对象，也可以测试实现用例的对象协作。可以仅利用已知对象，通过遍历消息来实现场景。这一过程可以通过细化用例场景完成。虽然用例场景无法向系统展现内部对象，然而一旦分析人员标识并获得了协作中的对象组，单个的系统对象就可以用协作中的对象组代替。当所需工作不能利用现有的对象实现时，缺少的对象就显现出来。因此具有概念化内部结构的系统为场景提供了一个更详尽或精化的视图，并能验证协作是否确实实现了用例。分析阶段的场景是对需求模型中用例场景的精化。

5.3.3　标识关联

标识对象之间的关联关系是嵌入式系统结构分析的重要内容。在分析过程中会显示地发现某些对象与其他对象存在关联关系。此外，在对象的交互过程中，一些对象会向其他对象发送消息，其实每条消息都隐含着一个关联。识别对象关联的常见策略包括以下几个部分。

1. 标识消息

每个消息都暗含了交互对象间的一个关联。通过对标识消息，可以发现为了实现用例而参加协作的各对象间的联系。可以通过用例的场景或问题陈述发现绝大部分外部消息，协作对象之间的消息可以在后续分析中获得。

2. 标识消息源

探测信息或事件的传感器以及消息或事件的创建者都属于消息源。它们将信息传递给其他对象，并由它们进行处理或存储。消息源识别既可以在系统内外边界上进行，也可以在通过协作实现用例的对象间进行。内部对象间的消息是对系统边界上的消息的分解和细化的处理过程。

3. 标识消息存储者

消息存储者用于归档信息，或为其他对象提供一个存储信息的中央存储池。这些信息存储者与信息源，以及信息的使用者都存在着关联。在嵌入式系统实践中，消息或数据既可以存储在永久性存储对象(如硬盘、Flash)上，也可以存储在数据对象上。

4. 标识消息处理程序

某些对象集中处理消息的调度和处理，它们与消息源或消息存储者中任意一个存在连接，或者与两者均有连接。

5. 标识整体—部分结构

整体—部分关系代表对象间存在的聚合关系。整体通常发送消息给它的部分。

6. 标识共同—具体抽象的结构

某些对象间存在着由于抽象级别的差异而产生的互相联系。例如单个的高级抽象由一些更具体的对象的共同特征提取而得到。此时，提取出的对象与其他更具体的对象就形成继承关系。

7. 应用场景

利用已经标识的对象遍历所有场景，进而清晰地把握对象间发送的消息。

与发现对象的方法一样，上述几种方法也不是完全正交的，有时通过两或三个方法就可以找到所有的关联关系。其中，应用场景的做法非常有效，它既可以标识出消息，也可以验证所定义的协作是否正确地实现了用例。在逻辑上，关联是双向的，除非附加的导航约束明确地限制了其方向性。在 UML 中，可以用导航来定义消息流的方向。需要注意的是导航和信息流不必完全一样，因为消息能够发送信息也能返回信息。

5.3.4 标识对象属性

属性是被命名的类的特性，其描述了该特性的实例(即对象)可以取值的范围。虽然属性通常是名词，但它是用以描述或说明其他实体的，本身无法独立存在。属性通常只具有基本结构，除了 get()和 set()之外再没有其他的自发操作。

属性用于反映对象的结构特征，是对象的数据部分。如传感器对象可能包括校准常量和测量值等属性。属性通常是基本的，不能再被分为子属性。如果分析时发现所假定的属性不是基本的，那么应将其建模为主对象所关联的对象，而不是主对象的属性。例如如果传感器有一个简单的刻度校准常量，那么就将其建模为传感器对象的一个属性。然而，如果传感器对象具有一套完整的校准常量，那么最好将每个校准常量都建模为由带“1-*”多重性的传感器对象单向集合的对象。例如在图 5-12(a)中，传感器的非基本属性calCounstant，建议建模为类 calConstant，如图 5-12(b)所示。在实现时这一组常量可以由一个容器类管理。

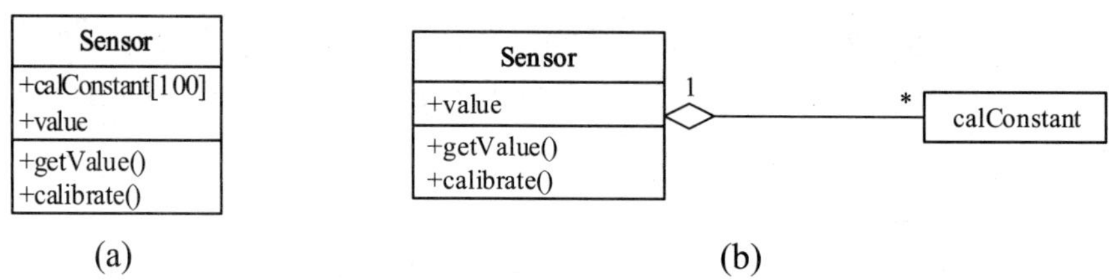

图 5-12　非基本属性建模

在确定对象属性时，可以通过提出并回答以下问题活动帮助。

(1) 什么信息定义了对象？

(2) 在什么信息上完成了对象的操作行为？

(3) 站在对象的角度，问自己“我知道什么？”

(4) 已经标识的对象有丰富的结构或行为吗？如果有，它们可能是对象，而非属性。

(5) 对象的职责是什么？哪些信息是实现这些职责所必需的？

在建模中，有时可能存在无属性的对象。无属性的对象在面向对象建模中仍然是对象。例如一个按钮是一个合理的对象，若果不考虑其位置或外观，那么它的大小、颜色对软件系统建模来说没有任何意义，只有开和关的操作行为才是需要关心的。在 UML 中没有属性的对象称为接口。

5.3.5　建立系统的类模型

在上述标识对象的一系列活动中，所描述的对象协作都是围绕着用例实现的。它们所描述的对象很多在结构上是相同或重复的。此外，在围绕着实现的不同用例而确定的相互协作的对象也会存在交叉。因此，需要从系统整体的角度来整合所有的对象，通过系统统一的类图来实现所有用例所包含的功能需求。这些整合包括提炼所有共同的对象为类，合并交叉的对象为类，泛化具有共同特征的类等。抽象出所有的类后，再从关系的视角合并对象之间的关系为类的关系，最后得到系统分析的类模型。

类模型是系统软件框架中最重要的，其通过类和对象展现了系统的结构。而软件框架中的其他两个方面主要描述系统的行为。建立系统的类模型通常需要如下几步。

1. 发现类

类是对象的抽象。类模型描述了应用系统的类以及它们之间的相互关系。在一个应用系统中，类图是稳定的，而协作和对象图则是系统运行的某一个特定瞬间的一种软件结构和关系。因此，只有获得类图，才能在更为稳定的框架下和更为系统的视角里全面地描述系统。可以通过以下三种方法来发现类。

1) 提炼所有共同的对象为类

在以实现用例为目的的对象协作定义中，标识过的很多对象在结构上是相同的。这些结构或行为相同的对象属于同一个类。创建类模型的第一步就是寻找相关的对象类，其中的对象包括物理实体(例如按钮、显示器、传感器等)。所有的类都必须是在应用领域中有意义的。

2) 合并交叉的对象为类

如果在前述过程中得到的多个协作中存在交叉的对象，应把所有本质上反映同一个特征的对象合并成一个共同的类。

3) 泛化具有共同特征的类

如果两个对象具有主要的共同属性和操作，但仍有属于自己的特殊属性和特殊的操作时，可以通过泛化提炼出共同的部分作为它们的父类，而特殊的部分放置在各自形成的子类中。

2. 定义类关系

UML 中重要的类关系包括以下几种。

1) 关联关系

对象间存在关联意味着其中一个对象或者两者都向对方发送消息。关联是指结构上的，即它必须是类的一部分(或者说关联本身也是一种类元)，可以从类中实例化对象，分析时必须将关联视为类的附属物，而不是对象的附属物。例如关联的实例化对象就是链路，链路可以在系统执行阶段出现或消失，从而对象间不断地连接或断开以实现它们在协作中的角色。除非有明确的限制，通常关联在逻辑上都是双向的。在分析模型中，可以不去计较关联的实现到底是单向的还是双向的，这个细节问题可以留到设计阶段解决。

2) 聚合关系

聚合关系是一种特殊类型的关联，它表现的是整体—部分关系。聚合中表示整体的类称为聚集。聚合体现了这样的思想：聚集是它的每一部分的总和。例如动作感知模块是一个聚集体，它主要由三轴加速度传感器、陀螺仪、微控制器和蓝牙模块构成，其聚合关系如图 5-13 所示。

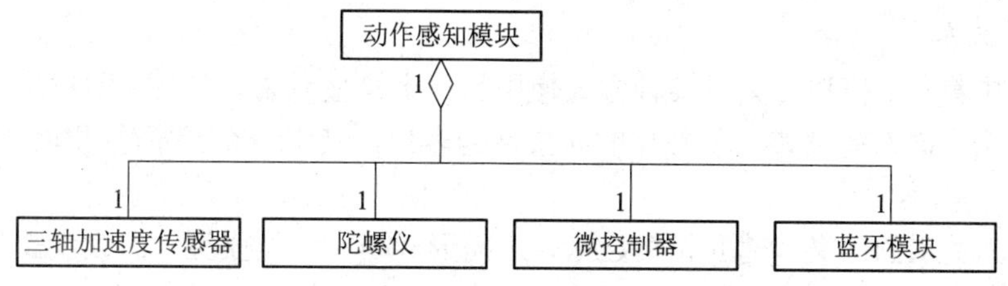

图 5-13　动作感知模块组成的 UML 表示

3) 组成关系

组成关系是一种强类型的聚合关系。组成关系与聚合对应于物理包含和所有权的不同观点。当每一个部分由一个组成类所拥有时，每个部分没有独立于其拥有者的生命期。也就是说，组成类必须创建并销毁它的构件。例如桌子是一个组成体，它的部分体有桌面和桌腿，如图 5-14 所示。

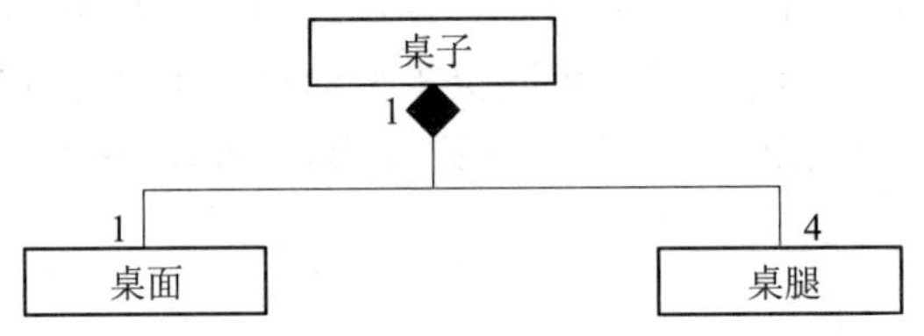

图 5-14　桌子的组成关系

4) 泛化关系

泛化关系是父类与子类之间的分类关系，其中较高级别的类可称作父类、泛化类、基类或者是超级类；从基类继承了属性和操作的类被称为子类、特化类或者派生类。派生类不仅具有其父类的所有特征，并且还扩展和特化了某些特征。图 5-15 所示为视图及其子类，其中视图子类是沿着行为特性特化而来的。

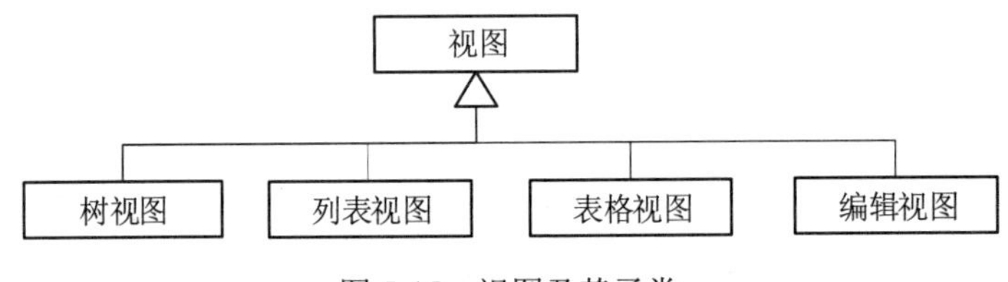

图 5-15　视图及其子类

在 UML 中，泛化隐含着继承和可替代性两件事情。其中，继承意味着子类具有其父类的所有属性、操作、惯量和依赖关系。如果超类具有定义其行为的状态机，那么子类将继承该状态机。子类可随意用来特化和扩展继承来的特征。特化是指子类可以多态地重新定义一个操作，使之在语义上更适合自己。扩展是指子类可以添加新的属性、操作、关联等。

可替代性是指子类的实例对于其超类的实例总是可以替代的，并且不需要破坏模型的语义。子类必须严格地像其超类那样遵守多态规则。超类及子类之间的关系必须是特化或者扩展中的一种。超类成立的地方对于子类也必然成立，因为子类是其超类的一个类型。例如，狗是动物，所以动物的属性狗也有；所有动物共有的行为，狗也有。

5) 依赖关系

依赖意味着一个模型元素以某种方式使用另一个模型元素。在表示不对称的知识系统时，独立的元素称为提供者，不独立的元素称为客户。其中一个元素(提供者)的变化将会影响另一个元素(客户)。

根据类间关系的语义，建立相关连接，进而形成基本的类模型。后续步骤是对已经确立的类模型进行完善，从中可能会发现遗漏的类和优化类图结构。

3. 确定用户界面

大多数交互都包括应用逻辑和用户界面两部分。用户界面是系统的表示层，是以一致的方式为用户提供访问系统的对象、命令及应用选项的一个或一组对象。由于分析阶段的重点是信息流和控制，而不是表示格式，因此要粗粒度处理用户界面细节。不要担心如何输入独立的数据，而要尽量确定用户可以执行的命令。命令是对服务的一种大规模的请求。例如“航班预定”和“在数据库中寻找匹配的字段”等都是命令。输入命令信息和调用命令格式相较而言都易于改变，因此要首先定义命令。

对于较复杂的嵌入式系统用户界面，例如具有较大液晶显示屏的智能手持设备，可以先草拟一种示例界面，将应用程序操作可视化，进而识别是否有重要的内容被遗漏。

4. 定义边界类

边界类提供了系统与外部资源通信的一个集结地，可以将系统内部与外界隔离开来，使得系统能够操作和接收来自外部资源的信息，但系统的内部结构又不受制于外部信息。边界类可以理解一种或多种外部资源的格式，可以将传输信息在内部之间往来转换。

5. 确定控制器

控制器是一种管理应用程序内部控制权的主动对象。它接收外界或系统内部对象的信号，响应它们，调用对象上的操作，并给外界发送信号。控制器是以对象的形式捕获的一段具体化的行为，这种行为要比普通代码更容易操作和转换。大多数应用的核心都可视为一项或多项控制器，由它们来组织应用程序的行为序列。通常可通过状态图对控制器的行为过程建模。

6. 检查用例模型

构造应用类模型过程中，回顾一下用例，思考它们是如何工作的，将有助于建立正确、完善的类模型。例如如果用户给应用程序发送了一条命令，命令的参数必须来源于某个用户界面对象。命令本身的处理要来源于某个控制对象。应用类模型基本完成后，就可以用类模型来模拟用例，进而验证所有部分都正确。

从实现用例的协作和协作中的对象属性，经过前述过程的分析和综合，很容易得到图 5-16 所示的通讯录管理子系统的类模型。在输入边界类的处理上，用输入管理器类作为键盘输入管理器类的父类，并特化出触摸屏输入管理器子类，这样当系统由键盘输入改为触摸屏输入时就可以完全使用此分析结果，而无需从头再来。对于输出边界类，由显示管理器类作为与通讯录管理器类的公共接口，并特化出触控屏显示子类。其他类的泛化与此类似，在此不再逐一说明。

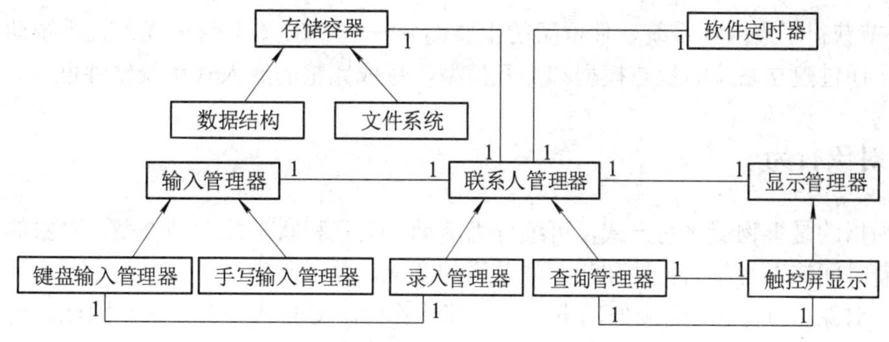

图 5-16　联系人管理子系统类模型

下面给出构建类模型的一些常见技巧：

(1) 在开始类建模时，不要只是草草地记下类、关联和继承，而要理解待解决问题，寻找问题答案的过程会驱动模型内容的完善。此外，模型仅需要表示与问题相关的内容。

(2) 要努力保证模型的简洁。使用定义清晰且没有冗余的类，尽量保证类数目最少、类模型简洁。这是因为简单的类模型更容易理解，所需的精力也更少。针对那些困难的类，可以重新考虑一些类，并重组类模型。

(3) 绘制模型图的时候要保证类布局的合理性，使类图看起来简单。例如，放置重要的类时，可将其仿真在图中间，以突出显示，并尽可能地避免交叉线。当一个类结构复杂，无法使用现有的表示法完整展示时，可采用显示最主要的和与问题最相关的部分，而把相对次要的内容隐藏起来或附加在类上的办法。

(4) 类名称应该是具有描述性、明确的和无歧义的，对类有非常强的描述和注释作用。类名称不要偏向对象的某一方面，应该使用单数名词作为类的名称。

(5) 不要将对象引用作为属性在对象里使用，而要把它们建模为关联。这样会更加简洁，并可以捕获问题的真实意图而不是一种实现方法。

(6) 努力保持关联终端的多重性为 1。每一端的对象经常都是可选的，0 或 1 的多重性更有利于系统设计和实现。对于不好处理的或必须为“多”的多重性端，仍然要表示为“多”，实现问题留给以后阶段处理。

(7) 警惕同一个类的多次使用。例如，通过关联的终端名来统一对相同类的引用。

(8) 在分析过程中，不要将关联的属性包含在某个相关的类中，而应直接在模型中描述对象和链接。

(9) 通过限定性关联来改进关联终端为“多”的关联精度，进而突出重要的导航路径。

(10) 避免深度嵌套的泛化。深度嵌套的子类难以理解，就像过程化语言中深度嵌套的代码块。通过仔细思考和适当调整，减少过度扩展的继承层次的深度。

(11) 评审。让其他人评审已经建立的类模型，通过阐明名称，完善抽象，修改错误，增加信息，进而更准确地捕获结构约束。

5.4　嵌入式系统行为分析

5.3 节获得了嵌入式系统软件框架的主要部分——类图，本节阐述嵌入式系统动态行为的分析，通过建立系统的状态模型和交互模型，形成完整的嵌入式系统软件框架。

5.4.1　对象行为

行为指的是事物变化的方式，可细分为活动、交互和状态机三种类型。对象的行为描述了随着时间流逝对象的属性和相互间关系的变化，并以此满足其在系统中的职责。即行为描述了对象(类元)通过响应外部事件和内部计算而改变其状态的方式。因此，对象的行为既可从单个对象的上下文角度考察，也可从对象间协作的上下文角度考察。可以有不同方法规约对象的行为，其中最重要的方法就是通过有限状态机建模对象的行为。UML 提供的顺序图和状态图是描述对象行为的有效方法。

对象的行为是通过类操作集合以及应用类操作时的约束来定义的。在计算系统中，所有对象的行为都有一定的约束，没有约束的行为不能应用于系统。功能性约束将操作的使用限制在一个定义良好的序列中，该序列满足前置、后置条件不变式。功能性约束通常使用有限状态机来建模。此外还存在其他非功能性约束，这些约束被认为是服务质量约束，它给出了行为完成的质量。例如，计算必须满足的精度。服务质量约束通常采用约束语言来建模，UML 提供了一种被称为 OCL 的约束语言。但在实际的建模中，UML 并不规定具体使用哪种约束语言。因此在使用 UML 建模时，开发人员可以根据习惯使用能够满足自己需要的约束语言。

5.4.2　状态行为

1. 状态

如果一个对象的行为能够用一张状态图来捕获、描述，那么就称这个对象是反应式的(reactive)。这类对象的行为空间被划分为不连续的、不重合的存在条件，这些条件称为状态。状态(state)是能够持续一定时间段的基本条件，它可以与其他这类条件区分开来，并且各个条件之间是不连续的。从观察的角度看，一个可区别的状态意味着其在所接收的事件或作为接收事件响应的结果所采取的转换(或所执行的动作)方面会有所不同。简而言之，状态是对象上的一个条件，在该条件存在期间，对象接收一组事件，并执行某些动作和活动，基于所接收到的事件，对象可以转换到其他状态集合。一个状态与其他状态的区别主要体现在如下方面：

(1) 所接收的输入事件；

(2) 作为输入事件的结果，对象所采取的输出转换以及当转换实施后，对象可以到达的后续状态的可达图；

(3) 针对进入状态所执行的动作；

(4) 针对退出状态所执行的动作；

(5) 所执行的活动。

如果两个状态在任何一个方面有所不同，那么它们就是两个不同的存在状态。

一个对象的状态还可以分解成子状态，即状态是可以嵌套的。例如传感器的状态空间在较高层次上可以被分解为{关闭，开启}两个状态的集合，而开启状态还可以进一步分解成{等待命令，采样，转换，校准，提交结果}等子状态(如图 5-17 所示)。采用这种递归方式，可以对任意复杂的状态空间进行分解。外层状态被称为超状态(super state)或复合状态(composite state)，内层的状态被称为子状态(substate)。

UML 中的超状态包括“或”状态(or-state)和“与”状态(and-state)两种。“或”状态是指超状态中的所有子状态具有“或”的关系，即在任何时候如果对象处于某个超状态，那它必须准确地位于该超状态的子状态之一。“与”状态也称为正交区，是指超状态中的所有子状态具有“与”的关系，即在任何时候如果对象处于某个超状态，那它必须同时处于其所有子状态之中。“与”状态反映了超状态内部的并发行为。

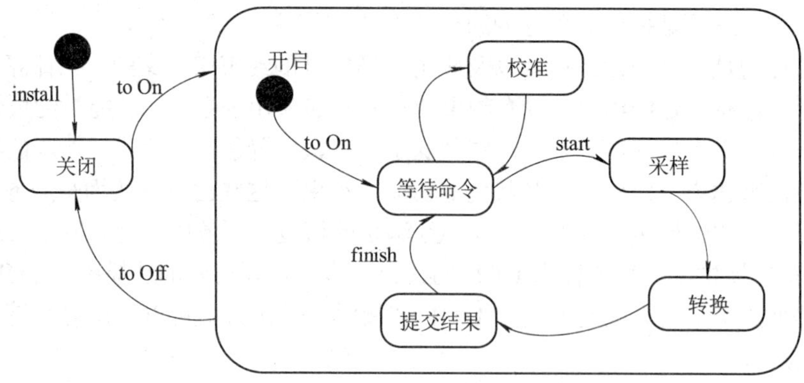

图 5-17　传感器的状态图

2. 事件

状态的改变称为转换，转换由事件引发。事件是在对系统有一定意义的某个时空发生的事情，事件通常触发相应消息的发送。外部环境中发生的事件可表现为系统要对其做出响应的消息。事件与类相似，可以包含数据。事件在系统中通常以对象间或者参与者与系统间的消息传递来显现。例如对于点击按钮或键盘类参与者，一种方法是每次点击按钮发送一个事件；另一种方法则限制点击事件以某种频率发送。在后一种方法中，点击次数被作为事件消息的参数传递。事件消息不但传递了事件发生这个事实，同时还可能传递关于事件的其他相关数据(如点击次数)。

因为在场景处理中事件通常被作为事件消息来操纵，所以在处理用例时，事件和消息基本上是同义词。在 UML 中定义了四种事件构造型：信号事件、调用事件、改变事件和时间事件。

信号事件代表接收到一个信号，该信号是对象之间进行通信协作的有名实体。其中，触发器指定信号类型，事件的参数也就是信号的参数。信号是对象之间异步通信的显式手段，由一个对象明确地发送给另一个或一组对象。发送者在发送信号时明确规定了信号的参数。信号接收者接收到信号后可能触发零或一个转换。

调用事件表示接收到一个激活操作的请求(即接收到一个调用)，预期结果是事件的接收者触发一个转换或提供一项服务，从而执行相应的操作。事件的参数是操作的参数和一个隐式的返回指针。转换完成后，调用者收回控制权。如果没有触发转换，则会立即收回控制权。

改变事件表示满足事件中某个表达式所表述的布尔条件。其中，触发器指定一个布尔条件作为表达式。这种事件隐含了对于控制条件的不间断测试。当条件从假变为真时，事件将发生，并将引发、激活对象的一个转换。例如，对象内一个属性的改变将触发另一个对象的改变，而这个属性对另一个对象是不可见的，此时应为属性拥有者建模一个改变触发器，它触发一个内部转换并将一个信号发送给另一个对象。

时间事件表示满足一个时间表达式而导致某件事情的发生。例如，对象进入某个状态后经过了一段给定的时间，或者到达某个绝对时间而触发了某件事情发生。触发器指定了事件表达式。无论是经过时间还是绝对时间，都可以用系统的现实时钟或虚拟时钟来定义。

系统对每个事件的预期响应必须从系统需要完成的动作及对该响应的时间约束等方

面进行说明。通常会需要一个复杂的协议，用以描述事件的所有可能的合法序列和消息交换序列，事件和消息交互的协议最好用与该用例相关的顺序图集合描述。

3. 转换

转换是对事件的反应，通常情况下会带来状态上的改变，用于表示一个状态机中两个状态之间的一种关系，即一个在某初始状态的对象通过执行指定的动作进入另一种状态。当然，这种转换需要某种指定的事件发生和指定的监护条件得到满足。状态和转换分别对应着状态机中的顶点和弧，用来描述一个类元中所有实例可能的生命历史。转换包括源状态、事件触发器、监护条件、动作和目标状态(在实际建模中并不是所有项目都会在转换中出现，有的项是可以省略的)。

(1) 源状态。源状态是被转换所影响的状态。如果某对象处于源状态，而且此对象接受了转换的触发事件，且监护条件(如果有的话)也得到了满足，则离开该状态的输出转换将激发。在转换完成后，该状态变为非激活状态。

(2) 目标状态。目标状态是转换结束后的激活状态。它是主对象要转向的状态。目标状态不会用于内部转换中，因为内部转换不存在状态变化。

(3) 事件触发器。事件触发器是这样一个事件，它被处于源状态的对象接受后，只要满足监护条件即可激发转换。如果此事件有参数，则该参数可以被转换所使用，也可以被监护条件和动作表达式所使用。触发转换的事件就成为当前事件，而且可以被后续的动作访问，这些后续的动作都是由事件发起的“运行至完成”步骤的一部分。

(4) 没有明确触发事件的转换称为完成转换或无触发转换，它是在状态中某一个活动结束时被隐式触发的。复合状态通过它的每个区域到达终止状态而表明其完成。

(5) 监护条件。监护条件是一个布尔表达式，一个事件的到来触发了此表达式的计算，如果表达式为 TRUE，则转换可以激发；如果表达式为 FALSE，则转换不能激发。如果事件被处理，但没有转换适合激发，则该事件被忽略。如果一个事件发生时状态机正在执行动作，则此事件被保留，直到该动作步骤完成和状态机静止时才处理该事件。

监护条件的值只在被处理时计算一次。如果其值计算时为 FALSE，计算以后又变为 TRUE，则转换动作不会被激发，除非有另一个事件发生，且此时监护条件为真。如果转换没有监护条件，则监护条件被认为总是 TRUE。

简单的转换只有一个源状态和一个目标状态。复杂的转换有多个源状态和多个目标状态，它表示在一系列并发的活动状态中或在一个分叉型或结合型的控制下发生的转换。没有状态改变的转换称为内部转换。内部转换有一个源状态但没有目标状态。内部转换时只执行所要求的转换动作而所在状态的进入和退出动作都不会执行。

4. 动作与活动

一个动作(action)是一个可执行的原子计算。动作可包括操作调用，另一个对象的创建/撤销，或向一个对象发送信号。动作是原子的，不能被事件中断，直至运行完成。而活动(activity)则不同，它可以被其他事件中断。活动是对象处于某个状态期间所执行的行为。

动作可以在退出一个状态、执行一个转换和进入一个状态时执行，分别称为退出动作、转换动作和进入动作。在动作表达式中，动作可表示为一个动作序列，其中包含任意长度的动作列表。动作的执行顺序是：首先执行退出状态的退出动作，接下来执行转换动作，最后执行将进入状态的进入动作。状态嵌套情况下的执行顺序类似，遵循同样的规则。当从某个超状态外部进入其内部子状态时，进入动作按嵌套的顺序执行。退出动作时按相反的顺序执行。

例如，在如图 5-18 所示的状态图中，执行转换 T1 的进入动作顺序为 f、l、m、o。执行转换 T2 的退出动作顺序为 p、n、g。若执行 T3 转换，则执行的动作顺序为 p、n、w、r。

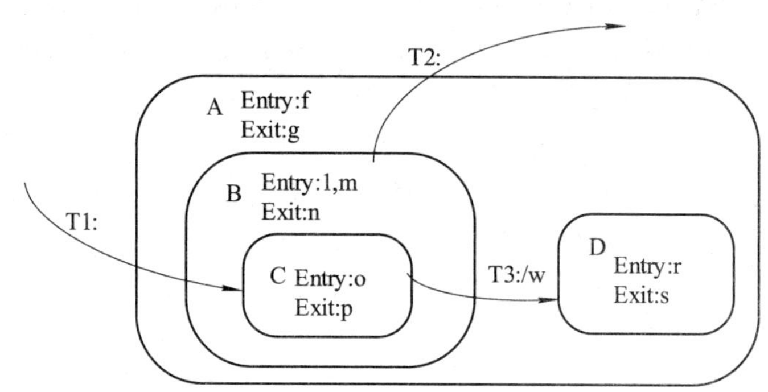

图 5-18　嵌套状态的动作执行

转换用从一个源状态到目标状态的实线箭头图形化表示，在实线侧边注有转换字符串。转换字符串的格式为：

name:opt event-name opt (parameter-list)opt [guard-condition]opt /action-list opt

其中，所有的项目都是可选项，各项含义如下：

name：是可以在表达式中应用的转换名，其后有一冒号。

event-name：触发器事件名称，其后可跟参数列表。若无参数，可省略参数列表。

guard-condition：是一个布尔表达式，由触发器事件参数、属性和用状态机描述的对象的链接等组成。监护条件还可以包括状态机中并发状态的测试或某些可达对象的显示指定的状态。

action-list：是一个过程表达式，在转换激发时得到执行。它可由操作、属性、拥有对象的链接、触发器事件的参数等组成。

5.4.3　建立状态模型

建立状态模型总体上包括如下步骤。

1. 用多个状态来确定应用类的行为

应用类增加了对用户和应用的操作都非常重要的面向计算机的类，可以通过多个状态来确定应用类的行为。需要每一个应用类确定其具有的一个或多个状态。事实上，并不是所有的类都需要附加一个状态模型描述。例如，用户界面类和控制器类通常需要状态模型；而边界类、容器类等通常是静态的，用于导入和导出集散数据，它们就可能不包含状态模型。

2. 寻找事件

由于状态模型包含了大量的应用场景，可以研究这些场景并提取事件。尽管这些场景无法覆盖每一种可能性，但它们还是可以保证不会忽略普通的交互，而且它们还会突出主要的事件。在状态模型中较早的注意事件是强调反应式行为的结果，因为用例要使用揭示事件的场景来阐述。

3. 构建状态图

选择一个需要状态建模的应用类，并考虑顺序图。把与这个类相关的事件组织成一条路径，路径弧用事件标识。任意两个事件之间的间隔就是一种状态。可用有意义的名称给每个状态赋予一个名称；若状态没有明确的意义也不赋予名称。然后，将把所得到的状态和路径弧合并成状态图。每种场景或顺序图对应于沿着状态图的一条路径。初始状态图会是一系列事件和状态。

当初始状态图建立后，就要寻找图中的环路。如果事件序列可以重复无限次，那么它们就形成了环路。一旦发现有环路存在，就要把其他顺序图合并到状态图中。寻找每张顺序图中自前一张图的分叉点，这个点对应着图中的已有状态。将新的事件序列附加在现有状态之后，作为一条候选路径。当检查顺序图时，可以考虑在每一种状态下可能会发生的其他可能的事件，并把它们加入到状态图中。其中的难点是确定在哪一个状态下候选路径会重新结合到现有状态图中。通常从对应用程序的了解中，很容易看出两条分离的路径中的哪两个状态是相同的。例如在自动售货机上插入两个五分硬币和插入一个一角硬币应该是同一个状态内的活动。

要注意看上去等同但在某些情形下有差别的两条路径。例如自动柜员机在检验口令时，用户输入错误信息时，会重复输入序列，但在失败一定次数之后会进入相关处理。在考虑完普通事件之后，要补充变体和异常情况。例如为了确保完善处理用户错误，通常需要比普通情形更多的思考和编码。当状态图涵盖了所有场景，并可以处理有可能会影响状态的事件时，状态图就完成了。可以通过提出“如果……会怎样”的问题测试状态机的完整性和错误处理能力。如果对象与独立的输入有着复杂的交互，就可以考虑使用嵌套的状态图。

4. 检查其他状态图

检查每一个具有状态图的类，确保其状态图的完整性和一致性。每一个事件都应该有一个发送者和一个接收者。没有前驱或后继的状态是可疑的，此时需要把它结合到状态图中或丢弃。要确保每一条路径表示的是交互序列中的起点和终点。在整个系统内跟踪对象之间输入事件的效果，确保其确实与场景匹配。由于对象具有内在的并发性，要注意在难以处理时刻发生输入所引发的同步错误，确保在不同状态图上对应的事件具有一致性。

5. 检查类模型和交互模型

检查完状态模型后，需要检查状态模型与框架内其他模型的一致性问题。

首先，要检查状态模型与类模型是否一致，其方法是检验某一个外部事件是否有类去最终处理它。如果发现某一事件(或某一组事件)的处理责任还没有得到落实，可能需要返回论证由哪个类或对象处理该事件。注意这里只强调责任，细节问题应到设计阶段才进行处理。

图 5-19 为 5.3.5 节所确定类图中联系人管理器的状态模型。

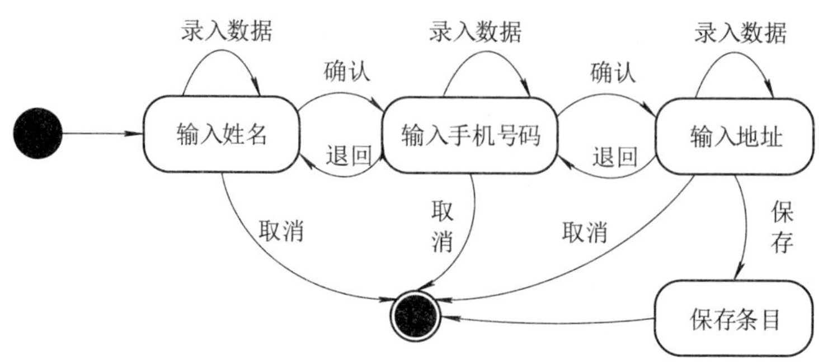

图 5-19　联系人管理器状态模型

然后，检查交互模型的场景。方法是手工模拟每个行为序列，并验证状态图是否表示出了正确的行为。如果发现错误，要么改变状态图，要么改变场景。有时候，状态图可以暴露出场景中无规律的事件，因此不要假定场景永远都是正确的。如果改变状态图，应先描绘出它们在状态模型中的合法路径，这些内容表示额外的场景，判断它们是否有价值。如果没有价值，就修改状态图。用这种方法经常会发现一些以前没有注意到的有用行为。

5.4.4　建立交互模型

若将软件框架比作一个三脚架，那么交互模型就是类模型和状态模型之外的第三条支架。类模型描述系统中的对象(类)及其关系，状态模型描述对象的生存周期，交互模型描述对象之间如何通过交互来完成所讨论问题边界之外可见的功能，即描述了对象如何交互才能产生有用的结果。

交互模型跨越了所关心的问题，描述从问题外部的整体行为到其内部协作对象之间的交互行为。由于状态模型仅针对某一个对象并用适当简化的原则来描述该对象的生命全景，因此每个对象(通常仅对具有状态行为的对象)需要一个状态图。所有对象的状态图的集合就是状态模型。状态模型和交互模型从两个不同的视角来观察系统行为，它们互为补充，一起来完整地描述系统的行为。

交互模型可以在不同的抽象层次上对系统建模。在较高层次上，交互模型用以描述用例，即描述系统如何与外部参与者交互。进一步深入到系统内部，表现为通过系统内部元素的协作完成外部可见的功能。交互模型可以包括顺序图和通信图，但顺序图应用得较多。顺序图提供了更多的细节，可以显示对象间随着时间变化所交换的消息(消息包括异步信号和过程调用)。顺序图擅长显示系统用户所观察到的行为序列。

通常表现内部协作的顺序图是用例描述顺序图的进一步细化。用例描述顺序图中系统部分仅是一个交互的“黑盒”，而在交互模型的顺序图描述中要在系统“黑盒”中加入参与该用例的对象。所以在此顺序图中除了系统与外部参与者交互的内容外，还会增加系统中参与交互的对象的内容。

当系统从外部用例深入到重要内部概念(类和对象)的协作时，就需要用顺序图来描述系统内部关键结构的协作。以下是一些创建顺序模型的准则。

(1) 为每一个参与交互的对象分配一列。顺序图中的每一列代表一个对象的生命，要为每一个参与交互的对象分配一列。每个对象都应该在类模型中找到它的描述类。类模型中的一个类在交互中可能有一个或多个对象。

(2) 至少为每一个用例创建一个顺序图。顺序图中的步骤应该是逻辑命令，而不是单次的按钮点击。在设计过程中就可以确定每一个逻辑命令的确切的语法。从最简单的主线交互开始。

(3) 区分主动对象与被动对象。主动对象具有自己的控制线程，如果有操作系统，通常表现为操作系统的任务，在类图中表现为主动类。主动对象总是活动的。在嵌入式系统中，大多数对象都是被动的，通常只有被调用时才是活动的。

(4) 为每一个主线交互创建一个顺序图。主线交互是指没有重复、只有一项主要活动的交互。

(5) 划分复杂的交互。把大型交互按组划分成多项任务，并为每一项任务绘制一张顺序图。

(6) 增加错误或异常条件。如果错误或异常条件处理能加入到主线顺序图，就把它们加入到主线顺序图。如果加入后图过大或过于复杂，就为它们单独绘制顺序图。

(7) 过程化顺序模型。顺序模型到了底层可以表示某一项功能或调用的实现过程，但通常只有那些复杂的或特别重要的顺序图才需要显示实现细节。

5.3.5 节所确定类图中的添加联系人用例的交互模型(部分)如图 5-19 所示。说明：与图 5-7 比较，图 5-20 增加了通过内部对象交互分解来完成外部可见功能的细节。

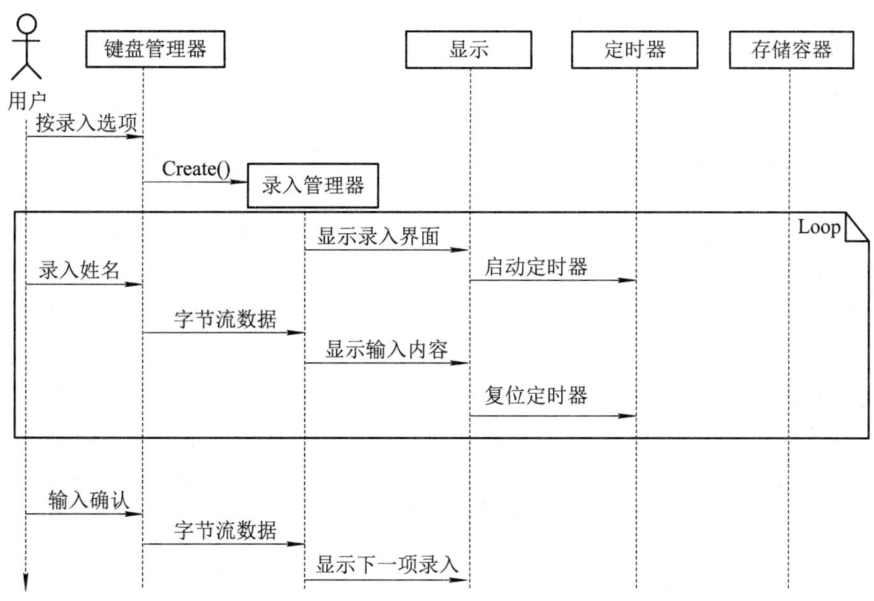

图 5-20　录入联系人的交互模型(部分)

由于顺序图从时间轴描述了对象交互中消息发送先后顺序，顺序图难以描述分支判断、并发任务等。UML 的活动图提供了另一种描述对象交互模型的方式(如图 5-21 所示)，可以作为顺序图的补充。

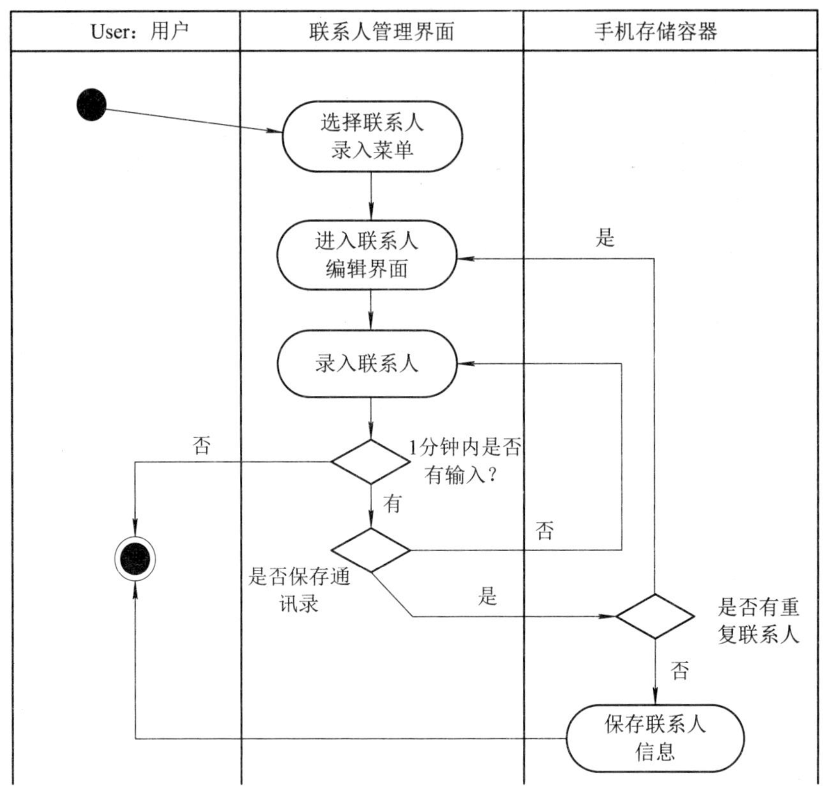

图 5-21　录入联系人的活动图

5.4.5　增加类的主要操作

与传统的基于程序设计的方法不同，面向对象的分析风格在分析阶段较少地关注操作的定义。在分析到设计的过程中，可以随时增加具有潜在用途的操作。

在分析阶段要增加的是类的主要操作，这些操作来源于类模型和表示用例的交互两个方面。来自类模型的操作。对于属性值和关联链接的读写是隐含在类模型中的，此时并不需要将它们显式地表示出来，只需要假定属性和关联都是可以访问的就可以了。大多数复杂的系统功能都来自于系统的用例。在构造交互模型的过程中，用例会引发活动，许多活动与类模型上的操作相对应。例如，在交互模型中，有一个指向某个对象的调用事件，则说明该对象上有一个对应该调用的操作或服务。

通过上述静态结构分析初步提炼了系统潜在的类，建立系统的类模型；此外，通过行为分析可以进一步补充类模型中类的属性和操作。图 5-22 为通过跌倒检测报警系统需求分析后建立的系统类模型。

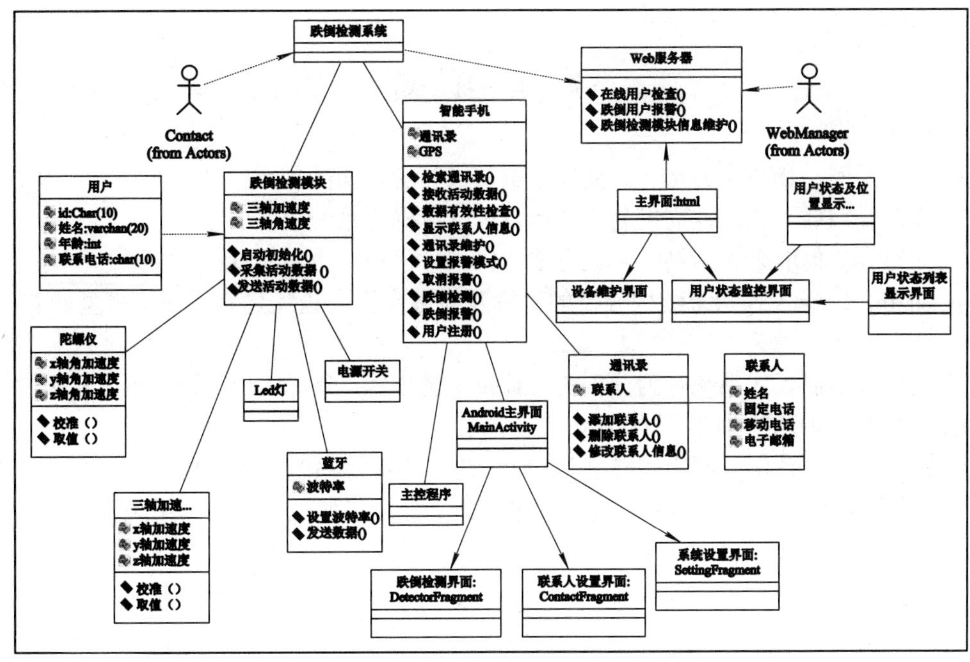

图 5-22　跌倒检测报警系统分析阶段类模型

5.5　小　　结

嵌入式系统需求分析的过程，就是对嵌入式系统建模的过程。建模的任务是记述重要的系统抽象并且确定这些抽象的语义。其中，包括定义在抽象上的属性和操作，这些属性和操作通常会在类图中描述出来；也包括各个抽象在各种协作和抽象的状态空间中所扮演的角色；最后，还可能存在一些附加的约束和重要的细节，如抽象的职责、抽象要满足的需求以及生成的源代码。在需求分析阶段，核心问题是获得系统软件框架。随着嵌入式系统日益复杂，通过类模型、交互模型和状态模型相互补充才能系统、全面地描述系统。图 5-23 描述了嵌入式系统需求分析期间的活动和结果。

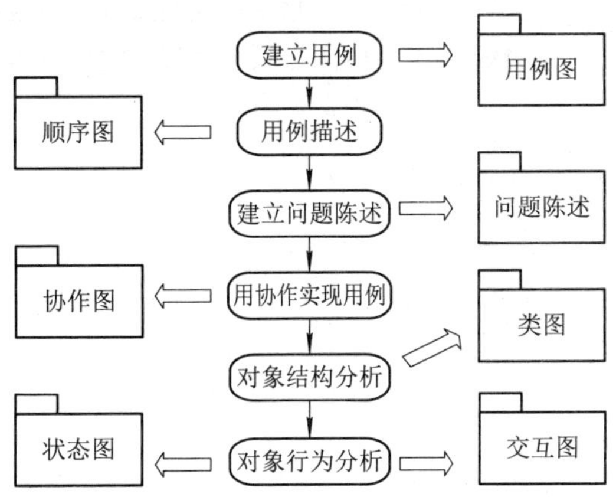

图 5-23　嵌入式系统需求分析期间的活动和结果

课 后 习 题

1. 给出用例、参与者的定义，简述用例与参与者之间的关系。

2. 简单介绍嵌入式软件需求分析的目标，分析确定系统边界的方法。

3. 简单介绍提取系统用例的常见方法，以及如何描述用例实现。

4. 简单介绍嵌入式系统结构分析的目标及关键步骤，论述建立系统类模型的有效方法。

5. 简单介绍嵌入式系统行为分析的目标及关键步骤，分析比较行为分析中状态图、活动图的特点及各自适应的场景与目标。

6. 在已建立的跌倒检测用例模型基础上，进一步提炼系统中的对象和类，并通过顺序图、状态图建立系统中对象的行为模型，进而建立包含了属性和方法的系统类模型。

参 考 文 献

[1] 胡荷芬，吴绍兴，高斐. UML 系统建模基础教程[M]. 2 版. 北京：清华大学出版社，2014.

[2] GRADY B，JAMES R，IVAR J. 软件开发方法学精选系列：UML 用户指南[M]. 2 版. 邵维忠，麻志毅，等, 译. 北京：北京人民邮电出版社，2013.

[3] Bruce Powel Douglas. 嵌入式与实时系统开发：使用 UML、对象技术、框架与模式[M]. 柳翔, 等, 译. 北京：机械工业出版社, 2005.

[4] J.Rumbaugh, I. Jacobson, G. Booch. The Unified Modeling Language Reference Manual[M], Addison Wesley, 1999.

[5] GRADY B，JAMES R，IVAR J. 软件开发方法学精选系列：UML 用户指南[M]. 2 版. 邵维忠，麻志毅, 等, 译. 北京：人民邮电出版社，2013.

[6] PHILIPPE K. RUP 导论[M]. 麻志毅，申成磊，杨智，译. 北京：机械工业出版社, 2004.

[7] 朱成果. 面向对象的嵌入式系统开发[M]. 北京：航空航天大学出版社，2007.

[8] 刁成嘉. UML 系统建模与分析设计[M]. 北京：机械工业出版社，2009.

[9] 谭火彬. UML2 面向对象分析与设计[M]. 2 版. 北京：清华大学出版社, 2018.

第 6 章　面向对象的嵌入式系统软件设计

嵌入式软件设计总体上划分为构架设计、机制设计及详细设计 3 个阶段。其中，构架设计主要关注系统整体的设计策略。例如，组成系统的构件及构件间的接口，任务划分及不同任务间的交互，构件与物理硬件之间的映射等。机制设计主要处理构成系统的类和对象集合，及其如何通过协作完成共同目标。详细设计确定单个类的原始数据结构及算法的设计细节。例如关联的实现策略、对象提供的操作集合、内部算法的选择、异常处理规定等。

6.1　软件构架设计

软件构架设计的首要任务是将系统分解成易于管理的子系统，并设计子系统间的接口，确定系统的软件体系结构，并综合考虑并发性、完整性、交互性等控制策略。

6.1.1　系统分解

系统分解即按照服务将系统划分成多个子系统。通常将为实现共同目标的服务放在一个子系统中(如任务调度、网络通讯、设备驱动等)。系统分解不仅要将系统分解为子系统，而且要确定子系统间的接口，即确定子系统间的交互及信息流。子系统接口应尽可能简单。

以下是子系统、服务及子系统接口的概念。

子系统：是一组为提供某类特定服务的相互关联的类的集合。UML 中采用“包”来表示子系统。

服务：是子系统为实现某一共同目标而提供的一组相关操作。子系统通过接口提供服务，因此确定服务是软件构架设计的一个重要任务。

子系统接口：是子系统的应用编程接口(Application Programmer’s Interface，API)。确定子系统的 API 通常在详细设计阶段。

系统分解遵守两个原则：① Miller 法则，即一个系统应该分解成 7±2 个子系统；② 子系统应该具有最大的聚合度和最小的耦合度。其中，耦合度是两个子系统间依赖关系的强度。聚合度是子系统内部的依赖程度。高聚合度指子系统中的类完成相似的任务且相互关联。低聚合度指子系统中有许多不相关的、冗余的类或操作。高耦合度指一个子系统的修改将会对其他子系统产生很大影响，如导致重新设计等。

系统分解一般有两种分解方式：分层与分区。其中，分区是将系统分解为对等的子系统，每个子系统可以独立运行，且彼此间的依赖较少。分层是将系统按照一定的层级结构划分，一个层是一个子系统，每层至少包括一个子系统，一层也可以继续划分成更小的子系统。分层结构有以下特点：

(1) 每一层为更高级别的抽象层次提供服务；

(2) 每一层仅依赖于比自己级别低的层次；

(3) 每一层都不知道比自己级别高的层次的任何信息。

图 6-1 为将系统分解为三层结构的 UML 示例。分层结构有两种类型：① 封闭结构；② 开放结构。封闭结构中每一层只依赖于直接低于它的那一层；开放结构中每一层可以访问低于它的层。

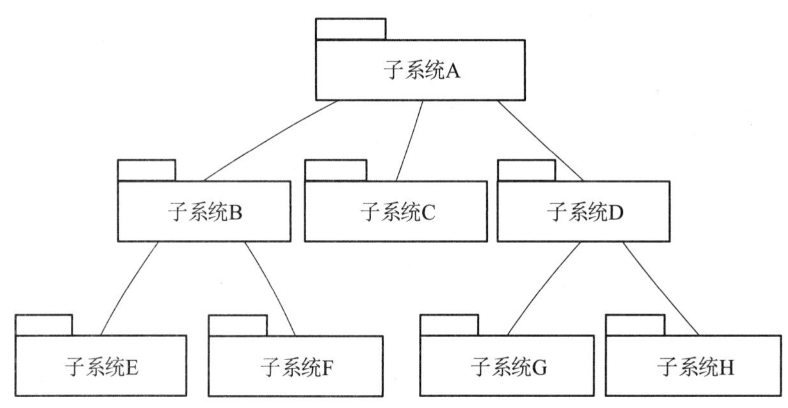

图 6-1　基于 UML 的三层系统结构

开放系统互连(Open System Interconnection，OSI)是一个典型的封闭分层体系结构的例子，其将网络服务分解为 7 层，每一层负责不同的抽象层次，每一层只能访问它的直接下层模型。

分层结构中，层与层之间子系统的调用关系有两种，即在运行时建立的 A 层与 B 层间的调用关系，以及在编译时建立的 A 层与 B 层间的调用关系。分区方法分解的子系统间的依赖关系较松散，通常都是在运行时建立依赖关系，并且子系统间关系对等。即 A 区可以“调用”B 区，B 区也可以“调用”A 区。

为了降低系统的复杂度，系统分解时应尽可能将交互保留在子系统内部，而非子系统间。此外，大型系统常常同时集合分层与分区两种方式进行系统分解，并经过循环分解将系统分解成可管理的较小部分，进而降低系统处理的复杂度。在系统分解时，如果一个子系统总是调用另一个子系统的服务，可考虑将此服务放在该子系统中；如果一些子系统间总是互相调用服务，此时可考虑重新划分子系统。尽管通过分解系统可以提高聚合度，但系统分解过细，会导致系统接口增加，进而提高系统的耦合度。系统分解时，可参考以下经验：

(1) 由高向低分解。

(2) 每个系统的分层不要超过 5±2 个层；每层中不要超过 7±2 个概念；一个子系统中不要超过 7±2 种服务。

(3) 尽可能提高子系统的聚合度，降低其耦合度。

图 6-2 所示为从参与者的角度跌倒检测管理系统进行的功能模块划分，以及子系统间

交互接口的示例。图 6-2 中，按照系统运行结构将系统分解为“活动检测功能”“智能手机功能”和“Web 管理功能”。并定义了“活动检测功能”与“智能手机功能”，以及“智能手机功能”和“Web 管理功能”间交互的接口。示例中采用“包”对系统的功能进行逻辑上的划分，并通过注释定义了不同子系统间交互需要实现的接口。

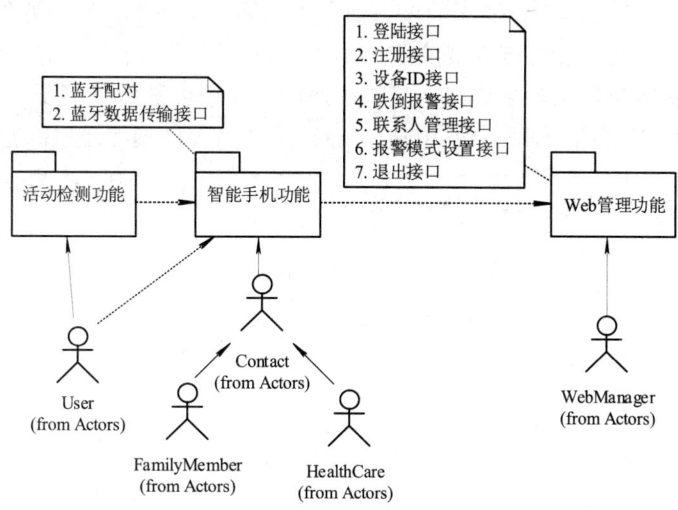

图 6-2　跌倒检测管理系统分解与子系统接口示例

6.1.2　软件体系结构

系统分解的目的是确定系统的软件体系结构。软件体系结构的设计过程主要是为系统建立一个基本架构，包括构建系统主要的子系统及这些子系统之间的通信。随着嵌入式系统越来越复杂，系统的响应速度、可靠性等重要性能已不再仅仅取决于硬件结构，软件结构对其影响也越来越大。嵌入式系统的软件体系结构设计过程包括以下几部分。

(1) 子系统划分。将系统分解成一系列基本的子系统，每个子系统都是一个独立的单元，并识别子系统之间的通信。嵌入式系统通常可分成两个最大的子系统：硬件子系统和软件子系统。

(2) 控制建模。对系统各部分之间的控制关系建模。例如线程驱动、事件驱动、过程驱动等全局控制流建模。

(3) 错误处理策略。

(4) 子系统间的通信协议。

嵌入式系统软件体系结构通常可分为无操作系统的嵌入式软件体系结构和有操作系统的嵌入式软件体系结构，下面依次进行介绍。

1. 无操作系统的嵌入式软件体系结构

无 OS 的系统为确保系统有较快的响应速度，可使用一些很简单的结构来实现。

(1) 轮询结构。程序依次检查每一个 I/O 设备，并且为需要服务的设备提供服务。

轮询结构是最简单的结构，其特点是：没有中断和共享数据，无须考虑延迟时间。例如，数字万用表采用此结构实现连续的测量。

轮训结构也存在如下缺点：

① 如果一个设备所需要的响应时间比微处理器在最坏情况下完成一个循环的时间还要短，那么这个系统将无法工作；

② 当有冗长的处理时，系统易出问题；

③ 结构很脆弱。例如，增加新的设备或者中断请求都有可能导致系统崩溃。

采用 Arduino 模块开发的嵌入式应用，当系统对实时性要求不高时，通常可采用轮询结构。图 6-3 为采用轮询结构采样发送三轴加速度、角速度数据的例子。例子中没有采用定时中断，而是采用 sleep 实现延时 10 ms，导致系统的采样频率难以固定在 100 Hz。

```
Setup () {
 ......
}
void loop(){  // 格式处理循环函数
   getAccelerometerData(buff); // 读取加速计数据
   getGyroscopeData(buff2); // 读取陀螺仪数据
   serial.write(); //蓝牙发送数据
   sleep(10);
    ......
}
```

图 6-3　轮询结构示例

(2) 带中断的轮询结构。在此结构中，由中断程序处理特别紧急的硬件需求，并设置标志，主循环轮询这些标志，并根据需求处理后续任务。

相比单纯的轮询结构，此结构可对高优先级任务进行更多的控制。由于硬件的中断信号会使微处理器停止正在执行的操作，而中断程序中的所有操作比主程序任务代码的优先级更高，因此中断程序可获得更及时的响应。此结构的缺点是：所有的任务代码均以同样的优先级来执行。

图 6-4 为带中断轮询结构实现采样发送三轴加速度、角速度数据的例子。由于采用了定时中断，实现了系统采样频率为 100 Hz。

```
void loop(){ // 格式处理循环函数
     if(ISRTimeUp){
          getAccelerometerData(buff); // 读取加速计数据
          getGyroscopeData(buff2); // 读取陀螺仪数据
          ......
          Serial.write(dataPacket,18);// 输出数据包
          ISRTimeUp = false;
     }
......
}
```

图 6-4　带中断的轮询结构示例

(3) 函数队列调度结构。在此结构中，中断程序在一个函数指针队列中添加一个函数指针，以供程序调用，主程序仅需从该队列中读取相应指针并调用相关函数即可。

此结构没有规定主程序必须按中断程序发生的顺序来调用函数，因此主函数可根据达到目的的优先级方案来调用函数，使得需要更快响应的任务代码都可被更早地执行。

其缺点是：若某较低优先级函数的运行时间较长，其可能影响较高优先级函数的响应时间。

(4) 有限状态机(Finite State Machine，FSM)。图 6-5 为控制门状态的有限状态机示意图。

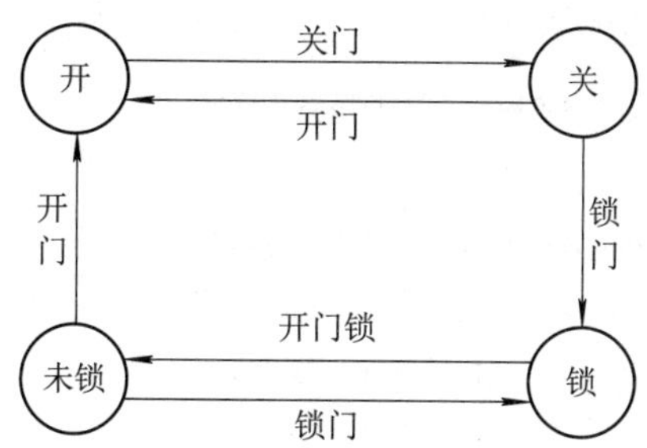

图 6-5　控制门状态的有限状态机示意图

有限状态机结构通常面向小系统，存在便于编程和理解、可快速执行等优点。但其也存在应用领域有限、难以保证确定性、难以调试大型应用系统等缺点。

(5) 巡回服务结构。针对嵌入式微处理器的中断源不多，而增加中断源需要硬件、成本高等问题，而将轮询结构和函数队列调度相结合形成的新结构。巡回服务系统的主程序结构如图 6-6 所示。

```
main()
{
    /*系统初始化*/
    while (1)   {
        action_1();  /*巡回检测事件 1 并处理事件*/
        action_2();  /*巡回检测事件 2 并处理事件*/
        action_n();  /*巡回检测事件 n 并处理事件*/
    }
}
```

图 6-6　巡回服务系统的主程序结构

在巡回服务系统中处理器通常处于全速运行状态，为了降低当处理器全速运行导致的高能耗问题，可采用基于定时器的巡回服务结构。它是在处理器中加入一个定时器，开发人员可根据外部事件的发生频度，设置合适的定时器中断频率。基于定时器的巡回服务软件由主程序和定时器中断服务程序构成。相应的程序结构如图 6-7 所示。

```
main()
{
    /*to do：系统初始化*/
    /*to do：设置定时器*/
    while (1)  {
        …其他代码
        enter_low_power();
    }
}
isr_timer() /*定时器的中断服务程序*/
{
    action_1(); /*执行事件 1 的处理*/
    action_2(); /*执行事件 2 的处理*/
    action_n(); /*执行事件 n 的处理*/
}
```

图 6-7　基于定时器的巡回服务软件程序结构

(6) 前后台结构。此结构也称作中断(事件)驱动结构，由主程序和中断服务子程序两部分构成。主程序完成系统的初始化(例如硬件的初始化)；同时，其还包括一个无限循环，巡回地执行多个事件，完成相应操作，这一部分软件称为后台(任务级)。中断服务子程序处理异步事件，其被看作是前台(中断级)。每当外部事件发生时，相应的中断服务子程序被激活，进而执行相关处理。此结构通常是轮询结构与带中断的轮询结构的结合，或是中断轮询结构与函数队列调度结构的结合，图 6-8 为前后台结构示意图。

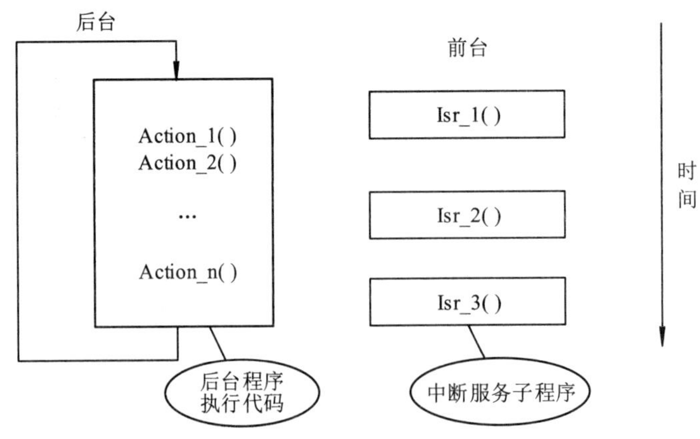

图 6-8　前后台结构示意图

此结构主要应用于低功耗、事件驱动的小系统，如微波炉、电话机、玩具等。由于中断服务程序提供的实时性数据只有在后台轮询到的时候才能得以运行，所以此结构适用于实时性要求不高的系统。

(7) 分层体系结构。针对复杂多任务的系统，可采用分层体系结构。例如当系统包含较多硬件设备，并具有众多处理任务时，可采用基于硬件抽象层的分层体系结构，以提高嵌入式软件的可移植性与扩展性。图 6-9 为无硬件抽象层和基于硬件抽象层的分层体系结构示例。

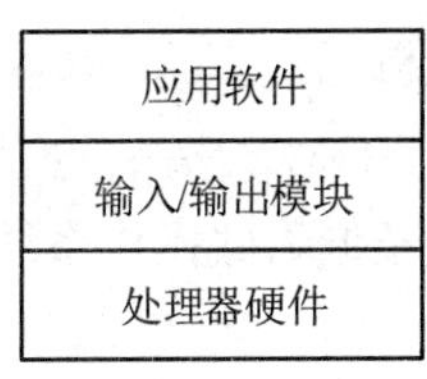

(a) 无硬件抽象层的分层体系结构

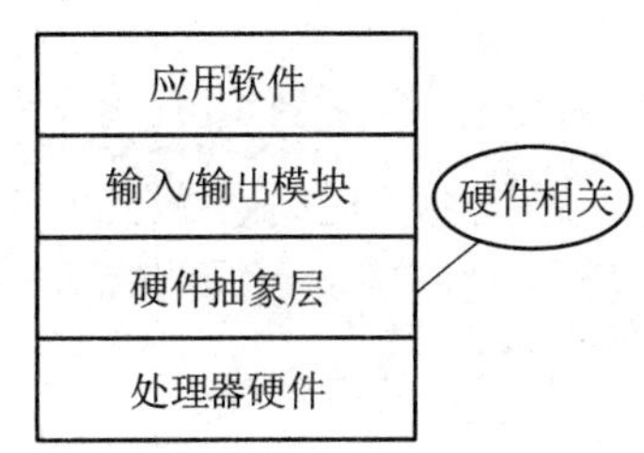

(b) 基于硬件抽象层的分层体系结构

图 6-9　分层体系结构示意图

基于硬件抽象层的系统具有如下特点：

① 硬件抽象层与硬件密切相关；

② 接口定义的功能应包含硬件或系统所需硬件支持的所有功能；

③ 接口定义简单明了；

④ 可测性接口设计有利于系统的软硬件测试和集成。

2. 有操作系统的嵌入式软件体系结构

伴随移动互联网的发展，传统 PC 机上的应用几乎都有移植到嵌入式系统的需要，如采用手机、pad 等移动设备进行网络游戏、网上购物、网上银行交易等。嵌入式软件需求越来越多样化、复杂化，导致嵌入式软件变得日益复杂。不仅需要嵌入式操作系统、嵌入式数据库，还需要网络通信协议、应用支撑平台等。有操作系统支持的嵌入式软件体系结构非常丰富，许多通用软件体系结构都可用于嵌入式软件。例如：

(1) 仓库体系结构：每个子系统只依赖于数据仓库中心数据结构，而仓库无需知道其他子系统的结构。

(2) 模型/视图/控制器(Model/View/Controller，MVC)体系结构：控制器收集用户的输入并发消息给模型，模型保持中心数据结构，视图显示模型，每当模型发生变化会通过签署/通知协议通知视图。

(3) 客户/服务器(Client/Server，C/S)体系结构：一个或多个子系统作为服务器，为其他称作客户端的子系统提供服务；客户端主要负责与用户交互。例如基于数据库服务器的信息管理系统就是典型的 C/S 体系结构。

(4) 对等体系结构：对等体可以向其他对等体请求服务，也可向它们提供服务。

(5) 管道和过滤器体系结构：一个过滤器可以有多个输入和输出，一个管道将某个过滤器的输出和另外一个过滤器的输入连接起来。

随着嵌入式系统与移动通信技术日益融合，嵌入式分布式应用越来越广泛。分布式的嵌入式软件系统可采用 Peer-to-Peer 结构，也可采用 B/S 结构，如图 6-10 所示。

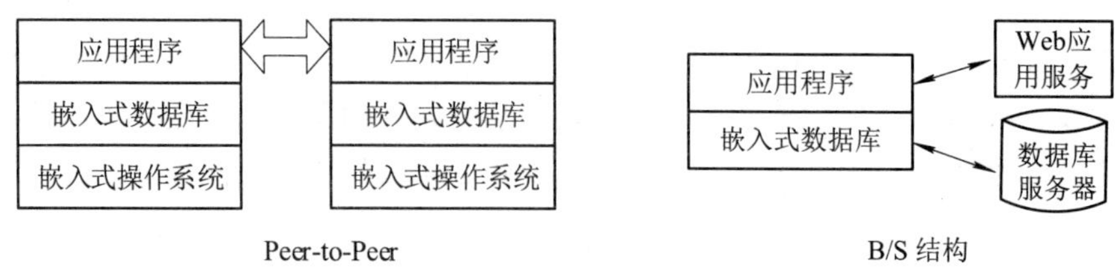

图 6-10　分布式的嵌入式软件系统结构

嵌入式操作系统为了提高系统的可移植性，通常也采用分层体系结构，这样硬件平台、板级支持包/设备驱动程序、操作系统和应用软件就形成了基于嵌入式操作系统的软件分层体系结构，如图 6-11 所示。

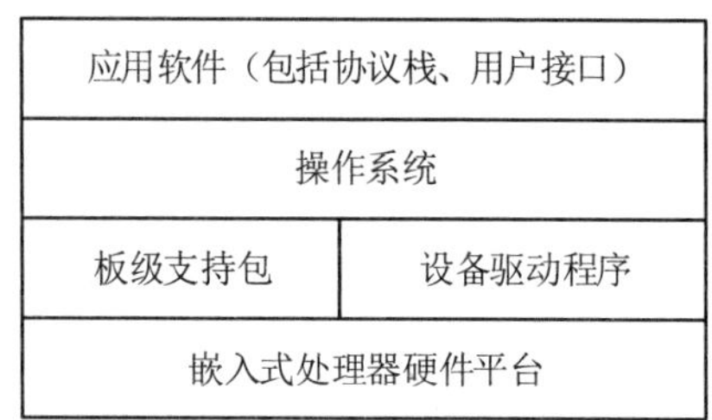

图 6-11　基于嵌入式操作系统的软件分层体系结构

在为嵌入式系统选择软件体系结构时，可参考以下建议：

① 选择可以满足响应时间需求的最简单的结构。

② 若系统任务复杂，且对响应时间有很高要求，应该使用基于实时操作系统的软件结构。

③ 如果对系统有意义，则可将有用的系统结构结合起来应用。

6.1.3　并发性

在构架设计时，除了进行子系统分解外，还要将系统分割成一个个线程，并确定线程之间的关系。实时系统通常具有多个同时执行的控制线程。这些线程可区分为重量级线程和轻量级线程。重量级线程采用不同的数据地址空间，必须借助于扩展通信以便传输自身的数据。这种线程在隔离其他线程时，封装性和保护性相对好些。轻量级线程共存于一个封闭的数据地址空间中，通过共享该全局空间而拥有更快速的任务间通信，但此种线程的封装性减弱。

OO 设计中，单个任务一般具有多个对象，每个对象都可以在自身的线程中执行。在进行构架设计时，为了提高效率，通常将对象安排在一组较少的并发线程中。

多线程系统设计中除了确定线程及其与其他线程间的关系、定义线程会合外，还必须定义消息的特性。这些特性包括：① 消息的传递模式和频率；② 事件响应时限；③ 任务间通信的同步协议；④ 时限的硬度。

采用线程通信的两个主要原因是共享信息和同步控制。信息的采集、操作和显示都出现在具有不同周期的不同线程中，甚至不会出现在同一处理器中，从而需要有能够在这些线程间共享该信息的方法。在控制物理过程的异步线程中，一个线程的完成可能是其他线程的前置条件，线程同步必须保证满足这种前置条件。

因为对象的并发性通常产生于聚合，即一个由若干成员对象组成的复合对象，而这些成员对象中有些可能在不同的线程中执行。在这种情况下，复合对象的单一状态可以分解为这些成员对象的多个状态。

用活动图可方便显示正交性和状态。如果对象状态转换到后续状态的主要原因是前导状态中活动的完成，或者是在执行过程中创建或合并了线程，使用活动图是很合适的。

顺序图在显示顺序方面相当好，但是如果不为它提供一定的辅助手段，就无法在其中很清晰地显示线程。已有人采用两种方法对其进行改进：第一种是对处于不同线程中的消息进行颜色编码，一个线程中的消息为红色，第二个线程中的消息为蓝色，第三个线程的消息为黄色等；第二种是标准 UML 采用的方法，在消息名称前加上线程标识符。

与顺序图相比，时序图是并发场景中的一种更为自然的表示方式，因为大多数情况下，对象在同一控制线程中执行其所有方法，同时时序图对对象的状态空间作了分割。

6.1.4　选择持续数据管理基础设施

大多数嵌入式系统中需持续管理的数据较少，但随着技术及应用的发展，嵌入式系统需持续管理的数据越来越多。例如手持设备、车载设备需存储地图/地理信息、个人资料等。通常持续数据的管理可采用以下几种方式：

(1) 数据结构：适合动态变化的数据。

(2) 文件：这种方式简单、费用低，适合存储读写要求较低的数据。文件可以长期存储数据。

(3) 数据库：可以长期存储数据，有很强的数据管理能力，支持多用户读写访问。

在确定需要长期存储数据的管理策略时，需要选择是用文件还是用数据库方式。若数据量很大且结构简单(如 bmp 图形数据)，或有大量的原始数据(如扫描图片等)，或者数据只是临时存储等，那么可以采用文件的方式。如果需要多用户访问，或是需要检索较细粒度的数据，或是多个应用要访问这些数据等，那么可以考虑使用数据库方式。选择数据库要考虑存储空间、响应时间、系统管理及费用等问题。

6.1.5　选择完整性控制策略

完整性控制也称作访问控制，是系统内部的机制和程序，用于保护系统和系统内信息，主要包括权限控制和安全机制控制。由于不合规范的访问是导致系统破坏的主要原因，所以为保证系统的完整性，设计接口时必须仔细考虑系统的访问控制机制。完整性控制的目标是：

(1) 确保只有一个合适并正确的访问发生；

(2) 确保访问被正确的记录和处理；

(3) 保护信息。

系统通过访问控制来限制和控制用户能够使用系统的哪一部分资源。它包括对程序中某一部分或某一功能的访问限制。其目的是保护系统及其数据的完整性。输入完整性控制技术主要有以下 4 种。

(1) 字段组合控制：检查所有字段的组合以保证输入的数据是正确的。例如在智能手机日程安排中，计划日期应晚于现在的日期。

(2) 限制值控制：审核数字字段，确保输入数据是合理的。如记录货币数的小数位数的保留。

(3) 完全控制：确保所有必需的字段是完备的。

(4) 数据有效性控制：确保包含代码的数字字段是正确的。例如手机号长度是 11 位。

输出完整性控制策略有以下两种。

(1) 目的地控制：联机交互的数据能正确输出。

(2) 完整性、精确性和正确性控制。

6.1.6 选择全局控制流机制

控制流是系统中动作的先后次序。主要有以下 3 种控制流机制。

(1) 过程驱动：一旦需要操作者提供数据时，操作就等待输入。此机制大多用于采用过程化语言编写的系统中，而许多嵌入式系统是用过程化语言编写的。

(2) 事件驱动：主循环等待外部事件，一旦外部事件发生，就触发相应的操作。基于中断的程序就是事件驱动的控制流机制。

(3) 线程驱动：也称为轻量级线程，是过程驱动控制流的并发变异。即系统可以创建任意数量的线程，每个线程处理不同的事件。

6.1.7 边界条件处理

完善的边界控制设计可以更好地区分系统内与系统外的交互关系。以下 3 种状态可有效确定系统的边界条件。

(1) 初始状态。在系统构架设计中，描述系统的初始状态的内容有：怎样开始系统？启动时加载什么数据？初始状态应包括什么功能和服务？开始状态应是什么样的界面？

(2) 终止状态。在什么条件下系统终止？是否可以单独终止一个子系统？终止一个子系统时是否要通知其他子系统？系统结束时要完成什么工作？以何种结束状态呈现在用户面前？

(3) 异常状态。引起系统异常的原因有很多。当一个异常出现时，是否引发数据保存？在恢复系统时，应从什么样的情形开始？这种异常情况下，系统恢复与系统启动一样吗？

通常产生异常的原因有三种：用户错误、硬件错误、软件故障。不同的异常要采取不同的措施。

6.1.8 人机界面设计

嵌入式系统的人机界面设计与整个系统的设计均有关系。例如选择触摸屏还是高亮发光二极管作为人机界面，会影响硬件结构设计、软件架构、编程语言的选择等。人机交互界面设计需要从用户、任务、系统和环境等各方面综合考虑。界面设计要尽可能遵循以下设计原则。

(1) 一致性。界面的布局、色彩、字体、操作方式应尽可能一致，这样可以方便用户快速掌握系统的使用方法。例如若系统界面的布局、色彩、按钮上的图标等都保持一致，一旦用户熟悉了其中某一个产品，就能很快学会使用其他产品。

(2) 效率。尽管界面设计策略不是影响系统效率的决定因素，但界面设计策略也会影响系统的效率。尤其对使用者而言，系统效率是通过人机交互界面的响应效率体现的。例如显示屏数据刷新的速度，如果针对每条新产生数据，系统都刷新显示，则用户能感觉到系统在运行；反之，若等到缓存的新数据足够一整屏时，才全屏刷新显示，那么用户就会感到系统响应速度太慢。

(3) 易用。输入操作越简单系统越易使用。

(4) 规范化。规范化的输入/输出不但可以提高使用效率，也可以减少输入/输出的错误。例如在状态选择时，首先规范所有的状态，使得操作者无需从键盘输入状态，只需选择某一状态即可。

(5) 灵活性。系统应该适宜不同人群使用。

在构架设计阶段，主要确定界面体系结构。设计一个好的用户界面体系结构涉及定义工具、材料以及用来摆放它们的环境(包括硬件与软件)，并且把用户界面的所有内容分布到彼此不同但却相互关联的若干交互空间中去。例如使用命令行还是菜单界面，或是两种都有；使用什么样的窗体、表单。此外，还应确定界面内容模型、环境导航图、整体风格与规范，如窗体的大小及位置，界面上标题的字体、字号、色彩等。

6.2　嵌入式系统机制设计

机制设计通过添加对象或应用类以支持某种具体的实现策略，机制设计过程是分析模型的细化过程，主要考虑如何通过小的类以及对象集合的协作来完成共同的目标。共同工作的一组类和对象被称为一个协作，其由扮演指定角色的具体类来定义。当一个协作可以被其他能实现这些角色的协作取代时，该协作就叫作一个模式。角色从抽象的意义上为模式定义了形参列表，当和实参列表绑定在一起时，模式可以被实例化为协作，典型的实时系统可以有多个协作在同时运行。机制设计通过发现并使用对象协作模式来组织系统的实现策略。

机制设计过程是一个选择和优化的过程，其主要活动包括匹配合适的模式，确定问题内部的并发性，选择软件控制策略，处理边界条件，设置权衡优先级，填补从高层需求到低层服务之间的空白，用操作实现用例，把操作分配给类，设计优化，组织类。在阐述机制设计前，先介绍下设计模式。

6.2.1　设计模式

软件设计模式是对用于特定场景下解决一般设计问题的类和相互通信的对象的描述。一个设计模式命名、抽象并确定了一个通用设计结构的主要方面，这些设计结构能被用来构造可复用的面向对象设计。设计模式确定了所包含的类和实例，它们的角色、协作方式以及职责分配。每一个设计模式都集中于一个特定的面向对象设计问题或设计要点，描述了什么时候使用它，在另一些设计约束条件下是否还能使用，以及使用的效果和如何取舍。下面列出常见的 23 个设计模式。

Abstract Factory(抽象工厂模式)：提供一个创建一系列相关或相互依赖对象的接口，而无需指定它们具体的类。

Adapter(适配器模式)：将一个类的接口转换成客户希望的另外一个接口。Adapter 模式使得原本由于接口不兼容而不能一起工作的那些类可以一起工作。

Bridge(桥接模式)：将抽象部分与其实现部分分离，使它们都可以独立地变化。

Builder(建造者模式)：将一个复杂对象的构建与其表示分离，使得同样的构建过程可以创建不同的表示。

Chain of Responsibility(责任链模式)：为解除请求的发送者和接收者之间的耦合，而使多个对象都有机会处理这个请求。将这些对象连成一条链，并沿着这条链传递该请求，直到有一个对象处理它。

Command(命令模式)：将一个请求封装为一个对象，从而使开发人员可用不同的请求对客户进行参数化，可对请求排队或记录请求日志，并支持可取消的操作。

Composite(组合模式)：将对象组合成树形结构以表示“部分—整体”的层次结构。Composite 使得客户对单个对象和复合对象的使用具有一致性。

Decorator(装饰器模式)：动态地给一个对象添加一些额外的职责。就扩展功能而言，Decorator 模式比生成子类方式更为灵活。

Facade(外观模式)：为子系统中的一组接口提供一个一致的界面，Facade 模式定义了一个高层接口，这个接口使得这一子系统更加容易使用。

Factory Method(工厂方式模式)：定义一个用于创建对象的接口，让子类决定将哪一个类实例化。Factory Method 使一个类的实例化延迟到其子类。

Flyweight(享元模式)：运用共享技术有效地支持大量细粒度的对象。

Interpreter(解释器模式)：给定一个语言，定义它的文法的一种表示，并定义一个解释器，该解释器使用该表示来解释语言中的句子。

Iterator(迭代子模式)：提供一种方法顺序访问一个聚合对象中各个元素，而又无需暴露该对象的内部表示。

Mediator(中介者模式)：用一个中介对象来封装一系列的对象交互。中介者使各对象不需要显式地相互引用，从而使其耦合松散，而且可以独立地改变它们之间的交互。

Memento(备忘录模式)：在不破坏封装性的前提下，捕获一个对象的内部状态，并在该对象之外保存这个状态。这样以后就可将该对象恢复到保存的状态。

Observer(观察者模式)：定义对象间的一种一对多的依赖关系，以便当一个对象的状态发生改变时，所有依赖于它的对象都得到通知并自动刷新。

Prototype(原型模式)：用原型实例指定创建对象的种类，并且通过拷贝这个原型来创建新的对象。

Proxy(代理模式)：为其他对象提供一个代理以控制对这个对象的访问。

Singleton(单例模式)：保证一个类仅有一个实例，并提供一个访问它的全局访问点。

State(状态模式)：允许一个对象在其内部状态改变时改变它的行为。

Strategy(策略模式)：定义一系列的算法，把它们一个个封装起来，并且使它们可相互替换。本模式使得算法的变化可独立于使用它的客户。

Template Method(模板方案模式)：定义一个操作中的算法骨架，而将一些步骤延迟到子类中。Template Method 使得子类可以不改变一个算法的结构即可重定义该算法的某些特定步骤。

Visitor(访问者)：适用于数据结构相对未定的系统，把数据结构和作用于结构上的操作间的耦合解开。

6.2.2　Adapter 设计模式

Adapter 设计模式是嵌入式软件中应用比较多的一种设计模式。下面首先采用统一格式描述 Adapter 设计模式。

(1) 意图。

将一个类的接口转换成客户希望的另外一个接口。Adapter 模式使得原本由于接口不兼容而不能一起工作的那些类可以一起工作。

(2) 别名，包装器 Wrapper。

(3) 动机。

有时为复用而设计的工具箱类由于其接口与专业应用领域所需要的接口不匹配，导致不能够被复用。例如，有一个绘图编辑器，其允许用户绘制和排列基本图元(线和正文等)，进而生成图片和图表。此绘图编辑器的关键抽象是图形对象，图形对象有一个可编辑的形状，并可以绘制自身。图形对象的接口由一个称为 Shape 的抽象类定义。

绘图编辑器为每一种图形对象定义了一个 Shape 的子类(Line 类)，Line 对应于直线等。Line 的绘图和编辑功能本来就很有限，因此其比较容易实现。对于可显示和编辑正文的 TextShape 子类，由于其涉及复杂的屏幕刷新和缓冲区管理，因此实现相当困难。然而，已有的用户界面工具箱已经提供了一个用于显示和编辑正文的复杂类 TextView。理想情况是通过复用 TextView 类以实现 TextShape 类，但由于工具箱设计者并没有考虑 Shape 的存在，因此 TextView 和 Shape 对象不能互换。对此，可通过定义一个 TextShape 类来适配 TextView 的接口和 Shape 的接口。具体实现时，可以采用两种方法：① 继承 Shape 类的接口和 TextView 的实现；② 将一个 TextView 实例作为 TextShape 的组成部分，并且使用 TextView 的接口实现 TextShape。这两种方法恰恰对应于 Adapter 模式的类和对象版本。此时，将 TextShape 称之为适配器 Adapter。

图 6-12 所示为对象适配器的实例。它说明了在 Shape 类中声明的 BoundingBox 请求如何被转换成在 TextView 类中定义的 GetExtent 请求。由于 TextShape 将 TextView 的接口与 Shape 的接口进行了匹配，因此绘图编辑器就可以复用原先并不兼容的 TextView 类。

由于绘图编辑器允许用户交互的将每一个 Shape 对象“拖动”到一个新的位置，而 TextView 设计中没有这种功能，对此，可以实现 TextShape 类的 CreateManipulator 操作，从而增加这个缺少的功能，这个操作返回相应的 Manipulator 子类的一个实例。Manipulator 是一个抽象类，它所描述的对象知道如何驱动 Shape 类响应相应的用户输入，例如将图形拖动到一个新的位置。对应于不同形状的图形，Manipulator 有不同的子类，例如子类 TextManipulator 对应于 Textshape，TextShape 通过返回一个 TextManipulator 实例，增加了 TextView 中缺少而 Shape 需要的功能。因此图 6-9 也说明了如何通过适配器 Adapter 实现那些被匹配的类所没有提供的功能。

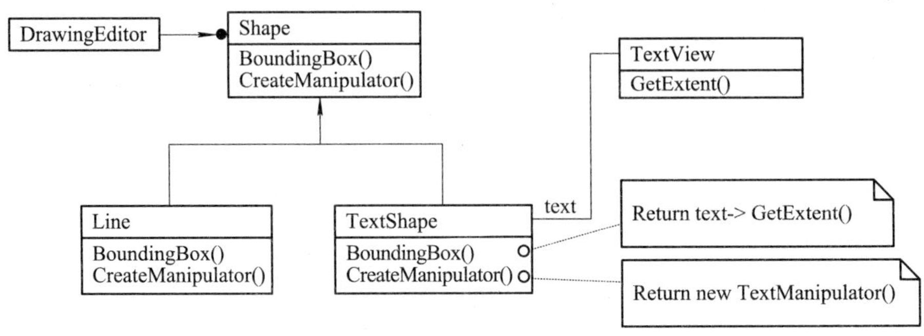

图 6-12　基于对象适配器的 TextShape 模式

(4) 适用性。以下情况使用 Adapter 模式：

① 想使用一个已经存在的类，而它的接口不符合需求。

② 想创建一个可以复用的类，该类可以与其他不相关的类或不可预见的类(即那些接口可能不一定兼容的类)协同工作。

③ 想使用一些已经存在的子类，但是不可能对它们都进行子类化以匹配它们的接口(仅适用于对象 Adapter)。对象适配器可以适配它的父类接口。

(5) 结构。类适配器使用多重继承对一个接口与另一个接口进行匹配，如图 6-13 所示。

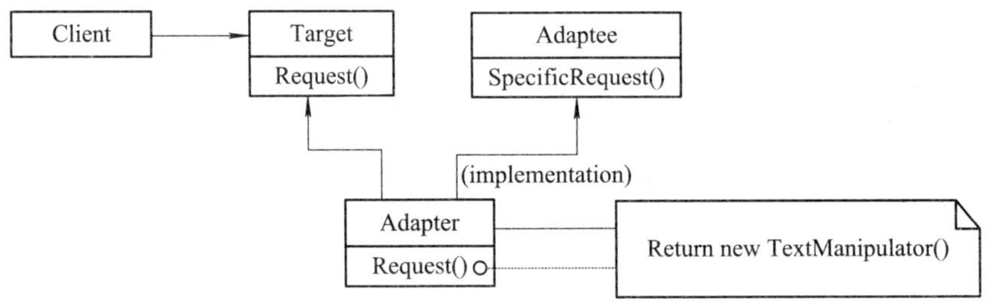

图 6-13　类适配器结构

对象匹配器依赖于对象组合，如图 6-14 所示。

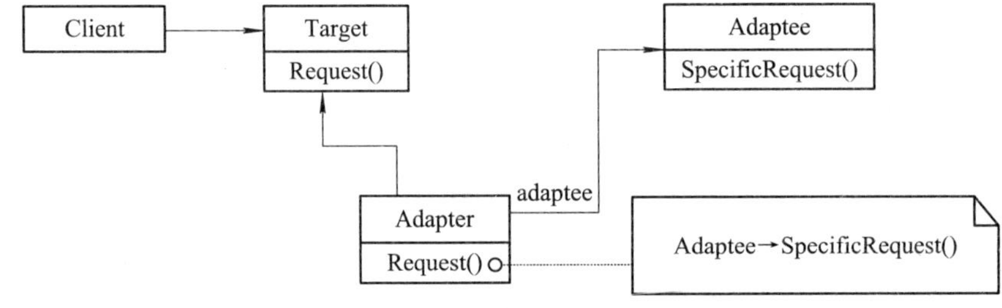

图 6-14　对象适配器结构

(6) 参与者。

① Target(Shape) 定义 Client 使用的与特定领域相关的接口。

② Client(DrawingEditor) 与符合 Target 接口的协同对象。

③ Adaptee(TextView) 定义一个已经存在的接口，该接口需要适配。

④ Adapter(TextShape) 对 Adaptee 的接口与 Target 接口进行适配。

(7) 协作。 Client 调用 Adapter 实例的一些操作，适配器调用 Adaptee 的操作实现请求。

(8) 效果。类适配器和对象适配器有不同的权衡。其中，类适配器的主要特点如下：

① 用一个具体的 Adapter 类对 Adaptee 和 Target 进行匹配。结果是当想要匹配一个类以及所有它的子类时，类 Adapter 将不能胜任工作。

② 使得 Adaptee 可以重定义 Adaptee 的部分行为，因为 Adapter 是 Adaptee 的一个子类。

③ 仅仅引入了一个对象，并不需要额外的指针以间接得到 adaptee。

对象适配器则主要特点如下：

① 允许一个 Adapter 与多个 Adaptee，即 Adaptee 本身以及它的所有子类(如果有子类的话)同时工作。Adapter 也可以一次给所有的 Adaptee 添加功能。

② 使得重定义 Adaptee 的行为比较困难。这就需要生成 Adaptee 的子类并且使得 Adapter 引用这个子类而不是引用 Adaptee 本身。

(9) 实现。Adapter 模式的实现方式通常简单直接。在使用 C++实现适配器类时，Adapter 类应该采用公共方式继承 Target 类，并且用私有方式继承 Adaptee 类。因此，Adapter 类应该是 Target 的子类型，但不是 Adaptee 的子类型。

(10) 代码示例。针对类 Shape 和 TextView，图 6-15 为类 Shape 和 TextView 实现代码的简要框架。

```
class Shape{
    public:
        Shape();
        virtual void BoundingBox(Point& bottomLeft, Point&topRight) const;
virtual Manipulator* CreateManipulator() const;
};
class TextView {
public:
textView();
void GetOrigin(Coord&x, Coord&y) const;
void GetExtent(Coord&width, Coord&height) const;
virtual bool IsEmpty() const;
 }
```

图 6-15　类 Shape 和 TextView 实现代码的简要框架

Shape 包含一个边框，该边框由它相对的两角定义。而 TextView 则由原点、宽度和高度定义。Shape 同时定义了 CreateManipulator 操作用于创建一个 Manipulator 对象。当用户操作一个图形时，Manipulator 对象知道如何驱动这个图形。TextView 没有等同的操作。

图 6-16 为采用类适配方法实现的 TextShape 类。类适配器采用多重继承适配接口，其关键是用一个分支继承接口，而用另外一个分支继承接口的实现部分。通常 C++中用公共方式继承接口，用私有方式继承接口的实现。

```
class TextShape: public Shape, private TextView {
public：
    TextShape();
    virtual void BoundingBox(Point& bottomLeft, Point& topRight) const;
    virtual bool lsEmpty() const;
    virtual Manipulator* CreateManipulator() const；
};
// BoundingBox 操作对 TextView 的接口进行转换使之匹配 Shape 的接口。
void TextShape:: BoundingBox(Point& bottomLeft, Point& topRight) const {
    Coord bottom, left, width, height;
    GetOrigin(bottom, left);
    GetExtent(width, height);
    bottomLeft=Point(bottom, left);
    topRight=Point(bottom+height, left+width);
}
// IsEmpty 操作给出了在适配器实现过程中常用的一种方法(直接转发请求）
bool TextShapel: IsEmpty() const {
     return TextView:: IsEmpty();
}
//定义 CreateManipulator(假定已实现了支持 TextShape 操作的类 TextManipula tor）
Manipulator* TextShape:: CreateManipulator() const {
     return new TextManipulator(this);
}
```

图 6-16　TextShape 类适配器框架

图 6-17 为采用对象适配器方法实现的 TextShape 类，其采用对象组合方法将具有不同接口的类组合在一起。该方法中适配器 TextShape 维护一个指向 TextView 的指针。TextShape 必须在构造器中对指向 TextView 实例的指针进行初始化，当它自身的操作被调用时，它还必须对它的 TextView 对象调用相应的操作。本例中假设客户创建了 TextView 对象，并将其传递给 TextShape 的构造器。

CreateManipulator 的实现代码与类适配器版本的实现代码一样，因为它的实现从零开始，没有复用任何 TextView 已有的函数。

将这段代码与类适配器的相应代码进行比较，可以看出编写对象适配器代码相对麻烦一些，但是它比较灵活。例如客户仅需将 TextView 子类的一个实例传给 TextShape 类的构造函数，对象适配器版本的 TexShape 就同样可以与 TextView 子类一起很好的工作。

```
class TextShape: public Shape {
public:
    TextShape(TextView*);
    virtual void BoundingBox(Point& bottomLeft, Point& topRight)   const;
    virtual bool lsEmpty() const;
    virtual Manipulator* CreateManipulator() const;
private:
  TextView* _text;
}

TextShape:: TextShape (TextView* t) {
  _text =t;
}
void TextShape:: BoundingBox(Point& bottomLeft, Point& topRight) const {
    Coord bottom, left, width, height;
    _text->GetOrigin(bottom, left);
    _text->GetExtent(width, height);
    bottomLeft= Point(bottom, left);
    topRight= Point(bottom+height, left+width);
}
```

图 6-17　TextShape 对象适配器框架

(11) 已知应用。Visual C++的 STL 中 stack 通过对象适配器匹配 queue 的 empty 接口等。

(12) 相关模式。

模式 Bridge 的结构与对象适配器类似，但是 Bridge 模式的出发点不同。Bridge 目的是将接口部分和实现部分分离，从而可以较为容易、相对独立的对它们加以改变。Adapter 意味着改变一个已有对象的接口。

Decorator 模式增强了其他对象的功能而同时又不改变它的接口。因此 decorator 对应用程序的透明性比适配器要好。结果是 decorator 支持递归组合，而纯粹使用适配器是不可能实现这一点的。

模式 Proxy 在不改变它的接口的条件下，为另一个对象定义了一个代理。

6.2.3　匹配合适的模式

机制设计的主要内容是标识和应用机制设计模式，这些模式能够在满足系统设计约束的条件下对协作进行优化。设计模式是协作的抽象，设计模式在一定程度上可视作协作的类型，即协作是模式的实例。在创建可实例化的协作时，可通过指定实际参数精化模式。例如一个设计模式可能需要某种类型的容器，该容器要实现对多个对象的包容，但该设计模式并不关心所采用容器的类型。在实例化时，可以选择容器的类型，以实现具体的应用。

嵌入式系统会涉及许多外部设备接口的设计与实现。比如一个系统既有串口，也有USB和蓝牙接口，将来还可能扩展其他接口。开发者通常针对这些不同的接口独立进行设计，独立实现(如图6-18所示)。

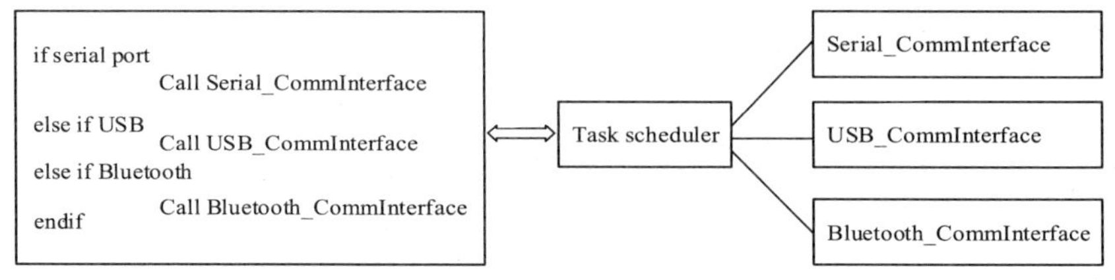

图6-18　独立设计各个通讯接口

从图6-15所示的例子可以发现：

(1) 调用串口通信接口的程序和调用USB通信接口及调用蓝牙通信接口的程序很相似；

(2)“传输数据”与“传输什么数据给谁”混合在一起；

(3) 如果扩展新的接口，程序需重写；

(4) 不同的接口差异较大；

(5) 一旦接口的设计与实现发生变化，那么调用这些接口的程序也要跟着变化。

若抽象出一个抽象接口，所有的调用都调用这些抽象接口，而不关心接口的具体实现，那么具体实现的变化就不会影响上层应用程序，扩展新的接口也不会对上层应用程序产生很大影响。如图6-19所示采用适配器模式设计通信接口，该接口有以下好处：

(1) 具体传输的信息与调用分离。程序更易理解，也更容易测试。

(2) 具体传输的信息、传输给谁等只需要在SerialInterface、USBInterface、Bluetooth Interface中实现一次、出现一次。这样，具体实现的修改不影响其他程序。

(3) 如果增加新的接口，只需要实现一个新的Adapter就可以。

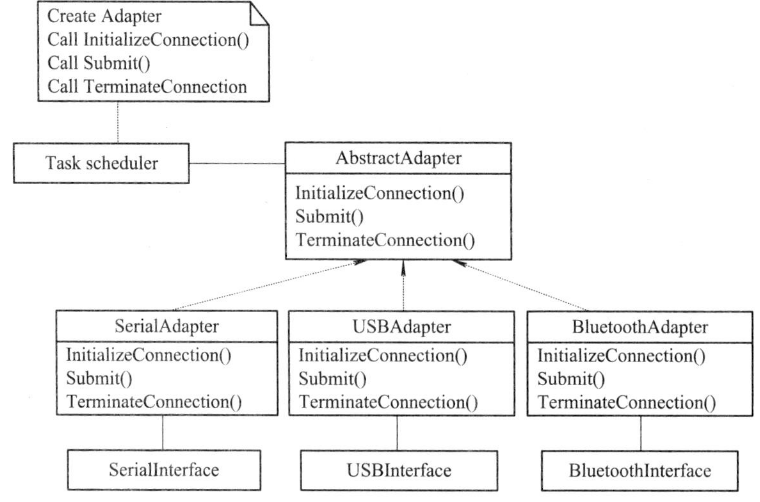

图6-19　采用Adapter模式设计的通讯接口

采用适配器模式设计的通讯接口尽管有上述优点，但其引入的抽象层可能会影响嵌入式系统的效率，因此需要均衡增加抽象层给系统带来的好处与益处。

6.2.4 确定问题内部的并发性

机制设计的一个重要活动就是识别必须并发活动的那些对象和具有互斥关系的活动对象。具有互斥关系的活动对象通常由实时操作系统多任务机制处理。

状态模型可用来识别并发问题。若两对象在不交互情况下，在同一时刻可以接受事件，且事件间不存在同步关系，它们就是并发的。在单一微处理器内部，通过硬件中断、RTOS 任务分派机制可以实现多对象的逻辑并发性。在传感器和执行器类硬件上执行的任务，同处理器中运行的多任务可以实现物理并发。

尽管所有对象在概念上都是并发的，实际上系统里面的许多对象通常却是相互独立的。通过检查单个对象的状态图以及它们之间的事件交换，通常能够把许多对象放在一个任务控制上。在状态图上，通过一组状态路径，其中每次只有一个对象是激活的。任务线程会在状态图中存在，一直到对象给另一个对象发送事件，并等待另一个事件时，线程才会暂时停止。这时，任务线程递交事件给接收者，直到最后将控制权返回给原始对象。如果对象发送事件后还需要继续执行，任务线程就会形成并发。

另外，顺序图是描述和理解并发任务线程的最好工具，但需要注意的是，顺序图只是描述某一个特定场景而不是全景。实际设计时可以结合顺序图和状态图来确定问题内部的并发性。

6.2.5 选择软件控制策略

软件系统控制流分为外部控制流和内部控制流。其中，外部控制是指系统的对象间产生的外部可见的事件流。外部事件控制包括过程驱动型顺序控制、事件驱动型顺序控制和并发控制。设计人员须依据可用资源和应用程序中的交互种类来确定使用哪种控制。内部控制是任务线程内部的控制流，它仅在实现过程中存在。与外部事件不同，内部控制在对象或操作之间互相转移。外部交互可能会等待事件，这是因为多个任务线程都是独立运行的，一个任务不能强迫另一个任务响应事件。内部控制则把所有的行为叠加在同一个任务线程内，一般通过过程调用作为算法实现的一部分，因此它们的响应形式是可预测的。内部控制也可以实现任务间的调用，但要在任务线程控制之下完成。

下面简要介绍几种外部控制范型。

1. 过程驱动型顺序控制

在过程驱动型顺序控制系统中，控制在程序代码内部。过程请求外部输入，然后等待输入；当输入到达时，控制就会在请求外部输入的过程中继续。程序计数器的位置和过程调用堆栈以及局部变量完全界定了系统的状态。

过程驱动型控制的优点在于用常规语言很容易实现。缺点是它需要将对象内部的并发性映射成顺序控制流。设计时须把对事件的处理转换成对象之间的操作。事件的处理操作对应于请求输入和交付新值的事件对。因为程序必须显式地请求输入，所以此控制难以处理异步输入事件。若应用系统的状态模型表现为有规律地交替请求输入、显示或处理数据时，比较适合应用这种控制范型。而对于具有灵活用户界面和具有异步事件控制的反应式系统，就需要采用下面要讨论的控制范型。

2. 事件驱动型顺序控制

在事件驱动型顺序控制系统中，控制存在于语言、子系统或操作系统所提供的调度程序或监视器中。开发者将应用程序过程附加在事件上，当发生了相应的事件时，调度程序或系统硬件(如中断控制器)就会激活该过程。如果该过程可与调度器并发，则调度器不必在线等待；如果该过程是中断服务程序，则调度器的 CPU 使用权被过程强占，过程结束后再把 CPU 使用权交回给调度器。CPU 使用权返还给调度器后，系统依据使用的是占先式还是非占先式内核调度策略将 CPU 分配给相应的任务线程。

事件驱动型系统所支持的控制要比过程驱动型更加灵活。事件驱动型系统可以较好地模拟多任务线程间的协作过程。这对于需要复杂用户界面的系统尤其有用。

3. 并发控制

在并发控制系统中，每一个任务会分配一部分独立的系统功能，因此控制并发地存在于若干独立的任务线程当中。此时，系统会把事件实现为任务线程之间的单向消息。一个任务可以等待输入，但别的任务可以继续执行。在并发控制系统中，任务之间的调度冲突或关联由 RTOS 管理。但在设计系统的任务代码时要正确地处理好函数的可重入、互斥、死锁、任务间通信等任务间关系问题，否则可能会阻塞整个应用程序。

4. 其他控制范型

以上三种控制范型主要是针对过程化程序设计而讨论的。在目前的嵌入式系统开发实践中，尤其是智能机器人的开发中，可能会遇到其他的控制范型。例如基于规则的系统(或称为知识系统)、逻辑程序设计系统、神经元网络计算控制系统、模糊计算控制系统等非过程化程序控制范型。它们组成了另一种控制风格，其中显式控制会被带有隐含评价的说明规则所代替，有时可能是不确定性的或者复杂度很高的。

6.2.6　处理边界条件

软件机制设计主要关注系统的稳态行为，但也需要考虑边界条件问题。需要考虑的边界条件问题主要有初始化、终止和失效。

(1) 初始化。系统从静止的初始状态进入到持续性稳定状态期间，系统需要初始化常量数据(如堆、栈、中断向量等)、参数、全局变量、任务、监护条件对象以及层次结构本身。在初始化过程中，通常只会提供系统功能的一个子集。初始化也包括并发任务的初始化问题。

(2) 终止。终止时许多内部对象都可以简单地丢弃掉。同时，必须释放它所保留的外部资源。在并发系统中，一项任务必须将它已被终止的消息通知给其他任务。

(3) 失效。失效是系统的意外终止。失效可能源自用户的错误、系统资源耗尽以及外部故障，失效也可能源于系统中的错误。优秀的设计人员预先做好规划，在系统出现致命错误时，让环境中其余部分尽可能地保持完好，并在终止前尽可能多地记录失效信息，以便在系统恢复时达到最佳效果。

6.2.7　权衡开发策略的优先级

在机制设计阶段，需要权衡系统开发策略的优先级，协调合乎需要但并不兼容的设计目标。设计权衡有时不仅包含硬件和软件，而且也可以包含软件的开发过程。例如有时候通过牺牲系统部分功能来换取软件更早地投入使用。机制设计无需做出所有的权衡，但要建立这些权衡的优先顺序。例如一款业务处理机运行于有限内存的处理器上，这时节约内存的优先级高，而执行速度就只好次之。对此，程序开发人员就需利用各种技巧(如牺牲可维护性、可移植性和可理解性为代价)来达成这一目标。

设计权衡开发策略的优先级会影响到整个系统的特性。如果没在系统范围内建立开发策略的优先级，那么系统中的不同部分可能会优化出一些相互对立的目标。例如一个按照可封装性优化的组件与一个按效率优化的组件组装在一起的系统，可能导致系统资源的浪费。

6.2.8　填补从高层需求到低层服务间的空白

在 OO 的软件开发过程中，分析模型中的框架和类可以直接代入设计阶段，而机制设计是在分析框架下演进增加细节和执行精细决策的过程，其填补了从高层需求到底层服务之间的空白，确保了分析模型与设计模型一致。

在机制设计阶段，需要选择不同实现方法实现分析类，并希望把执行时间、内存等成本降到最小。期间会通过选择算法把复杂操作分解为简单的操作。其中，分解是一个迭代过程，在越来越低的抽象层次上持续重复，直到确定了每一个实例化对象的类。在迭代过程中，需要避免过度优化，只要达到易实现、可维护、可扩展等方面的综合平衡就可行。

6.2.9　用操作实现用例

分析模型包含实现系统功能的用例，并通过用例给出了协作类的主要操作。在机制设计过程中要详细描述这些复杂的操作。用例定义了所需要的行为，但它们没有定义行为的实现。机制设计中需要发现提供这些行为的新的操作和对象。然后，根据包含了更多对象的底层操作，依次定义每项新操作。最后，则根据已有的操作来直接实现操作。

每项操作都有不同的职责，职责是指对象了解或者必须要做的那些事情。例如在一个航空订票系统中，职责“预定客票”可能包括搜索满足要求的航班，且该航班上还未预定的座位，将座位标记为占用状态，收取客户的付款，安排送票，及将收到的支付款记入正确的账户等。

在用操作实现用例的过程中，首先要列出用例或操作的职责。由于一些操作会被其他操作共享，而其他操作在未来也可能被复用。因此要将职责组织成簇，并努力保持这些簇的一致性。其次，要定义每个职责簇的操作，既要让该操作不受限于特定的环境，又要避免其太过通用。最后，把新的底层操作分配给类。若没有合适的类可容纳某一项或几项操作，则表明需要设计新的底层类。

顺序图是提取和分配类操作非常有效的方法。图 6-20 中，通过顺序图提取了 FallDetector 模块打开电源完成模块初始化所需执行的系列操作，这些操作最终都分配到 FallDetctor 类。

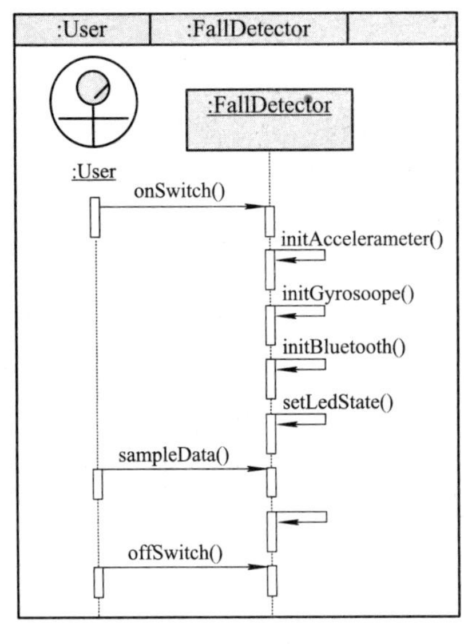

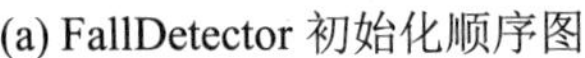

(a) FallDetector 初始化顺序图

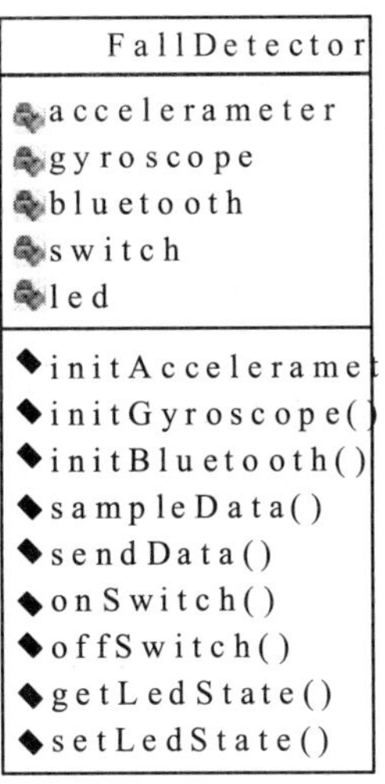

(b) FallDetector 类图

图 6-20　通过顺序图提取类操作示例

6.2.10　将操作分配给类

软件设计过程中可能引进一些内部类，这些内部类并不对应真实世界的对象，而是从系统交互等方面出发采取的权宜措施。如何将操作分配给类呢？当操作只设计一个对象时，只需询问对象是否需要执行这项操作就可做出决策。当操作中涉及多个对象时，决策会更加困难。此时不妨参考一些相关职责分配模式。常见职责分配模式有以下几种。

(1) 专家模式。将操作职责分配给掌握了履行职责所必须信息的类。

(2) 创建者模式。存在 A 和 B 两个类，如果 B 集聚了 A，或 B 包含了 A，或者 B 记录了 A 的实例，或者当 A 的实例被创建时 B 具有要传递给 A 的初始化数据。满足以上一个或几个条件时，称为 B 是 A 的创建者。创建 A 的实例的操作职责应该分配给 B。

(3) 低耦合度模式。在分配一个操作职责时要保持类的低耦合度。

(4) 高聚合度模式。在分配一个操作职责时要保持类的高聚合度。

(5) 控制者模式。将处理系统消息的操作职责分派给代表下列事物的类：代表整个系统的类；代表整个组织的类；代表真实世界中参与职责的主动类；代表一个用例中所有事件的人工处理者的类。

在给具有泛化层次关系的类分配操作时，随着设计过程中细节的逐步进入，可将操作沿着层次结构自上向下移动。因为层次结构中子类的定义经常是不确定的，可以在设计阶段进行调整。设计过程一般是由上至下展开的，即从高层操作开始，进而定义低层操作，高层操作调用低层的操作。若自下至上定义操作，有可能产生永远也不会用到的操作，这是资源有限的嵌入式系统要尽可能避免的。向下递归地定义操作可以按功能和实现机制两种方式混合交替进行。

(1) 按功能分层。按功能递归从高层功能开始逐步将它拆分成更小、更具体的操作。

(2) 按机制分层。从支持系统的实现机制的分层中构造系统。

6.2.11 设计优化

机制设计中的优化包括提供高效的访问路径，重新调整类和操作，提取公共行为，保存中间结果，重新调整算法等。

1. 提供高效的访问路径

在分析过程中，通常会避免冗余的关联，因为冗余的关联不会增加任何信息。在设计阶段会因为实现的原因而专注于模型的可行性，期间可以重新调整关联，甚至增加冗余的关联和使用限定关联来提高路径的访问效率。

2. 重新调整类和操作

若几个类定义了相同的操作，就可以为这些类新建立一个共同父类，而让它们从父类单向继承这些相同的操作。使用继承时，要调整这些操作而使它们具有相同的签名。操作签名是指操作名称、输入参数个数及类型、输出结果及类型。除了签名之外，操作的语义也必须相同。可以采用以下方法增加使用继承的机会。

(1) 带有可选参数的操作。通过增加一些可以被忽略的候选参数来调整操作的签名。例如，单色显示器上的绘制操作无需彩色参数，但为了保持与彩色显示器的兼容，它可以接收这个参数，在绘制时忽略彩色参数或者通过彩色参数产生单色显示的亮度就可以了。

(2) 有特例存在的操作。一些操作可能只有较少的参数，而它们的操作可以通过一个带有更多参数的通用操作来完成。此时，可以为带有较少参数的操作增加一些具有固定值的参数，并调用相关通用操作来完成这些操作。

(3) 相同的属性/操作名称。不同类中的相似属性可能会有不同的名称。对此，可赋予这些属性相同的名称并将其移到共同的父类。对于操作的命名也有可能存在同样的问题。

3. 提取公共行为

分析过程中通常不会注意类之间是否有共同点，在优化设计的时候需要重新检查并寻找类之间的共同点。此外，在设计过程中也会增加新的类和操作。如果两个类好像重复了几次操作和属性，那么在更高的抽象层次上来识别类时，这两个类可能是同一事物的特化。

如果有公共行为，就可为该共享功能创建一个公共父类，只留下专用功能在子类中。因为抽象类没有直接实例，它所定义的行为会属于其子类的全部实例，所以可只生成抽象父类。抽象父类具有共享性和复用性等好处。将一个类拆分成两个类，会将特定因素与更通用因素分离开来，使得每个类都是一个可独立维护的组件，有着归档完好的接口。

4. 保存中间结果

有时可定义新类来缓存派生属性，避免重新计算以提高系统效率。此时，如果缓存所依赖的对象发生变化，就必须更新缓存。可以采用以下方法实现此目的。

(1) 显式更新。令源属性更新时的操作直接调用派生属性的更新操作，即显式的更新依赖于源属性的派生属性。

(2) 周期性重新计算。定期重新计算所有的派生属性，而不是在每个源发生变化时才进行。定期重新计算要比显式更新简单，更不容易出现错误。

(3) 主动取值(观察者模式)。派生属性对象会通过登记记录机制关联对源属性的依赖。此机制会监视源属性的取值，每当它发生变化的时候，就会更新派生属性的取值。

5. 重新调整算法

在调整类模型的结构后，可以优化算法。算法优化的关键是要尽可能早地清除死路径，比较不同实现算法的执行效率、时间和空间需求等。

6.2.12 组织类

通过信息隐藏、增加类的内聚性和微调包定义等方式来改进设计模型中类的组织方式。

1. 信息隐藏

仔细地将外部规约与类的内部实现区分开来，使类内部的变动不为外部所见，进而限制变动的影响，这种方法称为信息隐藏。信息隐藏好像为类建立了一道防火墙，可有效改进设计的可见性。信息隐藏有以下几种方式：

(1) 限制类模型遍历的范围。在设计过程中，应努力限制一个操作的作用范围，一个对象应该仅访问那些直接相关的对象。若系统中存在到处可见的操作，这样的系统是非常脆弱的，因为系统中的任何变化都会对全局产生重要影响。

(2) 不直接访问外部属性。子类访问父类的属性通常是可以接受的，但是类不应该直接访问一个关联类的属性。可通过调用关联类的操作来访问其属性。

(3) 在较高的抽象层次定义接口。面向对象设计要求类间耦合度低。对此，可提升接口的抽象层次。高层接口的操作往往具有比低层接口更强大的功能和更好的调用效果。

(4) 隐藏内部对象。使用边界对象来将系统内部与外部环境隔离开来。通过边界对象仲裁内部和外部之间的请求与响应。它以一种客户端友好的方式接收外部请求，再把这些请求转变成一种方便的内部实现。

(5) 避免级联操作的调用。避免将一个操作应用到产生另一个操作的结果上。两个类之间的关系可能涉及前面提到的可重入、并发等很复杂的问题，因此这种操作级联调用要尽量避免。例如，若两个操作不在同一个类中，级联操作会增加两个类之间的耦合。

2. 增加类的内聚性

一个类不应该服务于多个目的。针对复杂目的，可以使用泛化或者聚合把它分解开。如果属性、关联或者操作可以明确地分成两个或更多个无关的分组，那么就可把它们分开。落实到类的操作，每个操作的最终实现应只做好一件事情。较小的类比大型复杂的类更有可能被复用。

3. 微调包的定义

在分析过程中，通常把类模型划分成包。初始的组织结构可能不适合实现，或者不是最优的实现组合。因此应该微调这些包的定义，使其接口保持最小化，接口的定义也清晰和完整。两包间的接口包括一个包中的类与另一个包中的类的关联，以及跨越包的边界来访问包内部类的操作。

可以用类模型的连通性作为指导来微调包。通常关联紧密联系在一起的类应该放在同一个包里，而无连接或者松散的连接的类应该放在独立的包中。此外，也可通过相关主题、子系统、功能上的连贯性等目标划分包，并尽量保持单个包的强耦合度。图 6-21 位跌倒检测系统按照系统运行部署结构划分的系统包图。

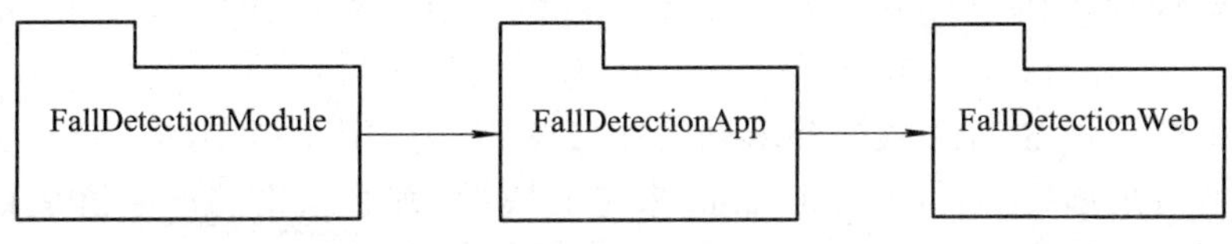

图 6-21　通过包图组织系统类示例

6.3　嵌入式系统详细设计

详细设计要考虑信息的结构及其操纵，通常该阶段要设计决策系统的数据结构、关联的实现、对象接口、操作及其可见性、实现操作的算法和异常处理等。

6.3.1　数据结构

分析阶段主要关注系统信息的逻辑结构，详细设计阶段必须要设计出支持高效算法的数据结构。数据结构不会给分析模型增加信息，却能将信息以方便算法实现的形式进行组织。许多数据结构(如数组、链表、队列、栈、集合、包、树等)都是容器类的实例。

对象中的数据格式通常都很简单，但在详细设计阶段不但要定义数据结构，还必须指定数据的有效范围、精度、前置条件以及初始值。数据结构设计主要考虑以下 3 方面的问题。

1. 用来保存属性的基本表示类型

UML 要求属性具有简单的结构，诸如整数、字符串等形式。但在实际应用中不应拘泥于 UML 的要求，而应根据信息的使用方式和效率来确定数据结构。例如对于一个字符串数据，如果当作一个独立的对象来看待，并通过与之建立关联的方式来操作，这通常效率不高。由于大部分开发语言都有字符串数据类型，因此把字符串作为一个对象的属性而不是单独作为另一个简单对象，这样的方式更有效。但如果这个字符串是多任务间相互传递的消息，此时，字符串最好作为一个独立的对象，在使用时再与相关任务建立关联。同样的道理，如果要处理传感器采集的 10 000 个数据构成的波形，也需根据这些数据的使用需求来确定处理策略。若系统要求实时显示这些数据波形，此时采用链表和指针来组织这些采样数据是缺乏效率的；而把这些数据作为属性封装到对应的数组中，通过简单的指针增量就可高效地访问和处理这些数据。但如果这些数据是作为记录需要保留在系统中，并对其经常有查询、排序、插入和删除等处理操作时，链表通常又是一个不错的选择。

对象的所有属性都必须采用程序语言所提供的基本类型实现，详细设计阶段必须检查先前对这些基本类型的选择，并确保这些选择正确恰当。

2. 基本类型中有用的子范围

尽管程序使用的是一个基本数据类型，但并不需要其全部值域。例如，年龄下标可用整数表示，但负数就是不需要的。如果属性取值的合理集合是基本类型的子集，那么合法的属性值范围被称为基本类型的子范围。有序类型(如整数等)通常都具有子范围。

要根据系统对属性的约束性要求确定相应基本类型中子范围的检查与否。例如，有一个属性是锅炉温度，如果用 int Temp 来定义属性，那么正常的温度值是 0～1000℃，而 int 的取值范围是–2147483648～2147483647。若运行中其取值为 2000℃，将会发生非常严重的后果。如果程序员主观地认为该情况不会发生，而忽略了限定范围的处理，那么灾难就可能会发生。此外，C 或 C++语言中的数组指针边界也是容易出错的子范围检查问题。

从原则上说，对象的所有属性都需要仔细论证其子范围。如果属性事关系统安全或性能，就要用约束或实现技术(如使用枚举类型、定义限定类等)进行设计。

3. 如何将多个这类属性收集到封装后的容器中

可通过堆栈、队列、链表、向量和树等方式构造基本数据属性的集合。UML 提供了一种角色约束符号来表示不同类型的集合，这些集合类型可用于分析模型和设计模型中。UML 中常用的角色约束包括以下几个方面：

(1) {ordered} 集合以一种有序的方式来维护；

(2) {bag}　　集合中可以包含同一个元素的多个副本；

(3) {set}　　集合中针对每个给定元素至多只能包含一个副本；

(4) {hashed} 集合可通过带键值的哈希结构访问。

其中，某些约束可以组合出现，如{ordered set}。此外，UML 引入限定关联对实现数据结构的重要语义进行建模。在正向方向上，限定关联就是一个查询表。对于一个限定对象，每个限定值对应一个目标对象。查询表可通过哈希表等数据结构来实现。

使用限定关联来建模并使用有效的数据结构来实现它们，对于良好的编程是很重要的。

6.3.2　关联的实现

关联提供对象之间的访问路径。有多种实现关联的方式，需要根据对象间关联的本质特性及所显现的局部特性来选择实现方式。在分析模型中通常假定关联是双向的；在原型处理阶段通常也使用双向关联以方便增加新的行为，进而快速地修改应用程序；在产品阶段，会优化一些关联。

类之间的关联包括同一任务线程内部对象之间的关联、任务线程间的关联和不同处理器中对象之间的关联，处理这几种类型关联的方式不尽相同。详细设计的一个目标就是解决如何管理对象间关联的问题。

1. 单向关联

如果一个关联只能在一个方向上遍历，就可用指针实现该关联，即在关联的发起端对象上增加一条对象引用属性。

如图 6-22 中，公司与员工关系的类模型如图上部所示，则可采用图下部的类指针实现员工与公司间的关联关系。

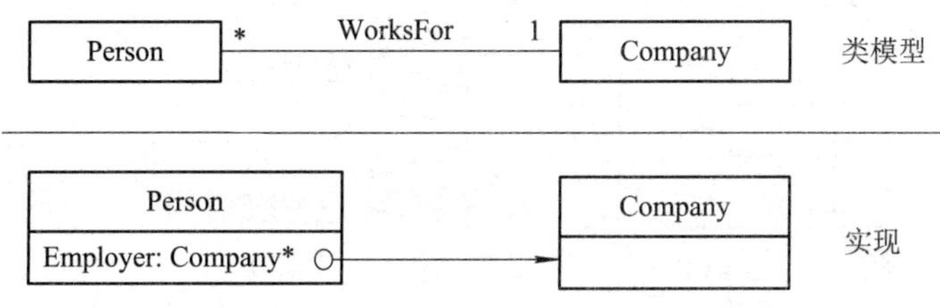

图 6-22　用指针实现单向关联

2. 双向关联

可以在两个方向上遍历关联。可以有 3 种方法实现双向关联：单向实现关联、双向实现关联和用关联对象实现关联。

(1) 单向实现关联。用指针实现一个方向遍历关联，在需要反向遍历的时候，再搜索一遍关联。此方法适用于两个方向上遍历的几率相差很大，并且要最小化存储和更新成本时。因为反向遍历需要对所有对象搜索，需要付出很高的代价。

(2) 双向实现关联。将关联的两个方向都用指针实现。该方法允许快速访问。但只要有一个方向更新了，那么另一个方向也必须更新，进而维持链接的一致性。如果访问次数超过更新次数，此方法是比较可行的。图 6-23 所示为与图 6-22 中相同类模型的双向关联实现。

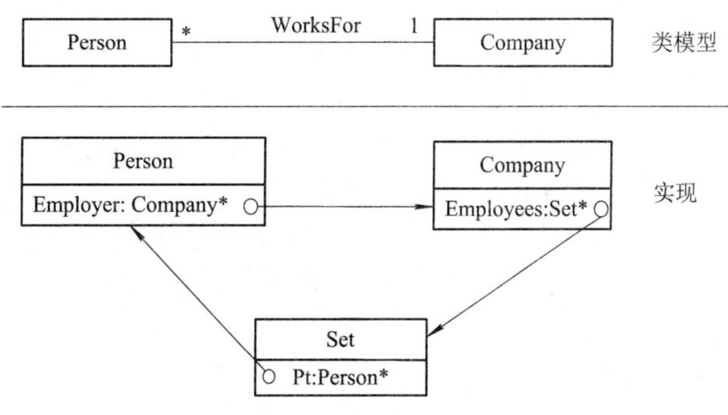

图 6-23　用指针实现双向关联

(3) 用关联对象实现关联。采用独立于任何一个类的关联对象来实现。关联对象是一组关联对象对，存储在单个大小可变的对象中。可以使用两个词典对象来实现关联对象，一个用于正向，一个用于反向。关联对象的访问速度比使用指针慢一些，但若使用哈希表，访问时间就是常数级的。由于关联对象不会在原始类上增加属性，对于一个不能修改的库，若要扩展其预定义的类，采用关联对象实现就非常有效。用关联对象实现关联的方法如图 6-24 所示。

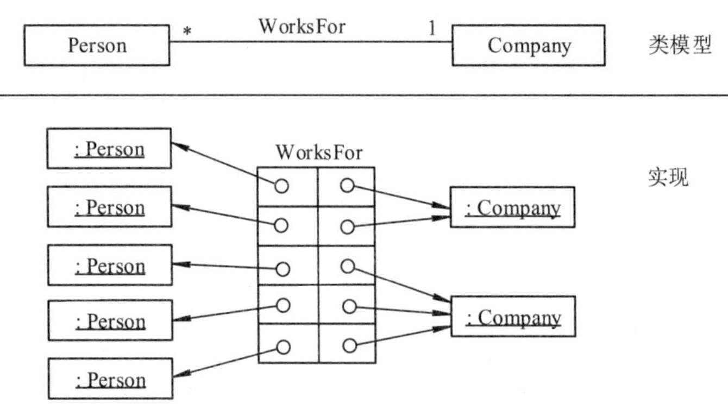

图 6-24　用关联对象实现关联的方法

3. 跨任务关联

上述关联实现在嵌入式系统的单任务内关联是可行的，但在具有 RTOS 的多任务系统中，如果关联的边界跨越了任务边界，由于可能存在互斥和可重入性等问题，使得关联解析比较复杂。此时，关联的实现要结合 RTOS 本身的能力来确定。一般 RTOS 都会提供信号量、消息邮箱、消息队列和消息管道等实现跨任务关联的手段。

RTOS 消息队列是最常见的跨任务边界请求服务方案。承担消息接收任务的主动对象读取消息队列，并将消息分派给适当的成员对象。该方案可以维持任务本身的异步执行特性，但运行开销较大。此外，RTOS 管道是消息队列的一种替换方案，对客户调用服务器提供的服务而言，这是一种更为直接的方案。

4. 跨处理器的关联

操作系统为跨处理器通信提供了套接字和远程过程调用。套接字通常被用于实现网络互联的 TCP/IP 协议。TCP/IP 协议族并不对定时做任何保证，但协议族可以处于能够提供定时保证的数据链路层之上。RPC 是通过一种阻塞协议实现的，因此客户端在远程过程完成之前是被阻塞的。这种方式维持了 RPC 的函数调用语义，但在某些情况下可能不太适用。针对嵌入式设备的底层介质，可以通过共享内存、以太网络或不同类型的总线来实现跨处理器的关联。例如使用分层可复用的协议可以根据不同物理介质的适合程度，将一种数据链路层替换为另一种，并且不会造成系统逻辑结构上的修改。

6.3.3　对象接口

接口是一组操作的命名集合。在 UML 中，接口是一种抽象符号，可以由类或构件实现，但不能被实例化。接口可以定义一组操作及其特征标记，但不能定义其具体实现，也不能包括属性。接口可以把服务集合的规格说明与服务提供的实体以及具体实现分离开来。

接口可以出于各种原因采用不同的类来实现。例如一组类可能实现了相同的操作集合，但可能针对各自不同目的作了优化。其中，一个类可能针对受限的最坏情况下的行为作了优化，另一个类则针对最佳平均情形作了优化，而其他类可能分别针对可预测性、精准度作了优化，也可能针对最小化动态内存的使用作了优化。将接口与实现类分离开来使得系统的不同组成部分能够很容易地互相链接而生成定制的应用。

一个接口可以用多个类来实现，同时，一个类也可以实现多个不同的接口。接口可以近似地映射到对象角色，即对象在协作中所扮演的角色。类所扮演的每个角色逻辑上都定义了一个接口，该接口是类必须实现的。

6.3.4　操作及其可见性

类所定义的操作规定了数据的处理方式。一个集合类模板通常提供多个操作符，如添加元素或集合，删除元素或者子集。即便当前应用程序并不使用这些操作，添加原语的完整列表可使类更能满足下一版本的系统需求。

分析过程中把类操作建模为消息的接收者(在类图、对象图、序列图和协作图中)、状态事件的接收者以及状态图中动作和行为。在大多数时间里，这些消息是利用能够支持消息传递的关联策略，直接用服务器类中定义的操作来实现。

分析模型和早期的设计模型都仅仅指定公有的操作。详细设计通常要添加仅在内部使用的内部操作。这些操作的添加是源于对公有操作的具体实现的进一步说明或状态图中活动与动作的分解。

6.3.5　用于实现操作的算法

20%的操作会消耗 80%的执行时间，或者说操作执行的 2∶8 现象。对于那 80%中的操作，花费大气力做小的改进，还不如把设计做成简单的、可以理解和易于编程的方式，进而把设计师宝贵的创造力用在那些可能会成为瓶颈的操作上。

算法是计算期望结果的逐步过程。算法的复杂度可以用多种方式来定义，不过最常用的是时间复杂度(time complexity)，即计算结构所需要的时间长度。算法复杂度采用“数量级”的方式来表达。常见的算法复杂度有 $O(c)$、$O(n)$、$O(n\log_2 n)$、$O(n^2)$、$O(n^3)$、$O(2^n)$。这里 c 是常数，n 是参与算法计算的元素个数。

算法的复杂度在嵌入式环境下可能与系统目标间存在冲突。例如某些对象必须按已排序的形式来维护其元素。“冒泡排序”算法非常简单，因此其开发时间就会很短。尽管其最坏情形的运行时性能会是 $O(n^2)$，但实际上如果 n 足够小，其性能可能会比更高效的算法好。快速排序通常要快得多($O(\log_2 n)$)，但实现却相当复杂。即便快速排序对数据集排序的速度可能会更快，但对实时嵌入式系统来说，使用快速排序并不总是最好的选择，使用冒泡排序也不见得总是最差。如果排序所耗费的开销与系统的其他功能相比微不足道，用来正确实现快速排序的额外时间可以花费在其他方面。

6.4　小　　结

嵌入式软件设计是在系统分析模型基础上从系统实现角度逐步细化设计的过程，其总体上可分为构架设计、机制设计及详细设计 3 个阶段。其中，构架设计主要关注系统整体的设计策略；机制设计主要处理构成系统的类和对象集合；详细设计确定单个类的原始数据结构及算法的设计细节。这 3 个阶段相辅相成、逐步细化，一旦完成系统的详细设计，开发人员就可以通过所选择的开发平台编程实现系统。

课后习题

1. 构架设计的目标是什么？构架设计包括哪些主要任务？

2. 软件体系结构的定义是什么？举例说明无操作系统环境下有哪些常见嵌入式软件体系结构，各自的优缺点及适用环境。

3. 在有操作系统环境下，有哪些常见嵌入式软件体系结构，简述各自的优缺点及适用环境。

4. 机制设计的目标是什么？机制设计包括哪些主要任务？

5. 简述 Adapter 设计模式的不同实现方式及各自优缺点。如何采用 Adapter 设计模式为嵌入式硬件设备开发驱动程序？

6. 分析比较分析阶段、构架设计阶段和详细设计阶段嵌入式软件类模型的相同和差异之处。

参考文献

[1] 贾智平，张瑞华. 嵌入式系统原理与接口技术[M]. 北京：清华大学出版社，2005.

[2] J.Rumbaugh, I. Jacobson, G. Booch. The Unified Modeling Language Reference Manual[M]. Addison Wesley, 1999.

[3] Bruce Powel Douglas. 嵌入式与实时系统开发：使用 UML、对象技术、框架与模式[M]. 柳翔，等, 译. 北京：机械工业出版社, 2005.

[4] 胡荷芬，吴绍兴，高斐. UML 系统建模基础教程[M]. 2 版. 北京：清华大学出版社，2014.

[5] GRADY B，JAMES R，IVAR. 软件开发方法学精选系列：UML 用户指南[M]. 2 版. 邵维忠，麻志毅，等, 译. 北京：人民邮电出版社，2013.

[6] PHILIPPEK. RUP 导论[M]. 麻志毅，申成磊，杨智，译. 北京：机械工业出版社, 2004.

[7] 朱成果. 面向对象的嵌入式系统开发[M]. 北京：北京航空航天大学出版社，2007.

[8] 刁成嘉. UML 系统建模与分析设计[M]. 北京：机械工业出版社，2009.

[9] 谭火彬. UML2 面向对象分析与设计[M]. 2 版. 北京：清华大学出版社, 2018.

[10] ERICH G, RICHARD H, JOHN V. 设计模式可复用面向对象软件的基础[M]. 李英军，等, 译. 北京：北京机械工业出版社，2006.

[11] 王田苗. 嵌入式系统设计与实例开发[M]. 北京：清华大学出版社，2003.

[12] 康一梅. 嵌入式软件设计[M]. 北京：机械工业出版社, 2007.

第 7 章　Linux 系统嵌入式软件开发

统计数据显示，嵌入式 Linux 在嵌入式软件开发平台上占据明显优势。嵌入式 Linux 具有的开放源代码、支持多种硬件平台、强大网络功能，以及可裁剪、方便移植等特征，受到嵌入式系统领域众多企业和开发人员的欢迎。对此，本章将介绍嵌入式 Linux 的驱动程序、应用软件开发及代码优化技术。

7.1　驱动程序开发

设备驱动程序是操作系统内核和机器硬件之间的接口。设备驱动为应用程序屏蔽了硬件的细节，从应用程序看，硬件设备只是一个设备文件，应用程序就可以像操作普通文件一样对硬件设备进行操作。

7.1.1　驱动程序结构

驱动程序是内核的一部分，运行在内核态，是和内核连接在一起的程序。应用程序运行在用户态，其通过设备文件与驱动程序建立联系，即通过对设备文件的读写来向驱动程序发送命令。在 Linux 系统中，通常软件系统可划分为：应用程序、库、内核(操作系统)、驱动程序，它们之间的关系如图 7-1 所示。

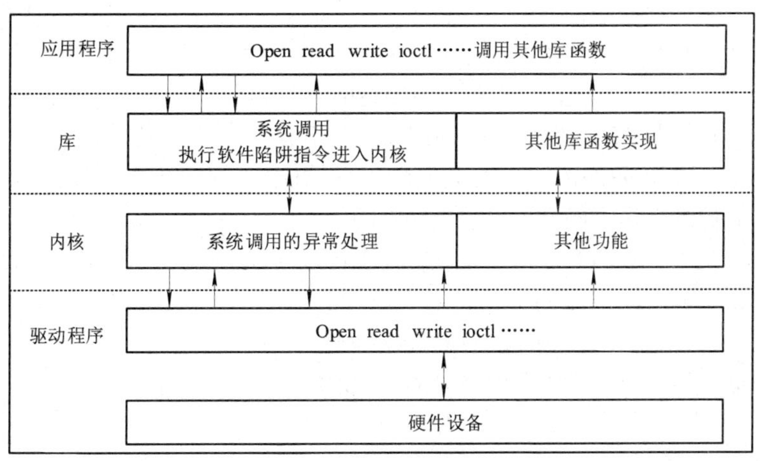

图 7-1　应用程序、库、内核(操作系统)、驱动程序之间的关系

下面以 ARM 开发板上点亮 LED 为例，说明这四层软件的关系。

(1) 应用程序使用库提供的 open 函数打开 LED 的设备文件。

(2) 库根据 open 函数传入的参数执行“swi”指令，这条指令会引起 CPU 异常，进而进入内核。

(3) 内核的异常处理函数根据这些参数找到相应的驱动程序，返回一个文件句柄给库，并将其返回给应用程序。

(4) 应用程序得到文件句柄后，使用库提供的 write 或 ioclt 函数发出控制指令。

(5) 库根据 write 或 ioclt 函数传入的参数执行“swi”指令，这条指令会引起 CPU 异常，进入内核。

(6) 内核的异常处理函数根据这些参数调用驱动程序的相关函数，点亮 LED。

库(如 glibc)给应用程序提供的 open、read、write、ioctl、mmap 等接口函数被称为系统调用，它们都是设置好相关寄存器后，执行某条指令引发异常进入内核。对于 ARM 架构的 CPU，这条指令为 swi。除系统调用接口外，库还提供其他函数，比如字符串处理函数(strcpy、strcmp)、输入/输出函数(scanf、printf 等)、数学库，还有应用程序的启动代码。

Linux 的设备驱动程序与内核的接口是通过数据结构 file_operation 来完成的。file_operation 的结构如图 7-2 所示。

```
int (*lseek） (struct inode *, struct file *, off_t, int）;
int (*read） (struct inode *, struct file *, char *, int）;
int (*write） (struct inode *, struct file *, const char *, int）;
int (*readdir） (struct inode *, struct file *,void *, filldir_t）;
int (*select） (struct inode *, struct file *, int, select_table *）;
int (*ioctl） (struct inode *, struct file *, unsigned int, unsigned long）;
int (*mmap） (struct inode *, struct file *, struct vm_area_struct *）;
int (*open） (struct inode *, struct file *）;
int (*release） (struct inode *, struct file *）;
int (*fsync） (struct inode *, struct file *, int）;
int (*check_media_change） (kdev_t dev）;
int (*revalidate） (kdev_t dev）;
```

图 7-2　file_operation 结构

根据功能，驱动程序的代码可以分为如下几个部分：① 驱动程序的注册和注销；② 设备的打开与释放；③ 设备的读和写操作；④ 设备的控制操作；⑤ 设备的中断和查询处理。

关于设备的控制操作可以通过驱动程序中的 ioctl()来完成。与读写操作不同，ioctl()的用法与具体设备密切相关。例如，对于软驱的控制可以使用 floppy_ioctl()，其调用形式为

```
static int floppy_ioctl(struct inode *inode，struct file *filp，
    unsigned int cmd， unsigned long param)
```

其中，cmd 的取值和含义与软驱有关(如 FDEJECT 表示弹出软盘)。

7.1.2　驱动程序分类

Linux 系统的设备分为字符设备(char device)、块设备(block device)和网络设备(network device)三种。

1. 字符设备

字符设备是能够像字节流(如文件)一样被访问的设备，即对它的读写是以字节为单位的。例如串口在进行收发数据时是一个字节一个字节进行的。字符设备的驱动程序内部使用缓冲来存放数据以提高效率，但是串口本身对这并没有要求。字符设备的驱动程序中实现了 open、close、read、write 等系统调用，应用程序可以通过设备文件(如/dev/ttySAC0 等)来访问字符设备。

图 7-3 为用于注册字符设备的数据结构。其中，name 是某类设备的名字，fops 是指向文件操作表的一个指针。所有字符设备文件的 device_struct 描述符都包含在 chrdevs 表中，如图 7-4 所示。

```
struct device_struct {
        const char * name;
        struct file_operations * fops;
};
```

图 7-3　注册字符设备的数据结构

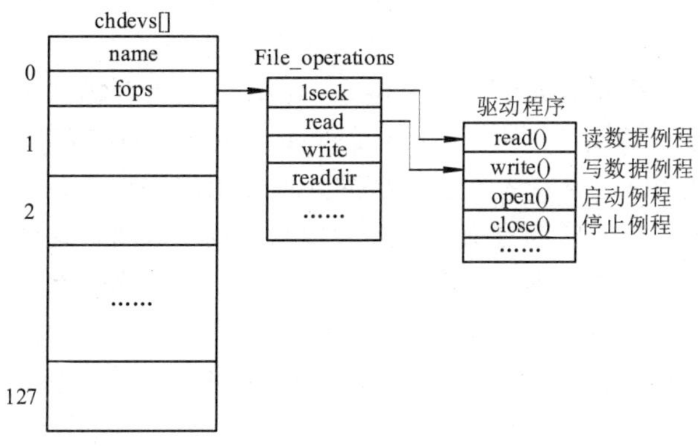

图 7-4　字符设备注册表结构

chrdevs 表包含有 255 个元素，每个元素对应一个可能的主设备号，其中主设备号 255 为将来的扩展而保留的。

file_operations 结构中的函数指针指向设备驱动程序的服务例程。在打开一个设备文件时，由主设备号就可以找到设备驱动程序。

chrdevs 表最初为空。注册函数 register_chrdev()向表中插入一个新项，函数原型为

```
int register_chrdev(unsigned int major, const char *name, struct file_operations*fops);
```

其参数的含义比较明确，在此对 major 做进一步的说明。字符设备的主设备号可以动态分配。如果在调用 register_chrdev()时 major 为零，这个函数就会选择一个空闲号码并把它作为返回值返回。返回的主设备号总是正的，负的返回值则是错误码。请注意在两种情形下行为稍有不同：如果调用者是请求一个动态主设备号的话，那么这个函数返回动态分配的数字；如果 major 是一个给定的主设备号，则它返回 0(不是主设备号)。

例如可以按如下方式把并口打印机驱动程序的相应结构插入到 chrdevs 表中。

```
register_chrdev(6, "lp", &lp_fops);
```

如果设备驱动程序被静态地加入内核，那么，在系统初始化期间就注册相应的设备文件类。但是，如果设备驱动程序作为模块被动态装入内核，那么对应的设备文件在装载模块时被注册，在卸载模块时调用 unregsiter_chrdev()注销驱动程序。

2. 块设备

块设备的数据以块的形式存放(如 NAND Flash 上的数据就是以页为单位存放)。块设备驱动程序向用户层提供的接口与字符设备一样，应用程序也可以通过相应的设备文件(例如/dev/mtdblock0、/dev/hda1 等)调用 open、close、read、write 等系统调用，与块设备间传送任意字节的数据。对用户而言，字符设备和块设备的访问方式没有区别。块设备驱动程序的特别之处如下。

(1) 操作硬件的接口实现方式不一样。块设备驱动程序先将用户发来的数据组织成块，再写入设备；或从设备中读出若干块数据，再从中挑出用户需要的。

(2) 块设备上的数据可以有一定的格式。通常在块设备上按照一定的格式存放数据，不同的文件系统类型就是用来定义这些格式的。内核中文件系统的层次位于块设备块驱动程序上面，这意味着块设备驱动程序除了向用户提供与字符设备一样的接口外，还要向内核其他部件提供一些接口，这些接口用户是看不到的，这些接口方便用户在块设备上存放文件系统，挂接(mount)块设备。

与字符设备类似，所有块设备文件的 device_struct 描述符都包含在 blkdevs[]表中，其中的块设备驱动程序接口如图 7-5 所示。block_device_operations 接口中没有 read/write 操作。所有涉及块设备的 I/O 通常由系统进行缓冲处理，用户进程不会对这些设备执行直接的 I/O 操作。在用户模式下通常通过文件系统操作来访问块设备，这能够借助于 I/O 缓冲提高块设备的访问效率。此外，对块设备的“直接”I/O 访问(如在创建文件系统时的 I/O 操作)，也要通过 Linux 的缓冲区缓存。为此，Linux 内核为块设备提供了一组单独的读写函数 generic_file_read()和 generic_file_write()，驱动程序不必理会这些函数。

```
struct block_device_operations
{
    int (*open）  (struct inode *, struct file *）;      /*打开块设备文件*/
    int (*release）  (struct inode *, struct file *）;  /*关闭对块设备文件的最后一个引用 */
    int (*ioctl）  (struct inode *, struct file *,
    unsigned, unsigned long）;/*在块设备文件上发出 ioctl（）系统调用*/
    int (*check_media_change）  (kdev_t）; /*检查介质是否已经变化(如软盘）*/
    int (*revalidate）  (kdev_t）; /*检查块设备是否持有有效数据*/
};
```

图 7-5　块设备驱动程序接口

在 Linux 当中，用于完成实际块 I/O 操作的方法称为“request(请求)”，request 方法同时处理读取和写入操作。在块设备的注册过程中，必须告诉内核实际的 request 方法。该方法不在 block_device_operations 结构中指定(这出于历史和性能两方面的考虑)，而是与用于该设备的挂起 I/O 操作队列关联在一起。默认情况下，每个主设备号并没有一个对应的队列，块驱动程序必须通过 blk_init_queue 初始化其队列。

在注册和注销一个块设备驱动程序模块时，需调用的函数及相关数据结构如下：

(1) 加载模块时，insmod 命令调用 init_module()函数，该函数调用 register_blkdev()和 blk_init_queue()分别进行驱动程序的注册和请求队列的初始化。

(2) register_blkdev()把块驱动程序接口 block_device_operations 加入 blkdevs[]表中。

(3) blk_init_queue()初始化一个默认的请求队列，将其放入 blk_dev[]表中，并将该驱动程序的 request 函数关联到该队列。

(4) 卸载模块时，rmmod 命令调用 cleanup_module()函数，该函数调用 unregister_blkdev()和 blk_cleanup_queue()分别进行驱动程序的注销和请求队列的清除。

在内核安排一次数据传输时，首先在一个表中对该请求排队，并以最大化系统性能为原则进行排序。然后，请求队列被传到驱动程序的 request 函数。块设备的读写操作都是由 request()函数完成，对于具体的块设备，函数 request()是不同的。所有的读写请求都存储在 request 结构的链表中。request()函数从 INIT_REQUEST 宏命令开始，它对请求队列进行检查，保证请求队列中至少有一个请求在等待处理。如果没有请求，INIT_REQUEST 宏命令将使 request()函数返回，任务结束。

假定队列中至少有一个请求，request()函数现在应处理队列中的第一个请求，当处理完请求后，request()函数将调用 end_request()函数。如果成功地完成了读写操作，应该用参数值 1 调用 end_request()函数；如果读写操作不成功，以参数值 0 调用 end_request()函数。如果队列中还有其他请求，将 CURRENT 指针设为指向下一个请求。执行 end_request()函数后，request()函数回到循环的起点，对下一个请求重复上面的处理过程。

块设备驱动程序初始化的工作主要包括检查硬件是否存在、登记主设备号、利用 register_blkdev()函数对设备进行注册、将块设备驱动程序的数据容量传递给缓冲区。

3. 网络设备

网络设备同时具有字符设备、块设备的部分特点，无法将它归入这两类中：如果说它是字符设备，它的输入/输出却是有结构的、成块的(报文、包、帧)；如果它是块设备，它的“块”又不是固定大小的，大到数百甚至数千字节，小到几字节。UNIX 的操作系统访问网络接口的方法是给它们分配一个唯一的名字(例如 eth0)，但这个名字在文件系统中(例如/dev 目录下)不存在对应的节点项。应用程序、内核和网络驱动程序间的通信完全不同于字符设备、块设备，库、内核提供了一套和数据包传输相关的函数，而不是 open、read、write 等。网络设备在 Linux 里做专门的处理。Linux 的网络系统主要是基于 BSD Unix 的 socket 机制。在系统和驱动程序之间定义有专门的数据结构(sk_buff)进行数据的传递。系统里支持对发送数据和接收数据的缓存，提供流量控制机制，提供对多协议的支持。

7.1.3　驱动程序加载方式

在 Linux 下加载驱动程序可以采用动态和静态两种方式。静态加载就是把驱动程序直接编译到内核里，系统启动后可以直接调用。静态加载的缺点是调试起来比较麻烦，每次修改一个地方都要重新编译、下载内核，效率较低。动态加载利用了 Linux 的 module 特性，可以在系统启动后用 insmod 命令把驱动程序添加上去，在不需要的时候用 rmmod 命令来卸载。在台式机上一般采用动态加载的方式。在嵌入式产品里可以先用动态加载的方式来调试，调试完毕后再编译到内核里。

1. 动态加载

动态加载是在操作系统启动以后，需要的时候才将驱动模块加载到内核中。在 Linux 2.4 内核中，加载驱动命令为 insmod，删除模块为 rmmod。在 Linux 2.6 以上内核中，除了 insmod 与 rmmod 外，加载命令还有 modprobe。

insmod 与 modprobe 不同之处：insmod 绝对路径/*.o，而 modprobe 既不用加 .ko 或 .o 后缀，也不用加路径；modprobe 同时会加载当前模块所依赖的其他模块；insmod 查看当前加载到内核中的所有驱动模块，同时提供一些其他信息(如其他模块是否在使用另一个模块)。

2. 静态加载

在执行 make menuconfig 命令进行内核配置裁剪时，在窗口中可以选择是否将驱动程序编译入内核，还是放入/lib/modules/下相应内核版本的目录中。

Linux 中每种设备在内核源代码目录树 drivers/下都有对应的目录，其加载方法类似，以下以字符设备静态加载为例，假设驱动程序源代码名为 ledc.c，具体操作步骤如下：

(1) 将 ledc.c 源程式放入内核源码 drivers/char/下；

(2) 修改 drivers/char/Config.in 文档，在文档的适当位置(这个位置决定其在 make menuconfig 窗口中所在位置)加入一段代码。

其中，图 7-6 所示代码使用 tristate 来定义一个宏，表示此驱动能够直接编译至内核(用*选择)，也能够编译至/lib/modules/下(用 M 选择)，或不编译(不选)。

```
tristate 'LedDriver' CONFIG_LEDC
    if [ "$CONFIG_LEDC" = "y" ];then
    bool ' Support for led on h9200 board' CONFIG_LEDC_CONSOLE
    fi
```

图 7-6　支持可加载模块的编译配置

图 7.7 所示代码表示此驱动只能直接编译至内核(用*选择)或不编译(不选)，不能编制至/lib/modules/下(用 M 选择)。

```
bool 'LedDriver' CONFIG_LEDC
    if [ "$CONFIG_LEDC" = "y" ];then
        bool '    Support for led on h9200 board' CONFIG_LEDC_CONSOLE
        fi
```

图 7-7　不支持可加载模块的编译配置

(3) 修改 drivers/char/Makefile 文档。在适当位置加入如下代码：

```
obj -$(CONFIG_LEDC)   +=   ledc.o
```

或者，在 obj -y 一行中加入 ledc.o，如：

```
obj -y += ledc.o mem.o ……
```

(4) 经过以上的配置就能够在执行 make menuconfig 命令后的配置窗口中的 character devices---> 中进行选择是否静态安装 led 驱动。

选择后，重新编译就可以。

7.1.4　字符设备驱动程序实例

下面以 Linux 的步进电机驱动程序为例说明字符设备驱动程序的开发。ARM 核心板对步进电机的控制是通过步进电机控制板控制的，硬件连接如图 7-8 所示。

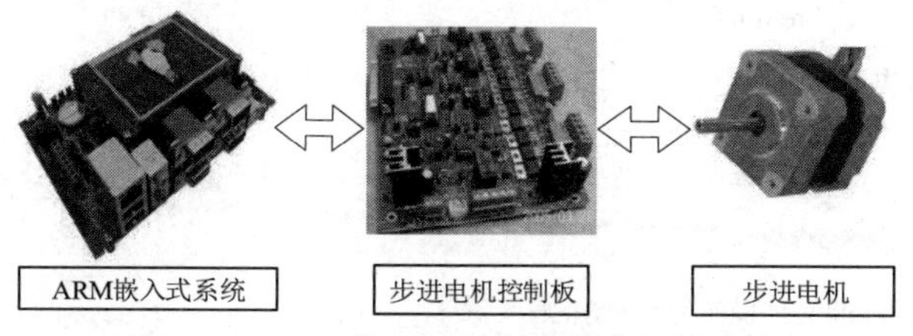

图 7-8　ARM 核心板控制步进电机的连接

ARM 核心板对步进电机控制板的控制是通过 ARM 的 GPIO 接口实现，因此编写的驱动程序就是 GPIO 驱动程序。

输入图 7-9 和图 7-10 的代码，采用静态(或动态)加载驱动模块的方式，交叉编译驱动程序，在嵌入式系统的内核中加载，然后编写应用程序，交叉编译后下载到嵌入式目标板。

```
#define DEVICE_NAME "GPIO-Control-t"    //定义驱动名称
/*  应用程序执行 ioctl(fd, cmd, arg）时的第 2 个参数  */
#define IOCTL_GPIO_ON          1
#define IOCTL_GPIO_OFF             0
/*  用来指定 LED 所用的 GPIO 引脚  */
static unsigned long gpio_table [] = {
      S3C2410_GPB5,
      S3C2410_GPB6,
      S3C2410_GPB7,
      S3C2410_GPB8,
};
 /*  用来指定 GPIO 引脚的功能：输出  */
static unsigned int gpio_cfg_table [] ={
      S3C2410_GPB5_OUTP,
      S3C2410_GPB6_OUTP,
      S3C2410_GPB7_OUTP,
      S3C2410_GPB8_OUTP,
};
```

图 7-9　定义驱动程序名称和硬件参数

```
/*  驱动程序的 ioctl 函数实现  */
static int tq2440_gpio_ioctl(struct inode *inode, struct file *file, unsigned int cmd, unsigned long arg）
{
     if (arg > 4）        { return -EINVAL;   }
     switch(cmd）    {
             case IOCTL_GPIO_ON:
```

```
                s3c2410_gpio_setpin(gpio_table[arg]，0）；// 设置指定引脚的输出电平为 0
                return 0;
            case IOCTL_GPIO_OFF：
                s3c2410_gpio_setpin(gpio_table[arg]，1）；// 设置指定引脚的输出电平为 1
                return 0;
            default：
                return -EINVAL;
    }
}
/* 设置驱动程序的文件操作函数对应 */
static struct file_operations dev_fops = {
.owner =     THIS_MODULE，
.ioctl  =    tq2440_gpio_ioctl，
};
static struct miscdevice misc = {
 .minor = MISC_DYNAMIC_MINOR，
.name = DEVICE_NAME，
.fops = &dev_fops，
};
/* 驱动程序载入内核时执行的函数 */
static int __init dev_init(void）  {
    int ret;
    int i;
    for (i = 0; i < 4; i++）  {
            s3c2410_gpio_cfgpin(gpio_table[i]，  gpio_cfg_table[i]）；
            s3c2410_gpio_setpin(gpio_table[i]，  0）；
    }
    ret = misc_register(&misc）；
    printk (DEVICE_NAME" initialized\n"）；
    return ret;
}
/* 驱动程卸载时执行的函数 */
static void __exit dev_exit(void）{
    misc_deregister(&misc）；
}
module_init(dev_init）；
module_exit(dev_exit）；
MODULE_LICENSE("GPL"）；
MODULE_AUTHOR("www.embedsky.net"）；
MODULE_DESCRIPTION("GPIO control for EmbedSky SKY2440/TQ2440 Board"）；
```

图 7-10　驱动程序文件操作及相关加载和卸载函数实现

在连接硬件后，运行应用程序，就可以看到步进电机的转动。

7.2　Linux 应用软件开发

Linux 应用软件开发是在 Linux 操作系统和根文件系统移植后进行的，嵌入式 Linux 应用软件开发也是在交叉编译环境下进行的，交叉编译环境的构建已经在第 2 章讲述过。交叉编译器完整的安装一般涉及多个软件的安装(读者可以从 ftp://gcc.gnu.org/pub/下载)，包括 binutils、gcc、glibc 等软件。其中，binutils 主要用于生成一些辅助工具，如 objdump、as、ld 等；gcc 是用来生成交叉编译器。

现在提供开发板的公司一般会在附赠的光盘中提供该公司测试通过的交叉编译器，而且很多公司把以上安装步骤全部写入脚本文件或者以发行包的形式提供，进而大大方便用户的使用。如华清远见开发光盘里就随带了用于编译 Linux 2.4 内核和 Linux 2.6 内核的交叉编译器。由于这是厂商测试通过的编译器，因此可靠性会比较高，能够与开发板很好地吻合，所以推荐初学者直接使用厂商提供的编译器。当然，由于时间滞后的原因，这些编译器往往不是最新版本的，若需要更新开发人员需查找相关学习资料。

在嵌入式系统硬件和硬件驱动程序的支持下，应用程序可以实现嵌入式系统特定的功能，下面以基于 Linux 的嵌入式视频服务器为例讲解 Linux 的应用开发过程。

7.2.1　嵌入式视频服务器

嵌入式视频服务器实现视频的采集、处理和传输，一般通过无线网络将视频传输到接收终端，结构见图 7-11。

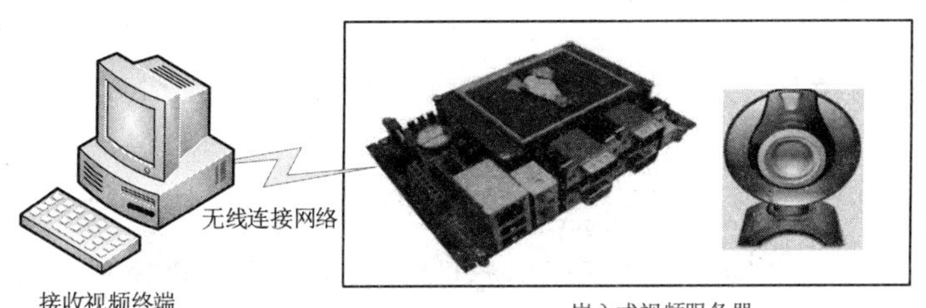

图 7-11　嵌入式视频服务器的结构

mjpg-streamer 是一个很好的开源流媒体项目，用来做视频服务器，使用的是 v4l2 的接口。mjpg-streamer 工作流程见图 7-12。

基于 Linux 操作系统的嵌入式视频服务器的实现步骤如下：

(1) 下载 mjpg-streamer 源程序。从网络地址 http://sourceforge.net/p rojects/mjpg-streamer/develop 下载视频服务软件 mjpg-streamer_source. tar。在 mjpg 源码下有一个 www 目录，这是一个网络使用 mjpg 的实例，结合 web 服务器可以实现一些其他相关功能。

(2) 确定依赖的库，并移植库。视频服务软件 mjpg-streamer 软件依赖 SDL 库。SDL 库是一种免费的多媒体库，广泛应用于非商用的多媒体应用和游戏中。从 http://www.libsdl.org/release/SDL-1.2.13.tar.gz 网址下载 SDL 库，解压到 Linux 目录。

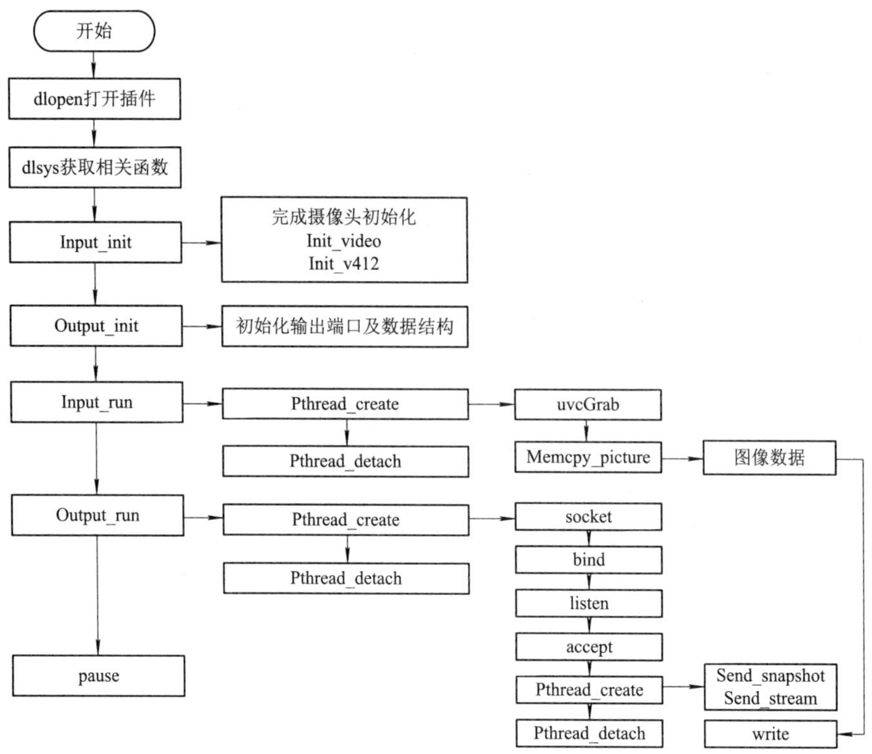

图 7-12　mjpg-streamer 工作原理

(3) 通过 ARM 交叉编译器编译，并将编译后的库文件拷贝到 ARM 交叉编译器的目录下，即拷贝到交叉编译器的/lib 目录下。

(4) 向 Linux 内核增加摄像头的驱动。内核编译前，在 Linux 2.6 配置文件中项增加图 7-13 所示的选项。

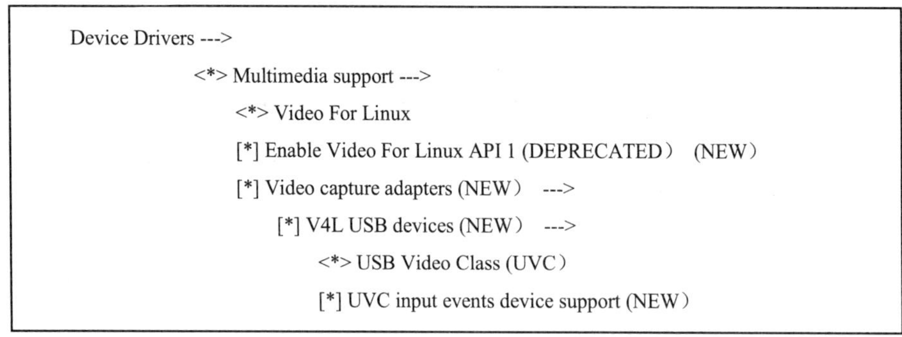

Device Drivers --->
<*> Multimedia support --->
<*> Video For Linux
[*] Enable Video For Linux API 1 (DEPRECATED） (NEW）
[*] Video capture adapters (NEW） --->
[*] V4L USB devices (NEW） --->
<*> USB Video Class (UVC）
[*] UVC input events device support (NEW）

图 7-13　在 Linux2.6 内核配置文件中项增选项

(5) 重新编译内核，并下载到嵌入式开发板上。

(6) mjpg-streamer 应用程序的编译。找到 mjpg-streamer 文件夹下 Makefile 文件，将其中的“CC=gcc”修改为“CC=arm-linux-gcc”，然后执行 Make，编译源文件。

(7) mjpg-streamer 应用程序的下载。将编译好 mjpg-streamer 的库下载到嵌入式系统的根文件系统的/lib/WebCam 目录下，如图 7-14 所示。将编译好 mjpg-streamer 的可执行文件 mipg-streamer 下载到嵌入式系统的根文件系统的/sbin 目录下。

```
[root@EmbedSky /]# cd /lib/WebCam/
[root@EmbedSky WebCam]# ls
input_cmoscamera.so    input_testpicture.so   output_http.so
input_control.so       input_uvc.so           output_viewer.so
input_file.so          output_autofocus.so
input_gspcav1.so       output_file.so
```

图 7-14　mjpg-streamer 的库文件

(8) 应用程序的启动。连接好硬件，启动应用程序：运行 mipg_stream er –I /lib/WebCam/input_uvc.so –o /lib/WebCam/output_http.so 192.168.1.6:8080；运行 mipg_streamer –i /lib/WebCam/input_uvc.so –o /lib/WebCam/output_http.so 192.168.1.6:8080；在 Windows 系统运行视频接收和浏览软件 viewer.exe。此时，可以看到嵌入式系统作为视频服务器传上来的视频，如图 7-15 所示。

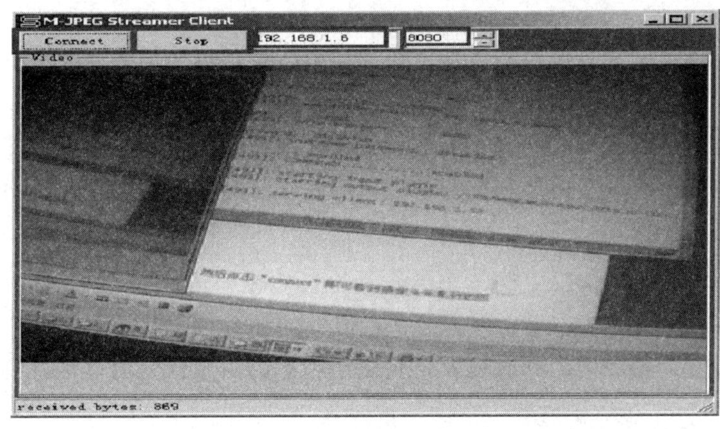

图 7-15　viewer 连接嵌入式视频服务器

7.2.2　嵌入式 Linux 的 GUI

随着嵌入式设备的日趋流行，GUI 系统的开发成为嵌入式软件开发过程中必不可少的关键环节。能否采用合适的 GUI 系统，正成为嵌入式产品能否在市场取得成功的决定性因素。由于嵌入式产品开发具有周期较短的特点，因此开发中多采用较为现成的产品。

嵌入式 Linux 的 GUI 组成和 PC 机上一般的应用程序的 GUI 类似，主要由桌面、视窗、文档界面、标签、菜单、功能表、图标等组成。具体各个组成部分的说明如下。

1. 桌面

桌面(Desktop)是界面的最底层，在启动时显示。其上可以重叠显示窗口，因此可以实现多任务化。桌面上通常放有各种应用程序和数据的图标，用户可以依此开始工作。

2. 视窗

视窗(Window)是 GUI 中的基本单元。应用程序和数据在视窗内实现一体化。用户可以在视窗中操作应用程序，进行数据的管理、生成和编辑。通常在视窗四周设有菜单、图标，数据放在中央。

在视窗中，根据各种数据和应用程序的内容设有标题栏，一般放在视窗的最上方，并在其中设有最大化、最小化、前进后退、缩进等动作按钮，可对视窗进行简单操作。

3. 文档界面

文档界面(Document Interface)分为单文档界面和多文档界面。其中，单文档界面就是一个窗口内只负责管理一份数据。一份数据对应着一个现实窗口。在此情况下，数据和显示窗口的数量是一样的。若要在其他应用程序的窗口使用数据，将相应生成新的窗口。因此窗口数量多，管理复杂。

多文档界面是在一个窗口之内进行多份数据管理的方式。在这种情况下，窗口的管理简单化，但是操作变为双重管理。微软视窗系统采用的主要是多文档界面。

4. 标签

标签(Label)主要用于多文档界面的数据管理，其将数据的标题在窗口中并排，通过选择标签标题显示必要的数据，这使得接入数据方式更为便捷。

5. 菜单

菜单(Menu)将系统可以执行的命令以阶层形式显示出来的一种界面。通常置于画面的最上方或者最下方，系统能执行的所有命令几乎全部都能放入到菜单中。重要程度一般是从左到右，越往右重要度越低。命令的层次根据应用程序的不同而不同。通常文件操作、编辑功能等放在最左边，然后往右有各种设置等操作，最右边往往设有帮助。一般使用鼠标的第一按钮进行操作。

6. 即时菜单

即时菜单(Real Time Menu)出现在菜单栏以外的地方，通过鼠标的第二按钮调出。根据调出位置的不同，菜单内容即时变化，列出所指示的对象目前可以进行的操作。

7. 图标

图标(Icon)用于显示应用程序中的数据或应用程序本身。通常图标显示的是数据的内容或者与数据相关联的应用程序的图案。此外，点击数据的图标，一般可以完成启动相关应用程序及再显示数据本身这两个步骤的工作，而应用程序的图标只能用于启动应用程序。

8. 按钮

按钮(Button)通常是将在菜单中利用率高的命令用图形表示出来，并配置在应用程序中。应用程序中的按钮通常可以代替菜单。一些使用率高的命令不必通过菜单一层层选取，通过按钮可以极大提高工作效率。

嵌入式 Linux 的 GUI 可分为商业化的 GUI 和自由软件 GUI 两种，典型的 GUI 有 tinyX、Gidea GUI、Photon MicroGUI、CCGUI、MicroWindows、OpenGUI、Qt/Embedded、eyeletGUI 和 MiniGUI 等。下面选择源代码开放且使用频度较高的 GUI 进行介绍。

(1) MicroWindows：是一个著名的开放源码的嵌入式 GUI 项目，提供类似于 X-Window 的客户/服务器体系结构，支持 FrameBuffer 的 32 为的 Linux 系统上。MicroWindows 提供了现代图形窗口的一些特性，底层驱动程序比较全，具有比较强的可移植性。整个应用程序的层次分为驱动、引擎和 API 三层。系统实现了 MicroWindows 和 Nano-X 应用接口。因为 MicroWindows 提供对 X11 的支持，这样，基于 MicroWindows 的应用程序就可以运行在 X Windows 下。这给程序的调试带来极大的方便。MicroWindows 在图形处理方面略显不足，绘图刷新时闪烁严重。尤其在滚动条滚动时，滚动区域闪烁尤为严重。

(2) OpenGUI：OpenGUI 基于一个用汇编实现的 X86 图形内核，提供了一个高层的 C/C++图形/窗口接口。它使用 LGPL 许可证。在 Linux 上的 Framebuffer 或者 SVGZLib 运行。OpenGUI 运行速度非常快，且非常稳定。当然，由于其内核用汇编实现，可移植性受到影响。

(3) MiniGUI：MiniGUI 是一种面向嵌入式系统或者实时系统的图形用户界面。它主要运行于 Linux 平台，可运行在任何一种具有 POSIX(Portable Operating System Interface of UNIX)线程支持的 POSIX 兼容系统上。它是遵循 LGPL 的纯自由软件。MiniGUI 的主要特点有：① 提供了完备的多窗口机制；② 消息传递机制；③ 多字符集和多字体支持；④ 全拼、五笔等汉字输入法支持；⑤ BMP、GIF、JPEG、PCX 等常见图像文件的支持；⑥ Windows 的资源文件支持；⑦ 小巧；⑧ 可配置；⑨ 高稳定性和高性能；⑩ 可移植性好。

(4) Qt/Embedded：Qt/Embedded 是著名的 QT 库开发商 Trolltech 开发的面向嵌入式系统的 QT 版本，可看作是运行在 FrameBuffer 上的完整的 QT 库，是一个具有良好可移植性的 C++函数库。Qt 具有如下特征：① 采用 OO 技术设计；② 优良的跨平台特性；③ 丰富的 API 函数；④ 完整的一套组件；⑤ 大量的开发文档，友好的联机帮助。

在这几种 GUI 中，Qt/Embedded 和 MiniGUI 的使用频度较高一些，Linux 对它们都具有良好的支持。其中，Qt/Embedded 的可靠性较好，且开发工具多。下面重点介绍 Qt/Embedded。

7.2.3 Qt/Embedded 简介

Qt/Embedded 主要用于开发嵌入式设备的 GUI。可看作是运行在 FrameBuffer 上的完整的 QT 库，这是一个 C++函数库。Qt/Embedded 在对象之间的通信采用信号和槽的机制(Signal/Slot)。Signal/Slot 机制是 Qt/Embedded 区别于其他 GUI 工具包的主要特征，在大部分的 GUI 中，对象由一个回调函数来响应动作，回调函数是一个函数指针。在 Qt/Embedded 中 Signal/Slot 机制取代了回调函数。

Qt 的窗口部件有很多预定义的信号，还可以通过继承加入自己的信号。当一个特定事件发生的时候，一个信号被发射。和信号相对应，当一个信号被发射出去的时候，可以定义一个或多个槽(即处理函数)来对信号进行响应。同理，Ot 的窗口部件有很多预定义的槽，也可以加入自己的槽。信号和槽机制的优点如下。

(1) 信号和槽的机制是类型安全的。一个信号的签名必须与它的接收槽的签名相匹配。因为签名是一致的，编译器就可以帮助开发人员检测类型是否匹配。

(2) 信号和槽是宽松地联系在一起的。一个发射信号的类不用知道也不用注意哪个槽要接收这个信号。Qt 的信号和槽的机制可以保证如果把一个信号和一个槽连接起来，槽会在正确的时间使用信号的参数而被调用。信号和槽可以使用任何数量、任何类型的参数。

Qt/Embedded 的底层图形引擎完全依赖于 FrameBuffer，因此在移植时需考虑目标平台的 Linux 内核版本和 FrameBuffer 驱动程序的实现情况，包括分辨率和颜色深度等在内的信息。当前嵌入式 CPU 大多集成了 LCD 控制器，并支持多种配置方式。Qt/Embedded 能够较好地根据系统已有的 FrameBuffer 驱动接口构建上层的图形引擎。Qt/Embedded 的 GUI 程序是由若干个窗口构成的，其中第一个窗口为服务器，其余为客户窗口，它们的构成基本相同。

目前 Qt 较新版本是 5.12.0，qt-everywhere-src-5.12.0.tar.xz 是对应的 Qt 源码软件包。基于该软件包可以开发桌面 PC 的 GUI 应用程序、嵌入式 GUI 及应用程序。安装运行

qt-everywhere-5.12.0 的步骤如下：

(1) 从网站 https://download.qt.io/official_releases/qt/5.12/5.12.0 /single/下载 qt-everywhere-src-5.12.0.tar.xz，将软件包解压到 Linux 目录；

(2) 安装交叉编译器；

(3) 切换到 qt-everywhere-src-5.12.4 目录，依次键入如下命令：

```
#./configure -prefix $PWD/qtbase <license> -nomake tests
#make -j 4
```

(4) 切换到编译后的可执行文件目录/usr/local/Qt-5.12.0，目录中的文件夹(如图 7-16 所示)；

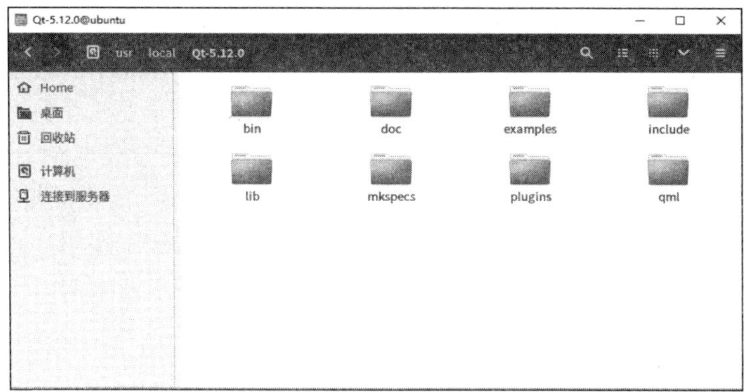

图 7-16　QT-5.12.0 编译生成的文件夹

(5) 运行./Qt5.12.0/ bin/qtcreator，系统弹出图 7-17 所示的集成开发环境界面。其中列出了许多 Qt 的开发示例。

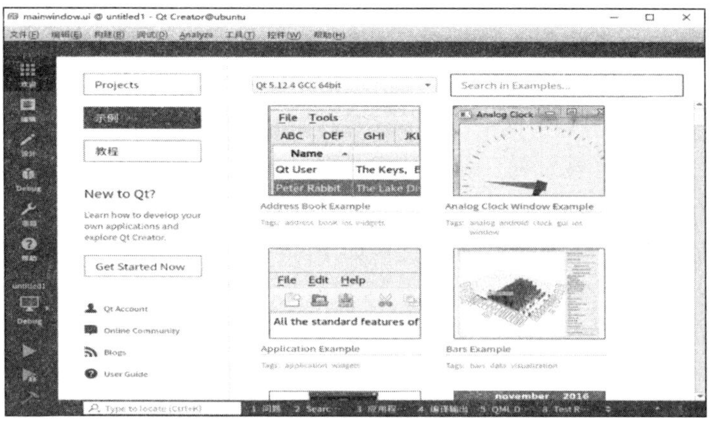

图 7-17　QT 集成开发环境界面

Qt 为开发人员提供了统一的 API 函数。这有利于开发人员之间共享开发经验与知识，也使得管理人员在分配开发人员到项目中的时候增加灵活性。同时，针对某个平台而开发的应用和组件也可以销售到 Qt 支持的其他平台上，进而降低产品的开发成本。Qt API 一般包含了窗口系统、字体、输入设备及输入法和屏幕加速等。

7.2.4　Qt/Embedded 的开发环境

Qt/Embedded 包含了许多支持嵌入式系统开发的工具，其中两个最实用的工具是

Qmake 和 Qt designer(图形设计器)。

Qmake 是一个为编译 Qt/Embedded 库和应用而提供的 Makefile 生成器。它能够根据一个工程文件(.pro)产生不同平台下的 Makefile 文件。Qmake 支持跨平台开发和影子生成(影子生成是指当工程的源代码共享给网络上的多台机器时，每台机器编译链接此工程的代码将在不同子路径下完成，这就不会覆盖别人编译链接生成的文件。Qmake 可方便地在不同配置之间切换)。

Qt/Embedded 图形设计器可使开发者可视化地设计对话框而不需编写代码。使用 Qt/Embedded 图形设计器的布局管理可以生成能平滑改变尺寸的对话框。Qmake 和 Qt/Embedded 图形设计器是完全集成在一起的。

另外，Qt/Embedded 提供一组用于访问嵌入式设备的 Qt C++ API。在 Qt/Embedded 的 Qt/X11 中，它提供的 API 同 Qt/Windows 和 Qt/Mac 版本提供的都是一样的版本，从这一点不难看出 Qt/Embedded 具有强大的跨平台能力，图 7-18 显示了 Qt/Embedded 的基本架构。

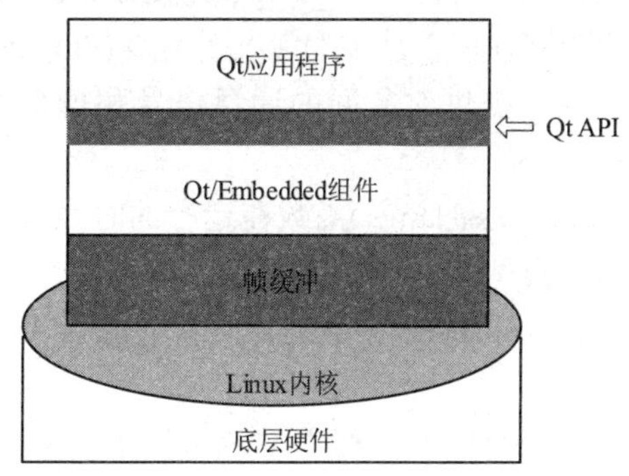

图 7-18　Qt/Embedded 架构

Qt/Embedded 以软件包的形式提供组件，主要有 4 个软件包：tmake 工具安装包、Qt/Embedded 安装包、Qt 的 Xll 版的安装包和 Qt/Embedded 安装包。

(1) tmake 工具包提供了生成 Makefile 的能力；

(2) Qt/Embedded 工具包中包含了绝大部分的类定义和相关实现文件；

(3) Qt 的 Xll 工具包提供了图形设计器和帧缓冲管理等多个实用软件；

(4) Qt/Embedded 工具包提供了一种可定制的开发环境和用户界面。

由于这些软件安装包有许多不同的版本，版本的不同可能会导致在使用这些软件时造成冲突，为此选择 Qt/Embedded 的某个版本的安装包之后，要选择安装的 Qt for Xll 的安装包的版本必须比 Qt/Embedded 的版本要旧。

此外，Qt/Embedded 提供 Qt 对象模型支持高效和灵活的用户界面编程。Qt 把下面这些特性添加到了 C++当中。

(1) 信号和槽的无缝对象通讯机制；

(2) 可查询和可设计的属性；

(3) 强大的事件和事件过滤器；

(4) 根据上下文进行国际化的字符串翻译；

(5) 完善的时间间隔驱动的计时器，它使得可以在一个事件驱动的图形界面程序集成许多任务；

(6) 以一种自然的方式组织对象的所有权以及可查询的对象树；

(7) 被守护的指针 QGuardeddPtr，当参考对象被破坏时，可以自动地设置为无效，不像正常的 C++指针在它们的对象被破坏的时候变成了“摇摆指针”。

许多 Qt 的特性是基于 QObject 的继承，通过标准 C++技术实现的。其他的特性，比如对象通信机制和虚拟属性系统，都需要 Qt 自身元对象编译器提供的元对象系统。

Qt 中的元对象系统常用来处理对象间通信的信号艚机制、运行时的类型信息和动态属性系统。它基于下列 3 类；

(1) QObject 类；

(2) 类声明中的私有段中的 Q_OBJECT 宏；

(3) 元对象编译器(moc)。

moc 读取 C++源文件。如果它发现其中包含一个或多个类的声明中含有 Q_OBJECT 宏，它就会给含有 Q_OBJECT 宏的类生成另一个含有元对象代码的 C++源文件。这个生成的源文件可以被类的源文件包含(#include)或者和这个类的实现一起编译和连接。

除了提供对象间的通讯信号和槽机制之外，QObject 中的元对象代码还实现了其他特征：

(1) className()函数在运行的时候以字符串返回类的名称，不需要 C++编译器中的本地运行类型信息的支持；

(2) inherits()函数返回这个对象是否是一个继承于 QObject 继承树中一个特定类的类的实例；

(3) tr()和 trUtf8()两个函数用于国际化中的字符串翻译；

(4) setProperty()和 property()两个函数用来通过名称动态设置和获得对象属性；

(5) metaObject()函数返回这个类所关联的元对象。

虽然使用 QObject 作为一个基类而不使用 Q_OBJECT 宏和元对象代码是可行的，但是如果 Q_OBJECT 宏没有被使用，那么不会被提供这里的信号和槽以及其他特征描述。根据元对象系统的观点，一个没有元代码的 QObject 的子类和它含有元对象代码的最近的祖先相同。举例来说，className()将不会返回类的实际名称，返回的是它的这个祖先的名称。所以不管它们是否实际使用了信号、槽属性，QObject 的所有子类都应该使用 Q_OBJECT 宏。

7.2.5　Qt/Embedded 常用类

在 Qt/Embedded 中提供了近 400 个已定义好的类，涵盖了图形开发、网络通信、数据库设计等方面，大家在设计的时候可以到相关网站上去查询。下面简单介绍几个常用的类。

1. 窗体类

Qt 拥有满足不同需求的窗体(如按钮、滚动条等)，且这些窗体使用起来很灵活。针对特定要求，它们很容易就可以被子类化。

窗体是 Qwidget 类或其子类的实例，客户自己的窗体类需要从 QWidget 的子类继承。图 7-19 所示为窗体类的层次图。

一个窗体可包含任意数量的子窗体，子窗体可以显示在父窗体的客户区，一个没有父窗体的窗体称为顶级窗体，一个窗体通常有一个边框和标题栏作为装饰。Qt 并未对一个窗体有什么限制，任何类型的窗体都可以是顶级窗体，任何类型的窗体都可以是别的窗体的子窗体。

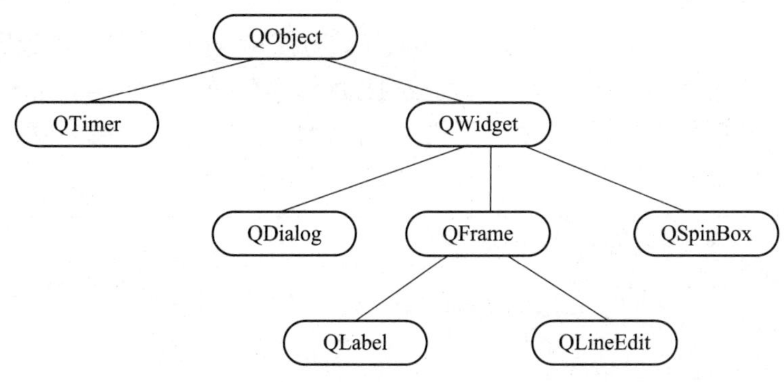

图 7-19　Qt 窗体类层次

Qt/Embedded 的窗口系统由多个程序组成，其中一个作为主窗口程序，用来分配子窗口的显示区域，并产生鼠标和键盘事件。主窗口程序提供输入方式和启动子应用程序的用户界面。主窗口程序处理行为类似于子窗口程序，但有一些特殊。在命令行方式中键入“-qws”选项，任何应用程序都可以运行为主窗口程序。子窗口程序通过共享内存方式与主窗口程序进行通讯。通讯保持在一种很低的水平，子窗口程序可以不通过主窗口程序，而把所有绘制窗口的操作直接写到帧缓存，包括自身的标题栏和其他部件。所有这些都是由 Qt/Embedded 链接库自动完成的，对开发者来说完全透明。

2. QWidget 类

QWidget 类是所有用户界面对象的基类。它包括的具体函数如表 7-1 所示。窗口部件从窗口系统接收鼠标、键盘和其他事件，并在屏幕上绘制自己的表现。每一个窗口部件都是矩形，并且按 Z 轴顺序排列。

表 7-1　QWidget 类函数表

组　别	函　数　名
窗口函数	Show()、hide()、raise()，lower()、close()
顶级窗口	caption()、setCaption()、icon()、setIcon()、iconText()、setIconText()、isActiveWindow()、setActiveWindow()、showMinimized()、showMaximized()、showFuUScreen()、showNormal()
窗口内容	update()、repaint()、erase()、scroll()、updateMask()
几何形状	update()、repaint()、erase()、scroll()、updateMask()、pos()、size()、rect()、x()、y()、width()、height()、sizePolicy()、setSizePolicy()、sizeHint()、updateGeometry()、layout()、move()、resize()、setGeometry()、frameGeometry()、geometry() childrenRect()、adjustSize()、mapFromGlobal()、mapFromParent()、mapToGlobal()、mapToParent()、maximumSize()、minimumSize()、sizelncrement()、setMaximumSize()、setMinimumSize()、setSizeIncrement()、setBaseSize()、setFixedSize()

3. QApplication 类

QApplication 类管理图形用户界面应用程序的控制流和主要设置。它包含主事件循环，在其中来自窗口系统和其他资源的所有事件被处理和调度。它也处理应用程序的初始化和结束，并且提供对话管理。它还处理绝大多数系统范围和应用程序范围的设置。

对于任何一个使用 Qt 的图形用户界面应用程序，都存在一个 QApplication 对象，与这个应用程序在同一时间内是否有 0、1、2 或更多个窗口无关。图 7-20 是一个典型的 Application 程序设计。

```
#include   <qapplication.h>
#include "application.h"


int main(int argc, char **argv) {
    QApplication a(argc, argv);     //定义一个 QApplication 类对象，名称为 a，参数为 argc
                                    和 argv
    ApplicationWindow *mw= new Application();    //建立一个新的窗口，窗口名为 mw
    nw->setCaption("Qt Example - Application"); //调用 ApplicationWindow 的成员
                                                //SetCaption 设置窗口的标题
   nw->show();    //调用 ApplicationWindow 的成员函数 show，显示窗口
a.connect(&a, SIGNAL(lastWindowClosed()), &a, SLOT(quit()));
return a.exec();
}
```

图 7-20　一个典型的 Application 程序

本例的代码中最重要的是最后这部分："a.connect(&a，SIGNAL(lastWindowClosed())，&a，SLOT(quit()))"。GUI 是为了方便与用户的交互，那么对于"交互"而言应该如何进行呢？在 Qt 中的信号和槽是十分核心的，即 signal 和 slot。在 GUI 程序设计中，时常要求某一窗口部件的状态变化引起另外一个窗口部件的事件响应。比如在上述代码中，点击 quit 按钮会使程序退出。

7.3　代码优化

代码优化就是对代码进行等价变换，使得变换后的代码运行结果与变换前代码运行结果相同，而运行速度加大或占用存储空间少，或两者都有。

7.3.1　代码优化分类

一般，优化工作阶段可在中间代码生成之后和(或)目标代码生成之后进行，见图 7-21。

优化目标分为时间优化和空间优化。通常是一对矛盾，需要折中。总体而言，优化层次可分为以下几个方面。

(1) 源代码优化。最有效的优化途径。

(2) 中间代码优化。中间代码，也称中间语言，是复杂性介于源程序语言和机器语言

的一种表示形式，具有普遍意义的优化。

(3) 目标代码优化。依赖于机器特点的优化。

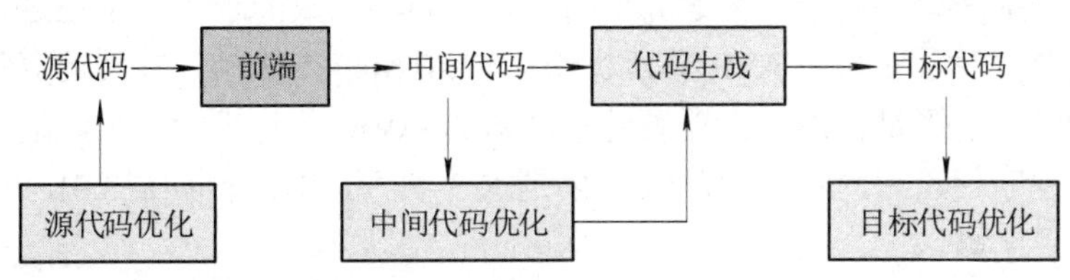

图 7-21　编译优化的工作阶段

编译程序的优化工作旨在生成较好性能的目标代码，为此，编译程序需要对代码(中间代码或目标代码)进行各种方式的变换，变换的宗旨是等价，即经优化工作变换后的代码运行结果应与原来程序运行结果一样。

优化范围分为：① 局部优化，以单入口、单出口的基本程序块为单位；② 循环优化，以循环语句为单位；③ 全局优化，在整个程序范围内作优化。

7.3.2　源代码优化

源代码优化主要包括以下几个方面。

(1) 选择合适的算法和数据结构。应该熟悉算法语言，知道各种算法的优缺点。将比较慢的顺序查找法用较快的二分查找或乱序查找法代替，插入排序或冒泡排序法用快速排序、合并排序或根排序代替，都可以大大提高程序执行的效率。选择一种合适的数据结构也很重要，比如你在一堆随机存放的数中使用了大量的插入和删除指令，这比使用链表要快得多。数组与指针具有十分密切的关系，一般来说，指针比较灵活简洁，而数组则比较直观，容易理解。对于大部分的 C 编译器，使用指针比使用数组生成的代码更短，执行效率更高。

(2) 使用尽量小的数据类型。能够使用字符型(char)定义的变量，就不要使用整型(int)变量来定义；能够使用整型变量定义的变量就不要用长整型(long int)，特别是能不用浮点型(float)变量就不要使用浮点型变量，使用浮点型变量会使程序代码增加很大。当然，在定义变量后不能超过变量的作用范围。在 keil 中，应说明指针所指向的对象类型，少用通用型指针。

(3) 使用自加、自减指令。通常使用自加、自减指令和复合赋值表达式(如 a－＝1 和 a＋＝1 等)都能够生成高质量的程序代码，编译器通常都能够生成 inc 和 dec 之类的指令，而使用 a＝a＋1 或 a＝a–1 之类的指令，有很多 C 编译器都会生成二到三个字节的指令。在 AVR 单片适用的 ICCAVR、GCCAVR、IAR 等 C 编译器中，以上几种书写方式生成的代码是一样的，都能够生成 inc 和 dec 之类高质量的代码。

(4) 减少运算的强度。可以使用运算量小但功能相同的表达式替换原来复杂的表达式。例如：

① 求余运算。a=a%8，可以改为 a=a&7。说明：位操作只需一个指令周期即可完成，而大部分的 C 编译器的“%”运算均是调用子程序来完成，代码长、执行速度慢。通常，

只要是求 2n 方的余数，均可使用位操作的方法来代替。

② 平方运算。a=pow(a, 2.0)，可以改为 a=a*a。说明：在有内置硬件乘法器的单片机中(如 51 系列)，乘法运算比求平方运算快得多，因为浮点数的求平方是通过调用子程序来实现的，在自带硬件乘法器的 AVR 单片机中，如 ATMega163 中，乘法运算只需 2 个时钟周期就可以完成。就算是在没有内置硬件乘法器的 AVR 单片机中，乘法运算的子程序比平方运算的子程序代码短，执行速度快。如果是求 3 次方，如：a=pow(a, 3.0)，更改为 a=a*a*a 则效率的改善更明显。

③ 用移位实现乘除法运算。a=a*4；b=b/4，可以改为 a=a<<2；b=b>>2。说明：通常如果需要乘以或除以 2n，都可以用移位的方法代替。在 ICCAVR 中，如果乘以 2n，都不是调用子程序而是直接生成左移 n 位的代码，但乘以非 2n 的整数或除以任何整数，均调用乘除法子程序运算。用移位的方法得到代码比调用乘除法子程序生成的代码效率高得多。实际上，只要是乘以或除以一个整数，均可以用移位的方法得到结果，如：a=a*9 可以改为 a=(a<<3)+a。

④ 少用浮点运算。int a=200，float b，b=a*89.65，如果能够不使用浮点运算，而改为长整型，如下：int a=200，long int b，b=a*8965/100，数值大小不变，但是生成的代码却少了很多。在很多情况下，如果忽略小数点部分对整个数值的影响不大，就忽略小数点部分，改为整型或长整型。如果在中间变量为浮点型且不能忽略小数点，也可以将其乘以 10n 方后转换为长整型数，但在最后运算时应记着除去 10n。

(5) 循环。

① 循环语句。对于一些不需要循环变量参加运算的任务可以把它们放到循环外面，这里的任务包括表达式、函数的调用、指针运算、数组访问等。应该将没有必要执行多次的操作全部集合在一起，放到一个 init 的初始化程序中进行。

② 延时函数。通常使用的延时函数均采用自加的形式：void delay (void){unsigned int i; for (i=0;i<1000;i++) ;}将其改为自减延时函数：void delay(void { unsigned int i; for(i=1000;i>0;i--);}两个函数的延时效果相似，但几乎所有的 C 编译对后一种函数生成的代码均比前一种代码少 1～3 个字节，因为几乎所有的 MCU 均有为 0 转移的指令，采用后一种方式能够生成这类指令。在使用 while 循环时也一样，使用自减指令控制循环会比使用自加指令控制循环生成的代码少 1～3 个字母。但是在循环中有通过循环变量“i”读写数组的指令时，使用预减循环时有可能使数组超界，要引起注意。

③ while 循环和 do…while 循环。用 while 循环时有以下两种循环形式：unsigned int i; i = 0; while(i<1000){i++; //用户程序}或：unsigned int i; i = 1000; do i--; //用户程序 while (i>0)；在这两种循环中，使用 do…while 循环编译后生成的代码的长度短于 while 循环。

(6) 查表在程序中一般不进行非常复杂的运算(如浮点数的乘除、开方以及一些复杂的数学模型的插补运算)。对这些既消耗时间又消耗资源的运算，应尽量使用查表的方式，并且将数据表置于程序存储区。如果直接生成所需的表比较困难，也尽量在启动时先计算，然后在数据存储器中生成所需的表，后以在程序运行直接查表就可以了，减少了程序执行过程中重复计算的工作量。

(7) 其他(如使用在线汇编，将字符串和一些常量保存在程序存储器中等)方法，也能够优化生成的代码。

7.3.3　中间代码优化

中间代码优化包括：① 基于中间代码的基本块划分方法；② 常量表达式优化的基本原理；③ 公共表达式优化的基本原理；④ 循环不变式外提的基本原理。

1. 基本块划分方法

所谓基本块是指程序的一组顺序执行的语句序列，其中只有一个出口和一个入口，入口就是其中的第一个语句，出口就是其中的最后一个语句。中间代码一级的基本块划分方法如下：

(1) 第一个中间代码作为第一个基本块的入口；

(2) 当遇标号性中间代码时，结束当前基本块，并作为新基本块的入口中间代码；

(3) 当遇转移性中间代码时，结束当前基本块，并把该转移性中间代码作为当前基本块的出口中间代码，其后的中间代码作为新基本块的入口中间代码；

(4) 当遇形如(ASSIG，A，—，X)的赋值中间代码，且 X 为引用形参时，结束当前基本块，并把该中间代码作为当前基本块的出口中间代码。

2. 常量表达式优化

常量表达式节省的基本思想是：如果一个四元式的两个运算分量都是取常数值，则由编译器将其值计算出来，以所求得的值替换原来的运算，并删除当前四元式。

为了实现常量表达式节省，需要定义一个常数定值表，其元素是二元组(var，val)，其中 var 是变量名，val 是变量名所对应的常数。如果在常量定值表中有(Y，5)，表示当前的 Y 一定取值 5，并且在 Y 未被重新赋值以前，后面出现的 Y 都可替换成 5(称为值替换或值传播)；如果一个四元式的两个分量都在常量定值表中，即为常数值，则计算当前四元式的结果值，将表示结果的临时变量和结果值填入常量定值表，并删除当前四元式；如果变量 Y 被赋值为非常数值，则从所构造的常量定值表中删除变量 Y 的登记项，以表示变量 Y 不取常数值。

3. 公共表达式优化

针对简单的具有嵌套过程的程序设计语言(Small Nested Language，SNL)源程序可采用基于值编码的公共表达式局部优化。值编码方法的主要思想是：对中间代码中出现的每个分量，确定一个编码(值编码)，使得具有相同编码的分量等价(反之则不然)。

4. 循环不变式外提优化

因为循环体中可能包含很多基本块，所以循环不变式外提优化不能以基本块为单位，是在整个循环范围内进行优化，要将循环不变式外提到循环的前置节点中。循环的前置节点是在循环的入口节点前建立的一个新的节点(基本块)，循环的入口节点是它唯一的后继，并且原中间代码中从循环外转向循环入口节点的代码修改为转向循环的前置节点。因为循环的入口节点是唯一的，所以前置节点也是唯一的。

要实现循环不变式外提，首先要识别出循环的入口部分、循环体部分和出口部分。SNL 只有一种循环，就是 while 循环，故只要考虑 while 循环的不变式外提就可以了。while 的循环体部分紧接着 while 的入口部分，故只需识别出循环入口和循环出口部分。四元式中间代码中，入口标号和出口标号，分别用 WHILE START 和 END WHILE 标志。

7.3.4　目标代码优化

目标代码优化是与机器相关的优化，通常在目标代码生成之后进行，是针对目标代码进行优化。包括寄存器优化、多处理器优化、特殊指令优化、无用指令消除等优化工作。

7.4　小　　结

本章以 Linux 驱动程序架构入手，介绍了 Linux 驱动程序开发和驱动程序加载的方法，并通过实例说明嵌入式 Linux 中驱动程序和应用程序的开发方法。以 Qt/Embedded 为例，介绍了嵌入式 Linux 中图形用户界面的开发技术。最后，概要介绍了 Linux 软件开发中代码优化的常用方法。

课 后 习 题

1. Linux 驱动程序分哪几类？分析比较不同类别驱动程序有哪些异同之处。
2. 阐述 Linux 驱动程序与内核间的接口与数据结构。
3. 加载设备驱动程序有哪些不同方法？简述加载块设备驱动程序、访问块设备的步骤和方法。
4. 嵌入式 Linux 程序代码有哪些优化方法，分析比较不同代码优化技术的优缺点。

参 考 文 献

[1] 刘庆敏, 张小亮. 嵌入式 Linux 开发详解：基于 AT91RM9200 和 Linux 2.6[M]. 北京：北京航空航天大学出版社，2010.
[2] CHRISTOPHER H. 嵌入式 Linux 基础教程[M]. 2 版. 周鹏, 译. 北京：人民邮电出版社，2016.
[3] VENKATESWARAN S. 精通 Linux 驱动程序开发(英文影印版)[M]. 北京：人民邮电出版社，2009.
[4] 张光建，刘政. 嵌入式 Linux 驱动程序开发实例教程[M]. 北京：清华大学出版社，2011.
[5] JEAN L. 嵌入式软件[M]. 陈慧，张玥，陈章龙，等, 译. 北京：电子工业出版社，2009.
[6] 贺丹丹，张凡，刘峰. 嵌入式 Linux 系统开发教程[M]. 北京：清华大学出版社，2010.
[7] 朱兆祺，李强，袁晋蓉. 嵌入式 Linux 开发实用教程[M]. 北京：人民邮电出版社，2014.
[8] NEIL M，RICHARD S. Linux 程序设计[M]. 4th. 陈健，宋健建，译. 北京：人民邮电出版社，2010.

第 8 章　Android 嵌入式软件开发

Android 是谷歌公司于 2007 年 11 月 5 日发布的基于 Linux 内核的移动平台，该平台由操作系统、中间件、用户界面和应用软件组成，是一个开放的移动开发平台。本章将介绍 Android 系统的特性、架构及开发环境的搭建，并结合实例介绍 Android 嵌入式软件的开发。

8.1　Android 开发基础

本节介绍 Android 操作系统的特性、架构及其相关的开发环境。

8.1.1　Android 操作系统特性

Google 公司每年在 Google I/O 大会上都会发布新版本的 Android 操作系统。其中，于 2019 年 5 月 8 日发布了最新的 Android Q beta(Android 10.0 测试版)，该版操作系统有以下特性。

1. Material Design 设计风格

Material Design 是一种新颖的平面化设计方法，以期给用户带来纸张化的体验。此方法在基本元素处理上借鉴了传统的印刷设计思想，并在字体版式、网格系统、空间、比例、配色和图像使用等方面遵循了基础的平面设计规范。

2. 支持多种设备

Android 操作系统基于 Linux 内核，并采用 Java 语言进行应用程序开发，这使得 Android 应用系统可运行在多种平台。例如智能手机、平板电脑、笔记本电脑、智能电视、汽车、智能手表，甚至是各种家用电子产品和物联网设备中。

3. 支持 64 位 Android Runtime(ART)虚拟机

Android 操作系统从 Android 5.0 开始，内部放弃之前一直使用的 Dalvik 虚拟机改用 ART 虚拟机。实现了在 ARM、X86、MIPS 等平台跨平台编译。

4. 应用权限管理

在 Android 6.0 中，权限管理成为系统级的功能。这允许对应用权限进行自定义管理。例如对使用位置、相机、网络和通讯录等的访问权限进行自定义设置。

5. Doze 电量管理功能

当设备静止不动一段时间后，系统会进入 Doze 电量管理模式。这个功能使设备平均续航时间提高 30%。

6. 多窗口模式

Android 操作系统在 7.0 版本以后支持多窗口任务处理。在大屏幕设备中可以同时打开两个应用程序，这能够提升执行效率和使用体验，例如可以一边看视频一边聊天。

7. 改进的 Java 8 语言支持

支持 Java 8 语言平台。Android 操作系统的 Jack 编译器能够有助于减少系统的冗余代码、降低内存占用和运行时间。开发者可以直接使用 Lambda 表达式。

8. 后台省电

屏幕关闭后，所有的后台进程都将会被系统限制活动。这些应用不会在后台中持续唤醒，从而达到省电的目的。

8.1.2　Android 系统架构

图 8-1 所示为 Android 系统架构及其包含的主要组件。Android 系统架构包括应用层、应用框架层、系统运行库层、硬件抽象层和 Linux 内核层。

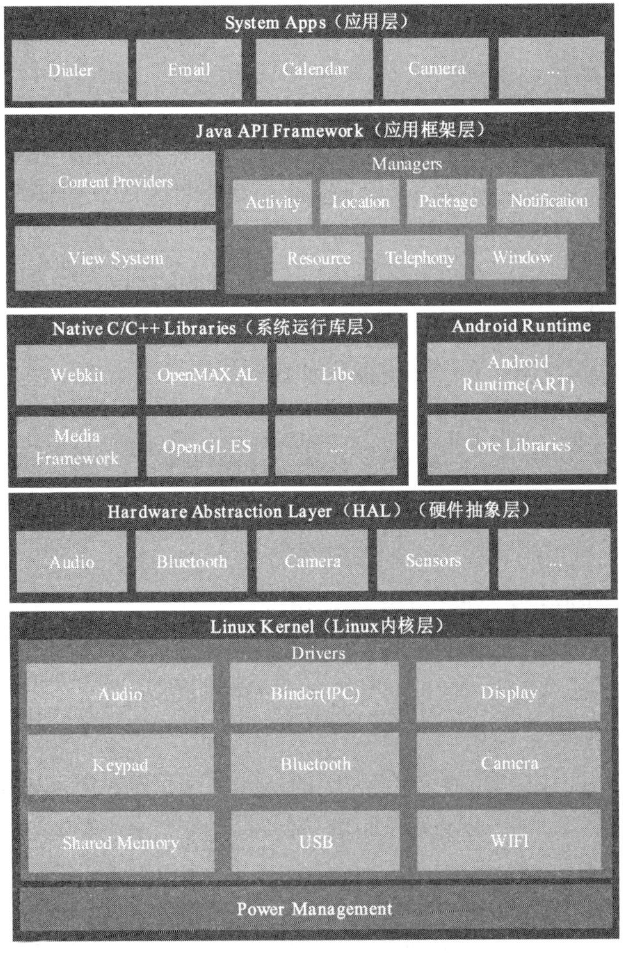

图 8-1　Android 平台架构图

1. Linux 内核层

Android 平台的基础是 Linux 内核。其中，Android Runtime 依靠 Linux 内核来执行底层功能，如线程、内存管理等。使用 Linux 内核可让 Android 使用其主要安全功能，并允许设备制造商为 Linux 内核开发硬件驱动程序。

2. 硬件抽象层

硬件抽象层(Hardware Abstraction Layer，HAL)提供标准界面，向更高级别的 Java 框架 API 显示设备硬件功能。HAL 包含多个库模块，其中每个模块都为特定类型的硬件组件实现一个界面。例如，相机、蓝牙模块等。当 Java 框架 API 要求访问设备硬件时，Android 系统将为该硬件组件加载相应库模块。

3. 系统运行库层

从图 8-1 中可以看出，系统运行库层分为两部分。原生 C/C++ 库和安卓运行时库。其中，安卓运行时库分为核心库和 ART(Android 5.0 以后 Dalvik 虚拟机被 ART 取代)。

C/C++程序库能被 Android 操作系统中不同的组件所使用并通过应用程序框架层为开发者提供服务。许多核心 Android 系统组件和服务(例如 ART 和 HAL)构建自原生代码，需要以 C 和 C++编写的原生库为基础。Android 平台提供 Java 框架 API 可以向应用显示其中部分原生库的功能。例如，可以通过 Android 框架的 Java OpenGL API 访问 OpenGL ES，以支持在应用中绘制和操作 2D 和 3D 图形。如果开发的是需要 C 或 C++代码的应用，可以使用 Android NDK(Native Development Kit)直接从原生代码访问某些原生平台库。

对于运行 Android 5.0(API 级别 21)或更高版本的设备，每个应用都在其自己的进程中运行，并有自己的 ART 实例。通过执行 DEX 文件可在低内存设备上运行多个虚拟机。其中，DEX 文件是一种专为 Android 设计的字节码格式，其经过优化使用很少内存。编译工具链(例如 Jack)将 Java 源代码编译为 DEX 字节码，使其可在 Android 平台上运行。Android 还包含一套核心运行时库，可提供 Java API 框架使用 Java 语言的大部分功能，包括部分 Java 8 语言功能。

4. 应用框架层

应用框架层为开发人员提供了开发应用程序所需要的 API。可通过 Java 语言编写的 API 调用 Android 操作系统的所有功能集。这些 API 形成创建 Android 应用所需的构件块，进而简化核心系统组件和服务的复用。表 8-1 所示为应用框架所包含的主要组件和服务。

表 8-1 应用框架层提供的组件

名　称	功 能 描 述
Activity Manager（活动管理器）	管理各个应用程序生命周期以及通常的导航回退功能
Location Manager（位置管理器）	提供地理位置以及定位功能服务
Package Manager（包管理器）	管理所有安装在 Android OS 中的应用程序
Notification Manager（通知管理器）	使得应用程序可以在状态栏中显示自定义的提示信息

续表

名　称	功 能 描 述
Resource Manager（资源管理器）	提供应用程序使用的各种非代码资源，如本地化字符串、图片、布局文件、颜色文件等
Telephone Manager（电话管理器）	管理所有的移动设备功能
Windows Manager（窗口管理器）	管理所有开启的窗口程序
Content Providers（内容提供器）	使得不同应用程序之间可以共享数据
View System（视图系统）	构建应用程序的基本组件

5. 应用层

系统内置的应用程序以及非系统级的应用程序均属于应用层，它们负责与用户进行交互。

8.1.3 Android 开发环境搭建

1. Android Studio 安装

Android Studio 是一个由 Google 开发的用于 Android 应用程序开发的 IDE。可以前往 Android 开发者官方网址下载 Android Studio，网址为：https://developer.android.google.cn/studio。图 8-2 所示该网站截图，点击绿色按钮下载该软件，下载之后根据提示进行安装。

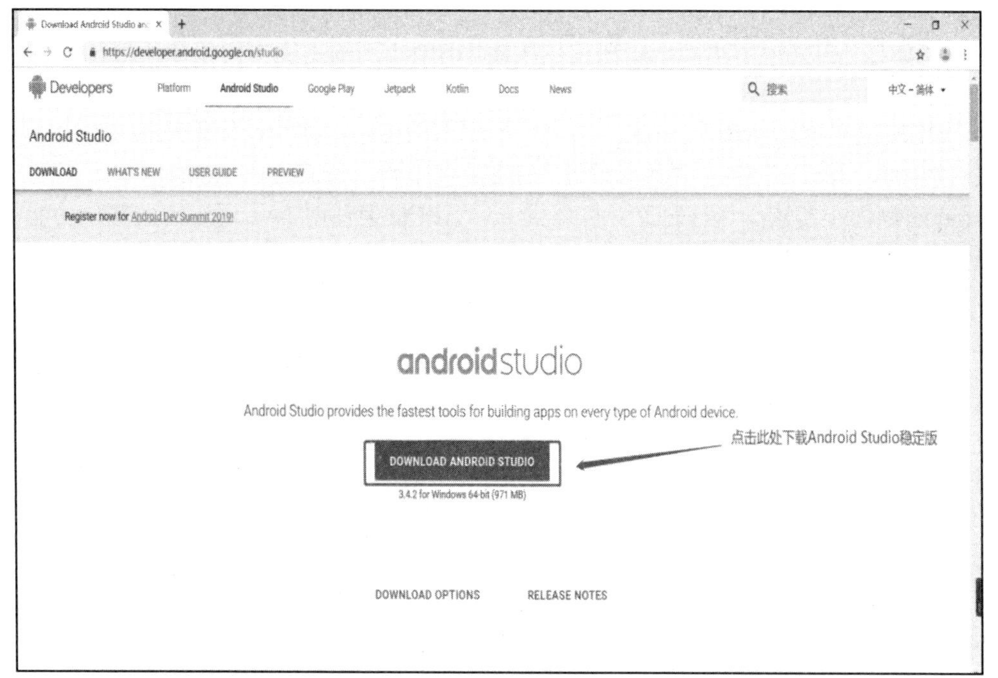

图 8-2　Android Studio 官网下载界面

图 8-3 所示为下载完成后设置 Android Studio 安装类型的选项。自动下载安装完毕后，可打开 Android Studio。图 8-4 是初次打开 Android Studio 的界面。

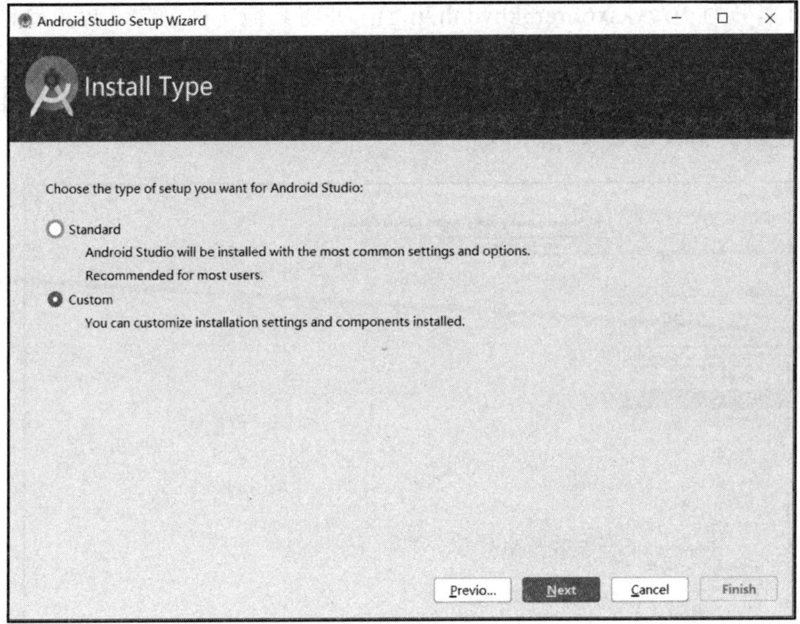

图 8-3　Android Studio 初次打开配置界面

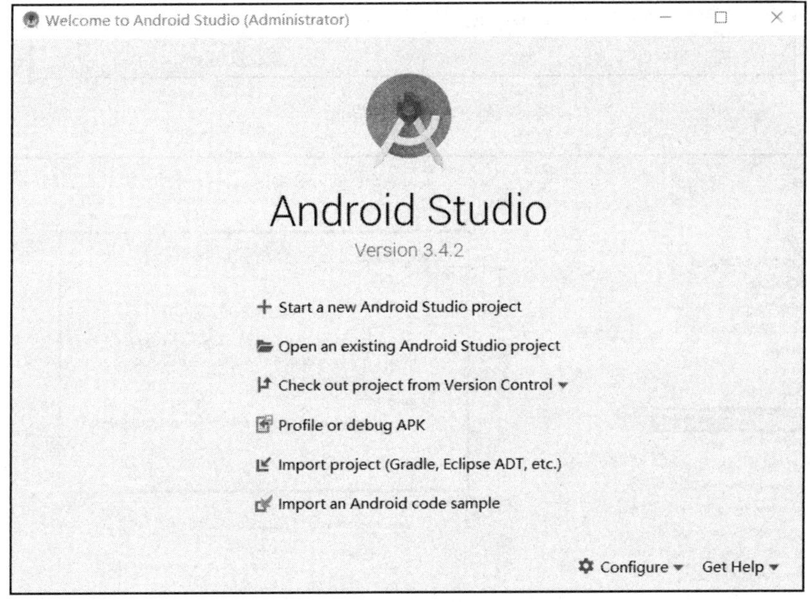

图 8-4　Android Studio 初次打开界面

国内用户创建第一个 Android 项目时，会出现 build.gradle 无法下载的问题。此时，需要手动下载 gradle。具体步骤如下：

(1) 前往 C:\Users\用户名\.gradle\wrapper\dists 查看需要下载的 gradle 版本，然后前往 https://gradle.org/下载对应版本的 gradle。

(2) 将下载的 zip 文件放置在 C:\Users\用户名\.gradle\wrapper\dists \gradle 版本\随机

编码目录下(本书为 97z1ksx6lirer3kbvdnh7jtjg)，并将其他文件删除，再重新创建一个项目即可。

如果再次提示创建失败，可以参照图 8-5 修改设置。然后参考图 8-6 中红框内容修改 build.gradle 文件，再次重试即可。

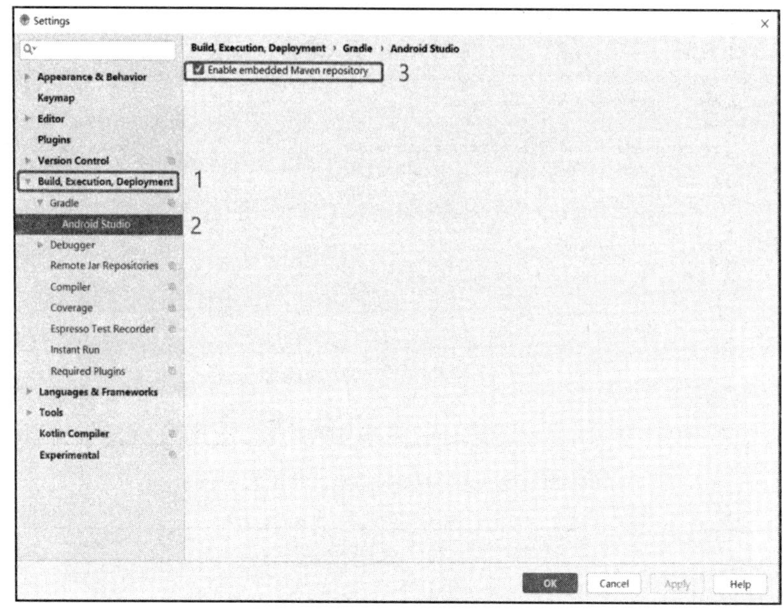

图 8-5　设置界面

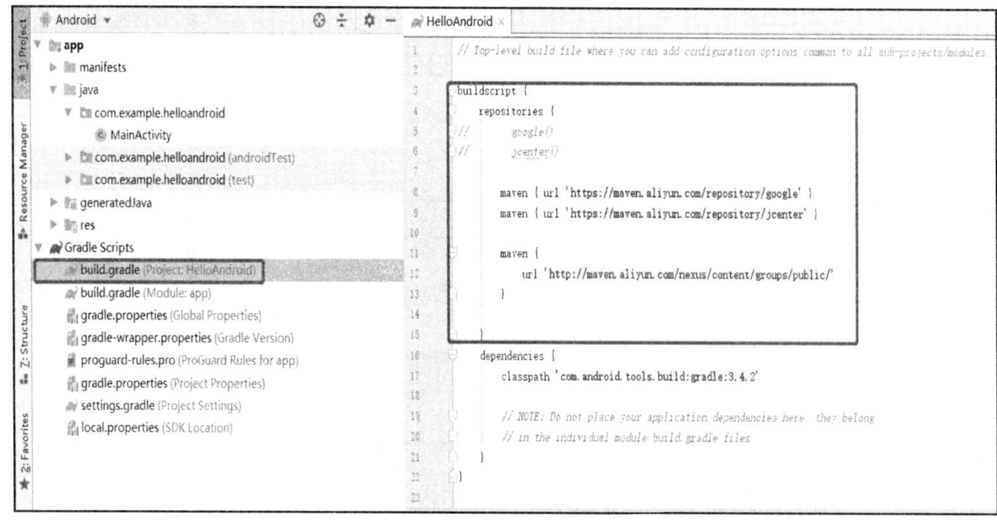

图 8-6　build.gradle 修改

2. Android SDK 安装

进入 Android Studio IDE 以后，需要进行 Android SDK 的下载。如图 8-7 所示，可根据需要选择不同的 API 包进行下载。本书勾选了 Android5.0 和 Android8.0。下载完毕后即可开始创建第一个应用 Hello Android。

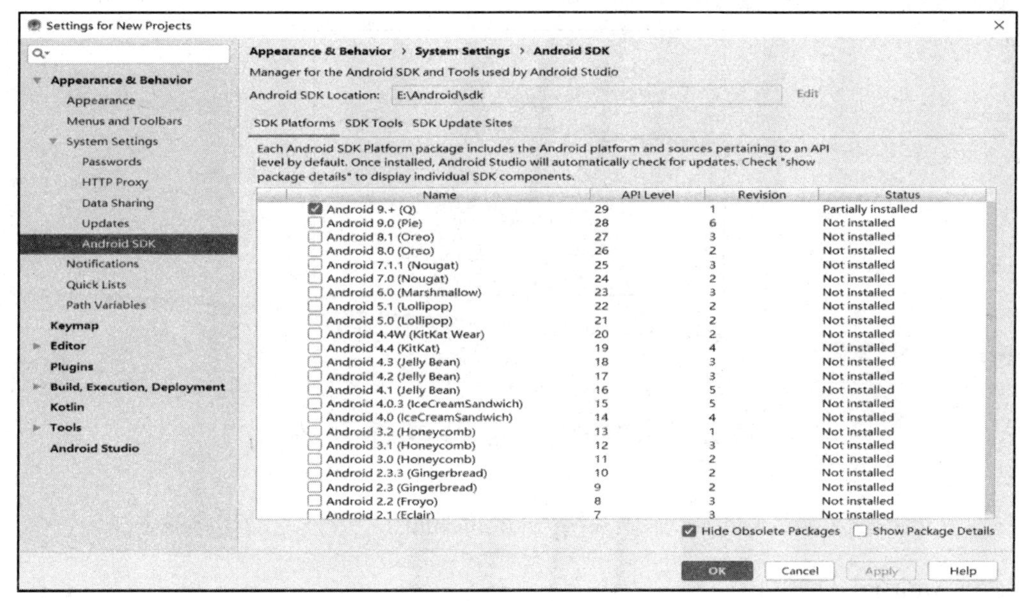

图 8-7　Android SDK Manager 下载界面

3. 创建 Hello Android

图 8-8 所示为创建项目 Hello Android 后自动生成的目录结构。其中，/app/src/main 目录里存放了应用包含的所有代码文件和资源文件。在 main 文件夹中又分为 java 文件夹、res 文件夹和 AndroidManifest.xml 文件。java 目录下存放所有的 java 代码文件。res 目录下存放所有的资源文件，例如布局文件、图标、图片和颜色配置等。

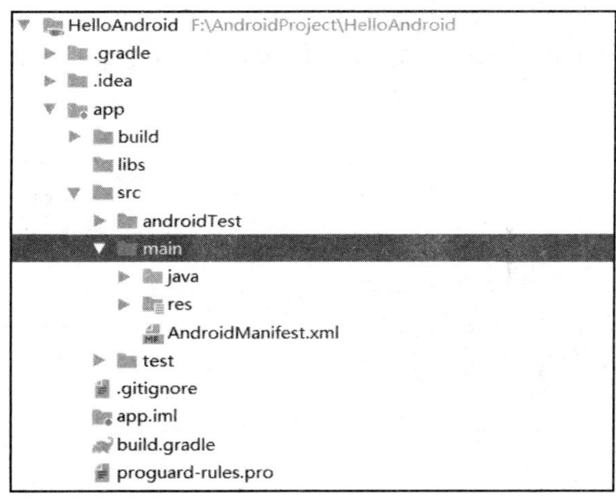

图 8-8　Hello Android 项目目录

编写 Android 应用程序接触最多的是 ./res/layout 目录下的布局代码和 ./java 目录下的 java 代码文件。Android 应用程序中一个重要的组件是 Activity。一个 Activity 可将其简单视为应用程序的一个界面。每一个 Activity 都必须对应一个相应的布局文件和一个 java 代码文件。布局文件负责相应界面的 UI，java 文件负责 UI 的交互逻辑处理。

如图 8-9 所示，IDE 已经自动生成了 MainAcivity.java 和 activity_main.xml。在此基础上，开发人员可根据项目需求编写相应的 Android 应用程序。

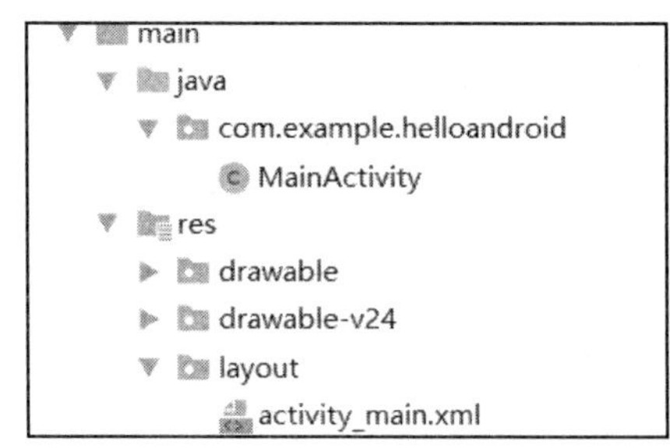

图 8-9　MainActivity 的主要文件

8.2　Android 驱动程序开发

本节介绍在轻量级 Android 操作系统 AndroidThings 上开发驱动程序的方法。

8.2.1　Android Things

Android Things 是谷歌公司在 Android 基础上面向物联网设备开发的轻量级操作系统。使用 Android Things 能够在目前主流硬件平台(如 Raspberry Pi 3)之上构建应用程序。其中，Board Support Package(BSP)由 Google 管理，开发人员无需进行内核或固件开发。Android Things 可以通过外设 I/O API(GPIO、I^2C、SPI、UART、PWM)集成其他外设，例如 LED 灯、开关、按钮和伺服电机等。如图 8-10 所示，开发人员可以直接使用 Android Framework API 和用户驱动程序构建应用程序，并访问和控制外围硬件，这使开发人员无需关注固件开发，可以从 https://github.com/androidthings/contrib-drivers 上查询所有的可用驱动程序列表。同时这些驱动程序可以像其他 Android 库一样，在 build.gradle 文件中添加依赖，并导入驱动程序。下面以一个 LED 灯条为例，讲解如何开发 Android Things 驱动程序。

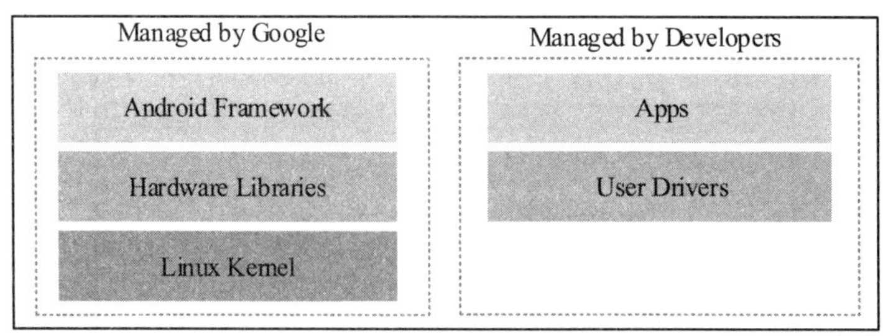

图 8-10　用户驱动框架

8.2.2　LED 灯条驱动程序开发

1. 通信协议

开发驱动程序前必须了解外设使用哪种通信协议。Android Things 支持 GPIO、I2C、SPI、UART 和 PWM 协议。如图 8-11，查看灯条可以看到控制芯片上印有代码 WS2801 的字样。通过搜索“WS2801 datasheet”可以查询到 WS2801 芯片的数据手册。在手册中可以看到输入和输出引脚列表：电源(VCC)、时钟输入(CKI)、数据输入(SDI)和接地(GND)，如图 8-11 所示。

图 8-11　LED 灯条

采用哪种协议通常依据三种指标决定。第一，所需引脚的数量。电源和接地引脚对大多数设备都是通用的，但是需要将时钟输入和数据输入作为单独的引脚，因此只能从 SPI 和 I2C 协议中选择。第二，时钟速率。I2C 协议的标准是 400 kHz，但是 WS2801 的数据手册中 WS2801 支持的最大时钟频率为 25 MHz。第三，数据格式。在数据手册中显示 WS2801 芯片需要操作 3 字节的数据(红色、绿色和蓝色值)，并将剩下的数据传给下一个芯片(LED 灯条的下一个 LED)，没有提到确认或双向通信。综上所述在本案例中不能使用 I2C 协议，因此选择了 SPI 协议。

2. 连接外设到开发板

确认通信协议以后才可以将 LED 灯条与开发板连接。首先在 Android Things 开发者网站上找到开发板的引脚分配。引脚分配显示哪个引脚可用于哪种通信形式。图 8-12 展示了 Raspberry Pi 3 的 I/O 引脚分配。在本例中，电源(VCC)使用引脚 2(或 4)，接地(GND)使用引脚 6(或 9、14 等)，时钟(CKI)使用引脚 23，数据(SDI)使用引脚 19。在这里需要注意，有两个功能接近的引脚：19-MOSI 代表主出从入，而引脚 21-MISO 代表主入从出。在本例中，必须使用 MOSI，即主出从入，因为主设备(Android Things 设备)将发送数据，而从设备(LED 条)将读取数据。

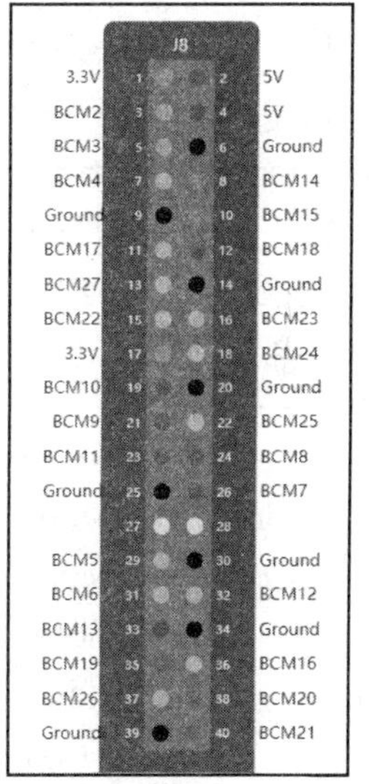

图 8-12　Raspberry Pi 3 I/O 引脚分配

3. 驱动程序的编写

首先，如图 8-13 所示创建一个标准的 gradle 模块并在 build.gradle 文件中添加依赖。和其他的 Android 库一样，可以使用 com.android.library 插件和 Android Things。但是，开发时至少需要使用 API24 作为最低 SDK 版本，还应该指定 provided 的依赖项为 com.google.android.things:android things，需要它才能编译应用程序。接着，需要在配置文件 AndroidManifest.xml 中设置应用清单为 Android Things，如图 8-14 所示。

```
apply plugin: 'com.android.library'
android {
    compileSdkVersion 24
    buildToolsVersion '24.0.3'
    defaultConfig {
        minSdkVersion 24
        targetSdkVersion 24
    }
}
dependencies {
    provided 'com.google.android.things:androidthings:0.1-devpreview'
}
```

图 8-13　在 build.gradle 文件中添加依赖

```
<manifest xmlns:android="http://schemas.android.com/apk/res/android"
    package="com.example.driver.ws2801">
    <application>
      <uses-library android:name="com.google.android.things" />
    </application>
</manifest>
```

图 8-14　在 AndroidManifest.xml 文件中设置应用清单

最后，创建一个新类(Ws2801.java)并编写驱动程序代码。需要做的第一件事是打开 SPI 端口，以便开始向它发送数据，然后关闭端口。图 8-15 为驱动程序主要部分代码。

```
package com. example.driver.ws2801;
import com.google.android.things.pio.PeripheralManagerService;
import com.google.android.things.pio.SpiDevice;
import java.io.IOException;
public class Ws2801 implements AutoCloseable {
   private final SpiDevice device;
   public static Ws2801 create(String spiBusPort) throws IOException {
       PeripheralManagerService pioService = new PeripheralManagerService();
       try {
           return new Ws2801(pioService.openSpiDevice(spiBusPort));
       } catch (IOException e) {
           throw new IOException("Unable to open SPI device in bus port " + spiBusPort, e);
     }
   }
```

```
    Ws2801(SpiDevice device) throws IOException {
        this.device = device;
        device.setFrequency(1000000);
        device.setMode(SpiDevice.MODE0);
        device.setBitsPerWord(8);
    }
    public void write(int[] colors) throws IOException {
        Int[] colorsToSend = new int[]{
Color.RED, Color.WHITE, Color.parseColor("#0FACE0")
};
        device.write(colorsToSend, colorsToSend.length);
    }
    @Override
    public void close() throws IOException {
        device.close();
    }
}
```

图 8-15　Ws2801.java 主要部分代码

注意，首先需要创建 PeripheralManagerService 的实例。这用于获取开发板具有的不同输入/输出(I/O)接口的信息，以及打开的总线或 GPIO 引脚。在上面的示例代码中，调用 openSpiDevice(String spiBusName)方法来打开 SPI 总线接口。一旦有了对 SpiDevice 的引用，就可以配置总线并开始向它发送数据。

8.3　Android 应用开发

本节从应用视角介绍 Android 应用开发及相关数据库访问技术，并结合“跌倒监测监控系统”中的 Android 端应用实例介绍 Android 应用开发相关技术。

8.3.1　Android 开发模式

Android 应用开发常见模式有 MVC 模式、MVP 模式和 MVVM 模式。

1. MVC 模式

MVC 模式是模型(Model)、视图(View)、控制器(Controller)的缩写。它将数据、界面显示、业务逻辑分离，实现用户界面、业务逻辑和数据操作的解耦，使得某一层的修改，对其他层的影响降到最小。Model、View 和 Controller 间的关系如图 8-16 所示。其中，Model 是应用程序中处理数据逻辑的部分，通常负责数据存储与计算；View 负责应用程序中用户交互的响应，以及数据处理结果的显示；Controller 是应用程序中处理用户交互逻辑的部分，是 View 和 Model 间的桥梁，包括用户输入验证、向 Model 发送数据等功能。MVC 模块功能对照表如表 8-2 所示。

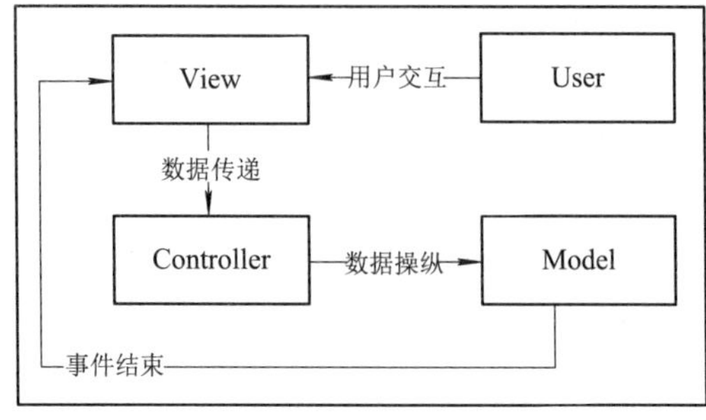

图 8-16　MVC 模式图

表 8-2　MVC 模块功能对照表

名　称	功 能 描 述
Model	负责数据的处理，自定义类
Controller	连接 Model 和 View，在 Activity 中
View	负责界面和用户交互，在 XML 文件中

在 Android 的 MVC 模式中，一般采用 XML 对 View 层的界面进行描述，实现了 View 与 Model 层的分离，因此后期开发修改界面时，无需修改对应的处理数据部分；Activity 实现了 Android 的 Controller 层，其承担了连接 View 和 Model 的作用；在 Model 层，Android 针对业务逻辑建立相应的数据结构和类。其中，与业务数据处理相关的数据库操作、网络操作和外部硬件接口等通常包含在 Model 层。

2. MVP 模式

MVP 模式由 MVC 模式演变而来，进一步分离业务逻辑与界面。Model、View 和 Presenter 间的关系如图 8-17 所示。Model 负责应用程序中数据的处理与存储；View 负责应用程序的界面显示，并与 Presenter 通过接口进行通信；Presenter 负责应用程序中用户交互的逻辑处理。

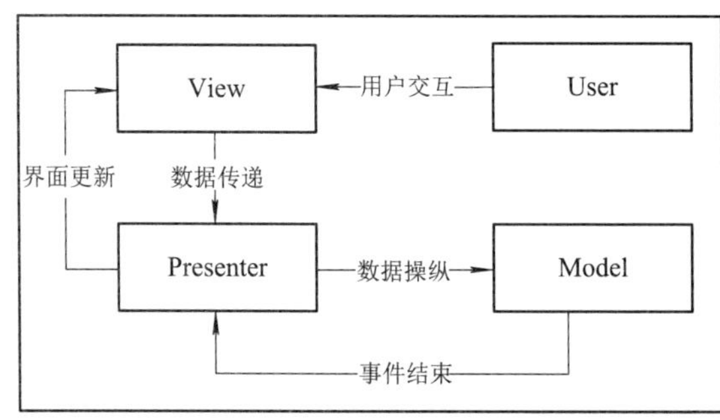

图 8-17　MVP 模式图

Android 的 MVP 模式将 Android 应用程序分为了 Model、View、Presenter、View Interface 四个部分。View 部分包括 Activity 类、Fragment 类、Adapter 类等，主要负责 UI 初始化、

界面绘制；Presenter 主要负责用户交互、调用 Model 部分的代码；Model 负责数据的处理与存储；View Interface 主要负责连接 View 部分和 Presenter 部分，分离前端界面与后端逻辑。MVP 模块功能对照表如表 8-3 所示。

表 8-3　MVP 模块功能对照表

名　称	功 能 描 述
View	负责界面的 UI 元素绘制
Model	负责数据的处理、存储和检索
Presenter	作为 View 层和 Model 层的桥梁，处理与用户交互的逻辑
View Interface	视图接口，View 层通过 View Interface 与 Presenter 相连接

3. MVVM 模式

MVVM 模式是模型(Model)、视图(View)、视图模型(View Model)的缩写，它是在 MVP 模式的基础上对 View 和 Model 进一步的分离。如图 8-18 所示，ViewModel 利用双向绑定代替了 Presenter 和 Controller 的连接作用，直接对数据或视图进行操纵。ViewModel 类负责保存 UI 数据以及在配置变更后继续保留 UI 信息。

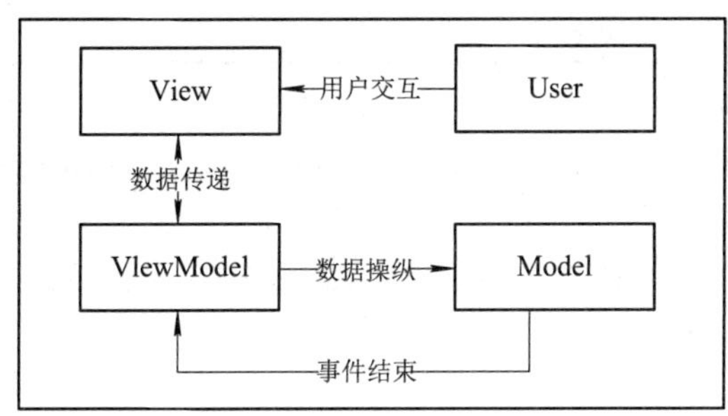

图 8-18　MVVM 模式图

8.3.2　Android 数据库开发

Android 默认使用的是轻量级数据库 SQLite，其具有自给自足、无服务器、零配置、事务性、开源等特点。SQLite 的基本命令如表 8-4 所示。SQLite 的数据类型如表 8-5 所示。

表 8-4　SQLite 的基本命令

命令	描　　述	分类
CREATE	创建新的数据库、新的表、新的视图	DDL
ALTER	修改数据库中某个已存在的对象，如数据表	DDL
DROP	删除表、视图	DDL
INSERT	创建一条记录	DML
UPDATE	修改记录	DML
DELETE	删除记录	DML
SELECT	从一个或者多个数据表中检索记录	DQL

表 8-5　SQLite 的数据类型

类型	描　述
NULL	空值
VARCHAR(n)	长度不固定且最大长度不超过 n 的字符串，n 不能超过 4000
CHAR(n)	长度固定为 n 的字符串，n 不能超过 254
INTEGER	整数
REAL	浮动的数值，未被存储为 8 字节的 IEEE 浮动标记序号
TEXT	文本字符串，使用数据库编码（TUTF-8、UTF-16BE、UTF-16-LE）
BLOB	值是 BLOB 数据块，以输入的数据格式进行存储
DATA	日期格式，包含了年、月、日
TIME	时间格式，包含了时、分、秒

图 8-19 所示为操作书籍表的数据库访问示例。其中，第一段代码打开了数据库并创建了书籍数据表(book_table)，数据表的字段为书籍编号(id)、书籍名称(name)；第二段代码向数据表中插入了名称为“king”的数据；第三段代码删除了书籍编号为 6 的书籍信息；第四段代码修改数据表中编号为 1 的书籍信息，书籍名称修改为“kings”；第五段代码遍历数据表，查询所有书籍的信息。

```
//创建或打开数据库
db = SQLiteDatabase.openOrCreateDatabase("/data/data /databases/book.db",null);
//创建表
String book_table="create table book_table(_id integer primary key autoincrement,bname text)";
db.execSQL(book_table);

//插入数据方法 1，SQLiteDatabase 的 insert 方法
ContentValues cValue = new ContentValues();
cValue.put("bname","king");                          //添加书名
db.insert("book_table",null,cValue);                 //调用 insert()方法插入数据
//插入数据方法 2，执行插入语句
String book_sql="insert into book_table(bname) values('king')";
db.execSQL(sql);                                     //执行 SQL 语句

//删除数据方法 1，SQLiteDatabase 的 delete 方法
String whereClause = "id=?";
String[] whereArgs = {String.valueOf(6)};            //删除条件参数
db.delete("book_table",whereClause,whereArgs);       //执行删除
//删除数据方法 2，执行删除语句
String sql = "delete from book_table where _id = 6";
db.execSQL(sql);                                     //执行 SQL 语句
```

```
//修改数据方法 1，SQLiteDatabase 的 updata 方法
values.put("bname","kings");                    //修改条件
String whereClause = "id=?";                    //修改添加参数
String[] whereArgs={String.valuesOf(1)};        //修改
db.update("book_table",values,whereClause,whereArgs);
//修改数据方法 2，执行修改语句
String sql = "update book_table set bname = 'kings' where id = 1";
db.execSQL(sql);                                //执行 SQL

//通过 Cursor 类查询数据
Cursor cursor = db.query ("book_table",null,null,null,null,null,null);
if(cursor.moveToFirst() {                       //判断游标是否为空
    for(int i=0;i<cursor.getCount();i++){       //遍历游标
        cursor.move(i);
        int id = cursor.getInt(0);              //获得 ID
        String bname=cursor.getString(1);       //获得书名
        System.out.println(id+":"+bname);       //输出书籍信息
    }
}
//删除数据表
String sql ="DROP TABLE book_table";
db.execSQL(sql);                                //执行 SQL

//关闭数据库
db.close();
```

图 8-19　数据库操作

8.3.3　Android 开发实例

在本书的第 5、6 章以跌倒监测监控系统为例，介绍了其相关的分析设计。本节以系统中 Android 端 APP 为例，介绍其中部分功能的 MVP 架构实现。在此，以 Android 端 APP 中的蓝牙连接与添加联系人功能实现为例。

1. 蓝牙连接

如图 8-20 所示，智能手机通过蓝牙和老年人跌倒监测设备连接，用户点击实时监测界面右上角的蓝牙图标可实现手机与检测设备的蓝牙连接。蓝牙连接功能的实现遵循 MVP 模式。图 8-21 的 IMainActivity.java 和图 8-22 的 MainActivity.java 是控制界面显示的 View 部分。

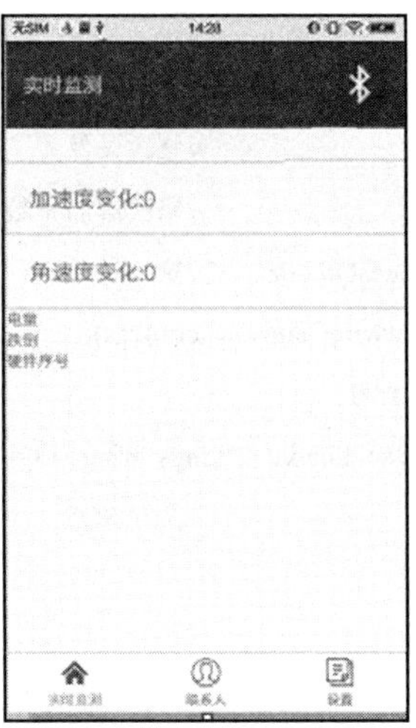

图 8-20　蓝牙连接界面

```
public interface IMainActivity {
    Intent registerReceiver(BroadcastReceiver receiver,IntentFilter filter);
    void unregisterReceiver(BroadcastReceiver receiver);
    void startActivityForResult(android.content.Intent intent, int requestCode);
    void showMessage(String msg);     // Show on screen
}
```

图 8-21　IMainActivity.java 部分代码

```
private void initViews() {
    mViewPager = (ViewPager) findViewById(R.id.view_pager);
    mIndicator = (IconTabPageIndicator) findViewById(R.id.indicator);
    fragments = initFragments();
    FragmentAdapter adapter = new FragmentAdapter(fragments, getSupportFragmentManager());
    mViewPager.setAdapter(adapter);
    mIndicator.setViewPager(mViewPager);
}
public void showMessage(String msg) {
    Toast.makeText(this, msg, Toast.LENGTH_SHORT).show();
}
```

图 8-22　MainActivity.java 部分代码

View 层中，initView 函数负责初始化界面，showMessage 函数负责将操作后返回的信息以提示框形式展示。如图 8-23 和图 8-24 是控制蓝牙相关逻辑的 Presenter 部分，图 8-23 是 APP 实现的蓝牙相关的用户交互逻辑，discovery 函数负责检测可用蓝牙设备，connect 函数负责连接蓝牙，disconnect 负责断开蓝牙连接，setBTStatesView 函数负责设置蓝牙状态。图 8-24 中，connect 函数直接控制连接蓝牙逻辑，onSuccess 函数负责在蓝牙连接成功后保持蓝牙连接，onError 函数负责在蓝牙连接失败后在界面上显示连接失败信息。图 8-25 所示为通过 socket 连接蓝牙设备的部分代码。其中，run 函数负责 socket 连接蓝牙设备。当发生错误时抛出异常，调用 onError 函数显示无法连接提示框并结束 socket；连接成功，调用 onSuccess 函数回到 Presenter 部分。

```
public interface IBluetoothPresenter {
    void discovery();
    void connect();
    void disconnect();
    void setBTStatesView(IBTStatesView iBTStatesView);
}
```

图 8-23　IBluetoothPresenter.java 部分代码

```
public void connect() {
   if(BOLUTEKDevice != null){
  BluetoothAdapter mBluetoothAdapter = BluetoothAdapter.getDefaultAdapter();
  connectThreadCompl = new ConnectThreadCompl(BOLUTEKDevice,mBluetoothAdapter);
  connectThreadCompl.start();
   }else{
    handler.post(new Runnable() {
    public void run() {
        iMainActivity.showMessage("连接设备失败");
    }
   });}}
   public void onSuccess(BluetoothSocket mmSocket) {
    handler.post(new Runnable() {
    // When socket connected, begin to receive from socket
    connectedThreadCompl = new ConnectedThreadCompl(mmSocket);
    connectedThreadCompl.start();
   }
   public void onError(final String errMsg) {
    handler.post(new Runnable() {
    public void run() {
        iMainActivity.showMessage(errMsg);
    }
   });
   }
}
```

图 8-24　BluetoothPresenterCompl.java 部分代码

```
public abstract class ConnectThread extends Thread{
private final BluetoothSocket mmSocket;
private final BluetoothAdapter adapter;
public void run() {
   // Cancel discovery because it will slow down the connection
   adapter.cancelDiscovery();
   try {
         // Connect the device through the socket. This will block
         // until it succeeds or throws an exception
         mmSocket.connect();
   } catch (IOException connectException) {
      // Unable to connect; close the socket and get out
      onError("无法连接");
      try {
      mmSocket.close();
      } catch (IOException closeException) { }
      return;
    }
    onSuccess(mmSocket);
  }
  public abstract void onSuccess(BluetoothSocket mmSocket);
  public abstract void onError(String errMsg);
}
```

图 8-25　ConnectThread.java 部分代码

2. 添加联系人

图 8-26 中，左图为联系人界面，点击添加联系人按钮进入图 8-26 右图的联系人设置界面。通过该界面可设置联系人的姓名、手机号码、地址，点击“保存并添加联系人信息”按钮可添加联系人。图 8-27 的 ContactPersonFragment.java 和图 8-28 的 ContactPersonAdd Activity.java 是 View 中处理界面与用户交互逻辑的关键代码。图 8-29 的 ContactService.java 是控制联系人信息与数据库通信的网络加载模型，图 8-30 的 Contactperson.java 是联系人类。

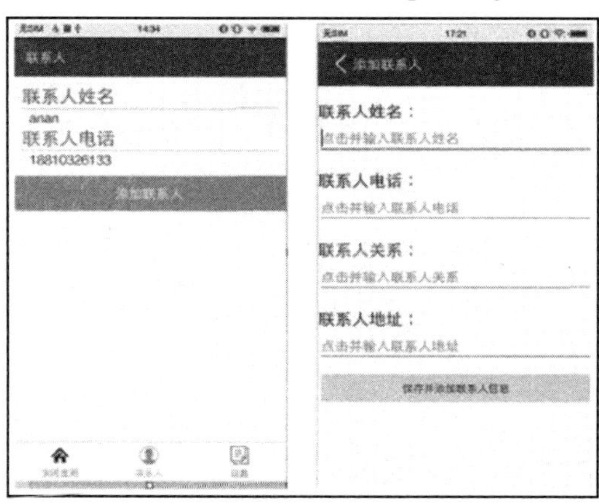

图 8-26　添加联系人界面

View 部分 getContact 函数负责获取存在的联系人并展示在界面上，在控制添加联系人的 ContactPersonAddActivity 类中 OnClick 方法负责获取界面上的联系人信息(姓名、电话、关系、地址)并进行验证，然后调用内部方法 addContact 添加联系人。

```
public void getContacts() {
    Gson gson = new GsonBuilder()
    //配置你的 Gson
    setDateFormat("yyyy-MM-dd hh:mm:ss").create();
    Retrofit retrofit = new Retrofit.Builder()
    .baseUrl("http://xx:xx:xx::8080/")
    .addConverterFactory(GsonConverterFactory.create()).build();
    SchoolBusService service = retrofit.create(SchoolBusService.class);
    Call<ArrayList<ContactPerson>> repos = service.getContacts(Properties.sessionId);
    repos.enqueue(new Callback<ArrayList<ContactPerson>>() {
    @Override
    public void onResponse(
    Call<ArrayList<ContactPerson>> call,
    Response<ArrayList<ContactPerson>> response) {
            ArrayList<ContactPerson> contactPersons = response.body();
            System.out.println("联系人个数："+contactPersons.size());
            for (int i = 0; i < contactPersons.size(); i++) {
            Properties.contactPersonArrayList.add(contactPersons.get(i));
            }
            ContactPersonFragment.adapter.notifyDataSetChanged();
            //System.out.println(map.toString());
            }
    }
});
}
```

图 8-27　ContactPersonFragment.java 部分代码

```
public void onClick(View v) {
    switch (v.getId()){
    case R.id.bt_contactPersonAdd:
    if(Pattern.matches(match_contactPersonPhone,et_contactPersonPhone .getText().toString())) {
    Properties.contactPersonArrayList.add(new
    ContactPerson(et_contactPersonName.getText().toString(),
                        et_contactPersonPhone.getText().toString(),
```

```
                        et_contactPersonAddRelationship.getText().toString(),
                        et_contactPersonAddAddress.getText().toString()));
                addContact();
                finish();
        } else {
        Toast.makeText(getApplicationContext(), "请输入合法的联系人电话",
        Toast.LENGTH_SHORT).show();
        }
        break;
        case R.id.img_contactPersonAddReturn:
        finish();
        break;
        default:
        break;
    }
    private void addContact(){
        addContactPersonSubscription
        Properties.schoolBusService.addContact(Properties.sessionId,
        et_contactPersonName.getText().toString(),
        et_contactPersonPhone.getText().toString(),
        et_contactPersonAddRelationship.getText().toString(),
        et_contactPersonAddAddress.getText().toString())
                .subscribeOn(Schedulers.io())
                .unsubscribeOn(Schedulers.io())
                .observeOn(AndroidSchedulers.mainThread())
                .subscribe(new Subscriber<Map>() {
    }
```

图 8-28　ContactPersonAddActivity.java 部分代码

```
//添加联系人
@GET("contacts/add")
Observable<Map> addContact(@Query("sessionId") String session_id,
    @Query("contactsName") String contactsName,
    @Query("contactsPhone") String contactsPhone,
    @Query("relationship") String relationship,
    @Query("contactsAddress") String contactsAddress);
```

图 8-29　ContactService.java 部分代码

```
public ContactPerson(String name, String contactsPhone, String relationship, String contactsAddress){
    this.contactsName = name;
    this.contactsPhone = contactsPhone;
    this.relationship = relationship;
    this.contactsAddress = contactsAddress;
}
```

图 8-30　Contactperson.java 部分代码

8.4　小　　结

在移动互联环境下，Android 端 APP 是汇聚处理嵌入式设备感知数据的有效方式。本章在介绍 Android 特点、开发环境基础上，介绍了 AndroidThings 驱动和 Android 应用开发技术，为大家了解掌握基于 Android 的物联网感知设备开发和应用抛砖引玉。

课 后 习 题

1. 简述 Android 系统架构以及其中不同模块的功能。
2. 分析比较 Android 应用系统 MVC、MVP 和 MVVM 架构的原理及各自优缺点。
3. 采用 MVP 结构设计实现通讯录管理 APP。

参 考 文 献

[1] 郭霖. Android 第一行代码[M]. 2 版. 北京：人民邮电出版社，2016.
[2] 何红辉，关爱民. Android 源码设计模式解析与实战[M]. 2 版. 北京：人民邮电出版社，2017.
[3] BEN F，钟鸣，刘晓霞. SQL 必知必会[M]. 4 版. 北京：北京：人民邮电出版社，2013.
[4] 林学森. 深入理解 Android 内核设计思想[M]. 2 版. 北京：人民邮电出版社，2017.
[5] 杨柳. Android 驱动开发权威指南[M]. 北京：机械工业出版社，2014.
[6] 欧阳燊. Android Studio 开发实战：从零基础到 App 上线[M]. 2 版. 北京：清华大学出版社，2018.
[7] 李骏，陈小玉. Android 驱动开发与移植实战详解[M]. 北京：人民邮电出版社，2012.

第 9 章　嵌入式软件测试

C/C++语言能够让嵌入式程序员更自由地控制底层硬件，同时享受高级语言带来的便利，成为当今嵌入式开发中最为常见的语言。由于嵌入式系统(例如飞行器、汽车和工业控制系统等)通常具有较高的可靠性、安全性要求，使得嵌入式系统不仅要有很好的硬件设计(如电磁兼容性)，还要有很健壮或者说“安全”的程序。这对嵌入式软件编程和测试都提出了更高要求。本章首先介绍面向嵌入式软件的汽车工业软件可靠性联合会(The Motor Industry Software Reliability Association，MISRA)的 C 语言编程规范，然后介绍嵌入式软件的静态和动态测试方法及流程。

9.1　MISRA C 语言编程规范

1994 年，在英国成立了一个叫作汽车工业软件可靠性联合会(MISRA)的组织。该组织致力于协助汽车厂商开发安全可靠的软件。MISRA 于 1998 年发布了一个针对汽车工业软件安全性的 C 语言编程规范——《汽车专用软件的 C 语言编程指南》(Guidelines for the Use of the C Language in Vehicle Based Software)，共有 127 条规则，称为 MISRAC:1998。

2004 年，MISRA 出版了该规范的新版本——MISRAC:2004。在新版本将面向的对象由汽车工业扩大到所有的高安全性要求系统。在 MISRAC:2004 中，共有强制规则 121 条，推荐规则 20 条，并删除了 MISRAC:1998 中的 15 条旧规则，如表 9-1 所示。面向 C++的编程规范尚在制定中。

表 9-1　MISRAC:2004 规则分类

分　类	强制规则	推荐规则	分　类	强制规则	推荐规则
开发环境	4	1	表达式	9	4
语言外延	3	1	控制表达式	6	1
注释	5	1	控制流	10	0
字符集	2	0	Switch 语句	5	0
标识符	4	3	函数	94	1
类型	4	1	指针和数组	5	1
常量	1	0	结构体和联合体	4	0
声明和定义	12	0	预处理命令	13	4

续表

分　类	强制规则	推荐规则	分　类	强制规则	推荐规则
初始化	3	0	标准库	12	0
算术类型转换	6	0	运行失败	1	0
指针类型转换	3	2			

任何符合 MISRA C:2004 编程规范的代码都应该严格的遵循 121 条强制规则的要求，并应该在条件允许的情况下尽可能符合 20 条推荐规则。

1. 开发环境

规则 1.1(强制)：所有代码都必须遵照 ISO 9899:1990“Programming languages - C”标准(MISRA C:2004 建立在旧有的 ISO9899:1990 标准智商。)

规则 1.2(强制)：不能有对未定义行为或未指定行为的依赖性。

在 C 语言中常见的未定义行为包括：使用未经初始化的自动变量；除数为 0；超出边界的数组访问；有符号整数的溢出。

规则 1.3(强制)：多个编译器和/或语言只能在为语言/编译器/汇编器所适合的目标代码定义了通用接口标准时使用。

如果一个模块是以非 C 语言实现的或是以不同的 C 编译器编译的，那么必须要保证该模块能够正确地同其他模块集成。C 语言行为的某些特征依赖于编译器，于是这些行为必须能够为使用的编译器所理解。例如：栈的使用、参数的传递和数据值的存储方式(长度、排列、别名、覆盖，等等)。

规则 1.4(强制)：编译器/链接器要确保 31 个有效字符和大小写敏感能被外部标识符支持。

ISO 标准要求外部标识符的头 6 个字符是截然不同的。然而由于大多数编译器/链接器允许至少 31 个有效字符(如同内部标识符)，因此必须检查编译器/链接器具有这种特性，如果编译器/链接器不能满足这种限制，就使用编译器本身的约束。

规则 1.5(建议)：浮点应用应该适应于已定义的浮点标准。

浮点运算会带来许多问题，一些问题(而不是全部)可以通过适应已定义的标准来克服。其中一个合适的标准是 ANSI/IEEE Std 754。

2. 语言扩展

规则 2.1(强制)：汇编语言应该被封装并隔离。

出于效率的考虑，有时必须要嵌入一些简单的汇编指令，如开关中断。在需要使用汇编指令的地方，建议采用如下方式封装并隔离这些指令：汇编函数、C 函数、宏。

规则 2.2(强制)：源代码应该使用 /*…*/ 类型的注释。

由于 MISRA C:2004 基于 C90 ，这排除了如//这样 C99 类型的注释和 C++类型的注释。在 C 语言源程序中应使用/*…*/类型的注释。

规则 2.3(强制)：字符序列 /* 不应出现在注释中。

C 不支持注释的嵌套，尽管一些编译器支持它以作为语言扩展。一段注释以/*开头，直到第一个*/为止，在这当中出现的任何/*都违反了本规则。

规则 2.4(建议)：代码段不应被“注释掉”。

当源代码段不需要被编译时，应该使用条件编译来完成(如带有注释的#if 或#ifdef 结构)。为这种目的使用注释的开始和结束标记是危险的，因为 C 不支持嵌套的注释，而且已经存在于代码段中的任何注释将影响执行的结果。

3. 文档化

规则 3.1(强制)：所有实现定义的行为的使用都应该文档化。

文档化实现定义行为，在其他规则中没有特别说明的行为都应该写成文档(如对编译器文档的参考)。

规则 3.2(强制)：字符集和相应的编码应该文档化。

ISO 10646 定义了字符集映射到数字值的国际标准。出于可移植性的考虑，字符常量和字符串只能包含映射到已经文档化的子集中的字符。

规则 3.3(建议)：应该确定、文档化和重视所选编译器中整数除法的实现。

当两个有符号整型数做除法时，ISO 兼容的编译器的运算可能会为正或为负。首先，它可能以负余数向上四舍五入(如，−5/3 = −1，余数为−2)，或者可能以正余数向下四舍五入(如，−5/3 = −2，余数为+1)。重要的是要确定这两种运算中编译器实现的是哪一种，并以文档方式提供给编程人员，特别是第二种情况(通常这种情况比较少)。

规则 3.4(强制)：所有#pragma 指令的使用应该文档化并给出良好解释。

“pragma”是编译器实现时定义的指令，允许通过其携带的信息向编译器传入各种指示。该规则要求。每个 pragma 的含义要写成文档，文档中应当包含完全可理解的对 pragma 行为及其在应用中含义的充分描述。

规则 3.5(强制)：如果作为其他特性的支撑，实现定义的行为和位域(bitfields)集合应当文档化。

位域是由一个或多个位构成的独立的数据段，位域可以有自己的标识符，即位域的名字。采用位域划分位可以使对位的操作更加清晰和便利，无需繁琐的位操作符(如&、<<、>>等)。如果要使用位域，就得注意实现定义的行为所存在的领域及其潜藏的缺陷(即不可移植性)。特别地，程序员应当注意如下问题：

(1) 位域在存储单元中的分配是实现定义的，也就是说，它们在存储单元(通常是一个字节)中是高端在后(high end)还是低端在后(low end)的。

(2) 位域是否重叠了存储单元的界限同样是实现定义的行为(例如，如果顺序存储一个 6 位的域和一个 4 位的域，那么 4 位的域是全部从新的字节开始，还是其中 2 位占据一个字节中的剩余 2 位而其他 2 位开始于下个字节)。

规则 3.6(强制)：产品代码中使用的所有库都要适应本文档给出的要求，并且要经过适当的验证。

4. 字符集

规则 4.1(强制)：只能使用 ISO C 标准中定义的 escape 序列。

Escape 序列是用来生成转义或换码字符的关键字的顺序。换码符是 C 语言中表示字符的一种特殊形式，通常用来表示 ASCII 字符集中不可打印的控制字符和特定功能的字符。

规则 4.2(强制)：不能使用三字母词(trigraphs)。

三字母词由 2 个问号序列后跟 1 个确定字符组成(如，？？- 代表“～”(非)符号，而？？)

代表“]”符号)。它们可能会对 2 个问号标记的其他使用造成意外的混淆。例如，字符串“(Date should be in the form ？？-？？-？？)”将不会表现为预期的那样，实际上它被编译器解释为“(Date should be in the form ～～)”。

5. 标识符

规则 5.1(强制)：标识符(内部的和外部的)的有效字符不能多于 31。

此外，在不同标识符之间只有一个字符或少数字符不同的情况(尤其是标识符比较长时)，标识符间的区别很容易被误读。例如，1(数字 1)和 l(L 的小写)、0 和 O、2 和 Z、5 和 S，或者 n 和 h。建议名称间的区别要显而易见。

规则 5.2(强制)：具有内部作用域的标识符不应使用与具有外部作用域的标识符相同的名称，否则会隐藏外部标识符。

例如：

```
int16_t i;
{
    int16_t i;  /* 此处定义了另一变量 i */
    i = 3;  /* 此时究竟引用了哪个 i？ ，存在歧义*/
}
```

规则 5.3(强制)：typedef 的名字应当是唯一的标识符。

typedef 的名称不能在程序中的任何地方重用。如果类型定义是在头文件中完成的，而该头文件被多个源文件包含，不算违背本规则。

规则 5.4(强制)：标签(tag)名称必须是唯一的标识符。

在 C/C++中，tag 是指紧跟结构体、联合体、枚举等类型关键字的一类特殊的标识符。该规则要求程序中标签的名字不可重用，不管是作为另外的标签还是出于其他目的。例如：

```
struct stag { uint16_t a;  uint16_t b;  };
struct stag a1 = { 0,  0 }; /* 合理的，符合上述结构的定义*/
union stag a2 = { 0,  0 }; /* 不合理，重复定义标签 stag */
```

规则 5.5(建议)：具有静态存储期的对象或函数标识符不能重用。

全局对象、静态数据成员以及函数的静态变量等都属于静态存储范畴。在程序的生存空间内，每个静态对象仅被构造一次。

规则 5.6(建议)：除了结构和联合中的成员名字，一个命名空间中不应存在与另外一个命名空间中的标识符拼写相同的标识符。

下面给出了违背此规则的例子，其中 value 在不经意中代替了 record.value：

```
struct { int16_t key ;  int16_t value ;  } record ;
int16_t value;  /* Rule violation – 2nd use of value */
record.key = 1;
value = 0;  /* should have been record.value */
```

规则 5.7(建议)：不能重用标识符名字。

6. 类型

规则 6.1(强制)：单纯的 char 类型应该只用作存储和使用字符值。

规则 6.2(强制)：signed char 和 unsigned char 类型应该只用作存储和使用数字值。

有三种不同的 char 类型：(单纯的)char、unsigned char、signed char。unsigned char 和 signed char 用于数字型数据，char 用于字符型数据。单纯 char 类型所能接受的操作只有赋值和等于操作符(=、==、!=)。

规则 6.3(建议)：应该使用指示了大小和符号的 typedef 以代替基本数据类型。

不应使用基本数值类型 char、int、short、long、float 和 doulbe，因为不同的编译器对它们的位长度的默认值可能是不同的。应使用特定长度的 typedef。例如，对于 32 位计算机，可以采用如下 POSIX 的 typedef：

```
typedef char char_t;
typedef signed char int8_t;
typedef signed short int16_t;
typedef signed int int32_t;
typedef signed long int64_t;
typedef unsigned char uint8_t;
typedef unsigned short uint16_t;
typedef unsigned int uint32_t;
typedef unsigned long uint64_t;
typedef float float32_t;
typedef double float64_t;
typedef long double float128_t;
```

规则 6.4(强制)：位域只能被定义为 unsigned int 或 singed int 类型。

规则 6.5(强制)：unsigned int 类型的位域至少应该为 2 bits 长度。

7. 常量

规则 7.1(强制)：不应使用八进制常量(零除外)和八进制 escape 序列。

任何以“0”(零)开始的整型常量都被看作是八进制的；同时，八进制 escape 结尾常常会不经意引入一个十进制数而产生另外一个字符。因此，最好根本不要使用八进制常量或 escape 序列，并且要静态检查它们是否出现。

8. 申明和定义

规则 8.1(强制)：函数应当具有原型声明，且原型在函数的定义和调用范围内都是可见的。

针对外部函数，建议在头文件中声明函数(亦即给出其原型)，并在所有需要该函数原型的代码文件中包含这个头文件。原型的使用使得编译器能够检查函数定义和调用的完整性。如果没有原型，就不会迫使编译器检查出函数调用当中的一定错误(比如，函数体具有不同的参数数目，调用和定义之间参数类型的不匹配)。

规则 8.2(强制)：不论何时声明或定义了一个对象或函数，它的类型都应显式声明。

规则 8.3(强制)：函数的每个参数类型在声明和定义中必须是等同的，函数的返回类型也该是等同的。

参数与返回值的类型在原型和定义中必须匹配，这不仅要求等同的基本类型，也要求包含 typedef 名称和限定词在内的类型也要相同。

规则 8.4(强制)：如果对象或函数被声明了多次，那么它们的类型应该是兼容的。

规则 8.5(强制)：头文件中不应有对象或函数的定义。

头文件应该用于声明对象、函数、typedef 和宏，而不应该包含或生成占据存储空间的对象或函数(或它们的片断)的定义。这样就清晰地划分了只有 C 文件才包含可执行的源代码，而头文件只能包含声明。

规则 8.6(强制)：函数应该声明为具有文件作用域。

规则 8.7(强制)：如果对象的访问只是在单一的函数中，那么对象应该在块范围内声明。

对象的作用域应该尽可能限制在函数内。只有当对象需要具有内部或外部链接时才能为其使用文件作用域。

规则 8.8(强制)：外部对象或函数应该声明在唯一的文件中。

也就是说，在一个头文件中声明一个外部标识符，而在定义或使用该标识符的任何文件中包含这个头文件。

规则 8.9(强制)：具有外部链接的标识符应该具有准确的外部定义。

规则 8.10(强制)：在文件范围内声明和定义的所有对象或函数应该具有内部链接，除非是在需要外部链接的情况下。

规则 8.11(强制)：static 存储类标识符应该用于具有内部链接的对象和函数的定义和声明。

规则 8.12(强制)：当一个数组声明为具有外部链接，它的大小应该显式声明或者通过初始化进行隐式定义。

```
int array1[10] ;   /*合理 */
extern int array2[] ;   /* 不合理 */
int array2[] = { 0,   10,   15 };   /* 合理 */
```

9. 初始化

规则 9.1(强制)：所有自动变量在使用前都应被赋值。

自动变量即局部变量，是申明在函数中的变量。未初始化的自动变量具有不确定的值，所以在使用前要先对其赋值。

规则 9.2(强制)：应该使用大括号以指示和匹配数组和结构的非零初始化构造。

本规则要求使用附加的大括号来指示嵌套的结构。它迫使程序员显式地考虑和描述复杂数据类型元素(比如，多维数组)的初始化次序。例如：

```
int16_t y[3][2] = { { 1,  2 },  { 3,  4 },  { 5,  6 } } ;  /* 合理 */
```

规则 9.3(强制)：在枚举列表中，“=”不能显式用于除首元素之外的元素上，除非所有的元素都是显式初始化的。

C 语言可以显示初始化任何一个枚举列表中的成员。此规则要求，要么初始化枚举列表中的所有成员，要么初始化枚举列表的第一个成员，要么不对枚举列表进行初始化。如果枚举列表的成员没有显式地初始化，那么 C 将为其分配一个从 0 开始的整数序列，首元素为 0，后续元素依次加 1。

10. 算术类型转换

在进行赋值、实参传值到形参等操作，以及进行对象之间数据的比较和结合时，数据可能需要从某个类型转换成另一个类型。此外，当函数返回值或输出参数的数据转移到某个程序变量时，也可能需要把原数据类型转换为该变量的数据类型。数据类型转换可以显式或隐式地进行。显示数据类型转换也称为强制转换或映射。隐式数据类型转换可能会丢失信息，应当尽量避免，或在满足相关约束条件下进行。

规则 10.1(强制)：下列条件成立时，整型表达式的值不应隐式转换为不同的基本类型。

(1) 转换不是带符号的向更宽整数类型的转换，或者

(2) 表达式是复杂表达式，或者

(3) 表达式不是常量而是函数参数，或者

(4) 表达式不是常量而是返回的表达式。

规则 10.2(强制)：下列条件成立时，浮点类型表达式的值不应隐式转换为不同的类型：

(1) 转换不是向更宽浮点类型的转换，或者

(2) 表达式是复杂表达式，或者

(3) 表达式是函数参数，或者

(4) 表达式是返回表达式。

这两个规则意味着有符号和无符号之间没有隐式转换；整型和浮点类型之间没有隐式转换；没有从宽类型向窄类型的隐式转换；函数参数没有隐式转换；函数的返回表达式没有隐式转换；复杂表达式没有隐式转换。

规则 10.3(强制)：整型复杂表达式的值只能强制转换到更窄的类型，且与表达式的基本类型具有相同的符号。

规则 10.4(强制)：浮点类型复杂表达式的值只能强制转换到更窄的浮点类型。

规则 10.5(强制)：如果位运算符～和<<应用在基本类型为 unsigned char 或 unsigned short 的操作数，结果应该立即强制转换为操作数的基本类型。

～ 和 << 操作符用在 small integer 类型(unsigned char 或 unsigned short)时，运算之前要先进行整数提升，结果可能包含并非预期的高端数据位。例如：

```
uint8_t port = 0x5aU;
uint8_t result_8;
uint16_t result_16;
uint16_t mode;
result_8 = (~port) >> 4;    /* not compliant */
```

～port 的值在 16 位机器上是 0xffa5，而在 32 位机器上是 0xffffffa5。在每种情况下，result 的值是 0xfa，然而期望值可能是 0x0a。可以通过如下所示的强制转换来避免该危险。

```
result_8 = (( uint8_t ) (~port )) >> 4;
result_16 = (( uint16_t )(~(uint16_t) port )) >> 4  。
```

规则 10.6(强制)：后缀“U”应该用在所有 unsigned 类型的常量上。

11. 指针类型转换

指针类型包括对象指针、函数指针、void 指针、空(null)指针常量(即由数值 0 强制转换为 void*类型)，涉及指针类型的转换需要明确地强制。

规则 11.1(强制)：转换不能发生在函数指针和其他除了整型之外的任何类型指针之间。即函数指针与非整型指针之间不要进行转换。

规则 11.2(强制)：对象指针和其他除整型之外的任何类型指针之间、对象指针和其他类型对象的指针之间、对象指针和 void 指针之间不能进行转换。

规则 11.3(建议)：不应在指针类型和整型之间进行强制转换。

规则 11.4(建议)：不应在某类型对象指针和其他不同类型对象指针之间进行强制转换。

规则 11.5(强制)：如果指针所指向的类型带有 const 或 volatile 限定符，那么移除限定符的强制转换是不允许的。

12. 表达式

规则 12.1(建议)：不要过分依赖 C 表达式中的运算符优先规则。

过分依赖 C 运算符优先级规则很容易引起错误，建议通过添加括号的方法尽可能明确地定义表达式的运算顺序。

规则 12.2(强制)：表达式的值在标准所允许的任何运算次序下都应该是相同的。

规则 12.3(强制)：不能在具有副作用的表达式中使用 sizeof 运算符。

规则 12.4(强制)：逻辑运算符&& 或 || 的右侧操作数不能包含副作用。

C 程序中如果计算表达式会更改程序中数据的值，则该表达式带有副作用。该规则意味着在&&或||的右侧不能为有副作用的表达式。

规则 12.5(强制)：逻辑 && 或 || 的操作数应该是原始表达式。

原始表达式即基本表达式，是指那些最简单形式的表达式，如单一的标识符，或是常量，或是括号括起来的表达式。

规则 12.6(建议)：逻辑运算符(&&、|| 和 !)的操作数应该是有效的布尔数。有效布尔类型的表达式不能用做非逻辑运算符(&&、|| 和 !)的操作数。

规则 12.7(强制)：位运算符不能用于基本类型是有符号的操作数上。

规则 12.8(强制)：移位运算符的右手操作数应该位于零和某数之间，这个数要小于左侧操作数的基本类型的位宽。

规则 12.9(强制)：一元减运算符不能用在基本类型无符号的表达式上。

规则 12.10(强制)：不要使用逗号运算符。

规则 12.11(建议)：无符号整型常量表达式的计算不应产生折叠(wrap-around)。

规则 12.12(强制)：不应使用浮点数的基本的位表示法。

规则 12.13(建议)：在一个表达式中，自增(++)和自减(− −)运算符不应同其他运算符混合在一起。

13. 控制表达式

规则 13.1(强制)：赋值运算符不能使用在产生布尔值的表达式上。

规则 13.2(建议)：数的非零检测应该明确给出，除非操作数是有效的布尔类型。

规则 13.3(强制)：浮点表达式不能做相等或不等的检测。

规则 13.4(强制)：for 语句的控制表达式不能包含任何浮点类型的对象。

规则 13.5(强制)：for 语句的三个表达式应该只关注循环控制。

for 语句的三个表达式都给出时它们应该只用于如下目的：

第一个表达式初始化循环计数器；

第二个表达式应该包含对循环计数器和其他可选的循环控制变量的测试；

第三个表达式循环计数器的递增或递减。

规则 13.6(强制)：for 循环中用于迭代计数的数值变量不应在循环体中修改。

规则 13.7(强制)：不允许进行结果不会改变的布尔运算。

14. 控制流

规则 14.1(强制)：不能有不可到达的代码。

规则 14.2(强制)：所有非空语句应该：

(1) 不管怎样执行都至少有一个副作用(side-effect)，或者

(2) 可以引起控制流的转移

规则 14.3(强制)：在预处理之前，空语句只能出现在一行上；其后可以跟有注释，假设紧跟空语句的第一个字符是空格。

规则 14.4(强制)：不应使用 goto 语句。

规则 14.5(强制)：不应使用 continue 语句。

规则 14.6(强制)：对任何迭代语句至多只应有一条 break 语句用于循环的结束。

规则 14.7(强制)：一个函数在其结尾应该有单一的退出点。

规则 14.8(强制)：组成 switch、while、do…while 或 for 结构体的语句应该是复合语句。

规则 14.9(强制)：if(表达式)结构应该跟随有复合语句。else 关键字应该跟随有复合语句或者另外的 if 语句。

规则 14.10(强制)：所有的 if…else if 结构应该由 else 子句结束。

15. Switch 语句

规则 15.1(强制)：switch 标签只能用在当最紧密封闭(closely-enclosing)的复合语句是 switch 语句体的时候。

该规则要求 switch 标签后要紧跟 switch 语句体。

规则 15.2(强制)：无条件的 break 语句应该终止每个非空的 switch 子句。

此规则约定每个 switch 子句中的最后一条语句应该是 break 语句，即如果 switch 子句是复合语句，那么复合语句的最后一条语句应该是 break 语句。

规则 15.3(强制)：switch 语句的最后子句应该是 default 子句。

规则 15.4(强制)：switch 表达式不应是有效的布尔值。

规则 15.5(强制)：每个 switch 语句至少应有一个 case 子句。

16. 函数

规则 16.1(强制)：函数定义不得带有可变数量的参数。

规则 16.2(强制)：函数不能调用自身，不管是直接还是间接的。

这意味着在安全相关的系统中不能使用递归函数调用。这是因为递归本身承载着可用

堆栈空间过度的危险，并可能导致严重的错误。

规则 16.3(强制)：在函数的原型声明中应该为所有参数给出标识符。

规则 16.4(强制)：函数的声明和定义中使用的标识符应该一致。

规则 16.5(强制)：不带参数的函数应当声明为具有 void 类型的参数。

如果函数不返回任何数据，返回类型为 void。同理，如果函数不带参数，参数列表应声明为 void。例如，函数 myfunc，如果既不带参数也不返回数据，则应声明为 void myfunc (void)。

规则 16.6(强制)：传递给一个函数的参数应该与声明的参数匹配。

规则 16.7(建议)：函数原型中的指针参数如果不是用于修改所指向的对象，就应该声明为指向 const 的指针。

规则 16.8(强制)：带有 non-void 返回类型的函数其所有退出路径都应具有显式的带表达式的 return 语句。

规则 16.9(强制)：函数标识符的使用只能或者加前缀&，或者使用括起来的参数列表，列表可以为空。

规则 16.10(强制)：如果函数返回了错误信息，那么错误信息应该进行测试。

17. 指针和数组

规则 17.1(强制)：指针的数学运算只能用在指向数组或数组元素的指针上。

规则 17.2(强制)：指针减法只能用在指向同一数组中元素的指针上。

规则 17.3(强制)：>、>=、<、<= 不应用在指针类型上，除非指针指向同一数组。

规则 17.4(强制)：数组的索引应当是指针数学运算的唯一可允许的方式。

规则 17.5(建议)：对象声明所包含的间接指针不得多于 2 级。

多于 2 级的间接指针会严重削弱对代码行为的理解，因此应该避免。

规则 17.6(强制)：自动存储对象的地址不应赋值给其他的在第一个对象已经停止存在后仍然保持的对象。

18. 结构体和联合体

规则 18.1(强制)：所有结构与联合的类型应该在转换单元(translation unit)的结尾是完善的。

规则 18.2(强制)：对象不能赋值给重叠(overlapping)对象。

当两个对象创建后，如果它们拥有重叠的内存空间并把一个拷贝给另外一个时，该行为是未定义的。

规则 18.3(强制)：不能为了不相关的目的重用一块内存区域。

规则 18.4(强制)：不要使用联合。

本规则禁止针对任何目的而使用联合。

19. 预处理命令

规则 19.1(建议)：文件中的#include 语句之前只能是其他预处理指令或注释。

规则 19.2(建议)：#include 指令中的头文件名字里不能出现非标准字符。

规则 19.3(强制)：#include 预处理指令应该跟随 <filename> 或"filename"序列。

规则 19.4(强制)：C 的宏只能扩展为用大括号括起来的初始化、常量、小括号括起来的表达式、类型限定符、存储类标识符或 do-while-zero 结构。

规则 19.5(强制)：宏不能在块中进行 #define 和 #undef。

规则 19.6(强制)：不要使用 #undef。

规则 19.7(建议)：函数的使用优先选择函数宏(function-like macro)。

规则 19.8(强制)：函数宏的调用不能缺少参数。

规则 19.9(强制)：传递给函数宏的参数不能包含看似预处理指令的标记。

规则 19.10(强制)：在定义函数宏时，每个参数实例都应该以小括号括起来，除非它们作为#或##的操作数。

规则 19.11(强制)：预处理指令中所有宏标识符在使用前都应先定义，除了#ifdef 和 #ifndef 指令及 defined()操作符。

规则 19.12(强制)：在单一的宏定义中最多可以出现一次#或##预处理器操作符。

规则 19.13(建议)：不要使用# 或 ## 预处理器操作符。

规则 19.14(强制)：defined 预处理操作符只能使用两种标准形式之一。

规则 19.15(强制)：应该采取防范措施以避免一个头文件的内容被包含两次。

规则 19.16(强制)：预处理指令在句法上应该是有意义的，即使是在被预处理器排除的情况下。

规则 19.17(强制)：所有的#else、#elif 和#endif 预处理指令应该同与它们相关的#if 或 #ifdef 指令放在相同的文件中。

20. 标准库

规则 20.1(强制)：标准库中保留的标识符、宏和函数不能被定义、重定义或取消定义。

规则 20.2(强制)：不能重用标准库中宏、对象和函数的名字。

规则 20.3(强制)：传递给库函数的值必须检查其有效性。

规则 20.4(强制)：不能使用动态堆的内存分配。

动态堆内存分配能够导致内存泄漏、数据不一致、内存耗尽和不确定的行为。此规则排除了对函数 alloc、malloc、realloc 和 free 的使用。

规则 20.5(强制)：不要使用错误指示 errno。

规则 20.6(强制)：不应使用库<stddef.h>中的宏 offsetof。

当这个宏的操作数的类型不兼容或使用了位域时，它的使用会导致未定义的行为。

规则 20.7(强制)：不应使用 setjmp 宏和 longjmp 函数。

setjmp 和 longjmp 允许绕过正常的函数调用机制，不应该使用。

规则 20.8(强制)：不应使用信号处理工具<signal.h>。

规则 20.9(强制)：在产品代码中不应使用输入/输出库<stdio.h>。

规则 20.10(强制)：不应使用库<stdlib.h>中的函数 atof、atoi 和 atol。

当字符串不能被转换时，这些函数具有未定义的行为。嵌入式软件完全可以避开这些函数。

规则 20.11(强制)：不应使用库<stdlib.h>中的函数 abort、exit、getenv 和 system。

因为嵌入式系统一般不需要同环境进行通讯，因此通常嵌入式系统不需要这些函数。

规则 20.12(强制)：不应使用库<time.h>中的时间处理函数。

21. 运行失败

规则 21.1(强制)：最大限度降低运行时错误必须要确保至少使用了下列方法之一：

(1) 静态分析工具/技术；

(2) 动态分析工具/技术；

(3) 显式的代码检测以处理运行时故障。

9.2 嵌入式软件静态测试

静态测试方法的主要特征就是不运行被测试的程序，主要通过代码静态分析、技术评审和代码检查等方法。静态测试既可以由人工进行，也可以借助软件工具制动进行。

9.2.1 代码分析

代码分析是对程序的控制流、数据流、接口和表达式等进行分析。代码分析主要是以图形的方式表现程序的内部结构(如程序中函数间的调用关系、函数内部的控制流等)。

通常采用计算机辅助软件来进行代码的静态分析。例如，以直观的图形方式描述应用程序中各个函数的调用与被调用关系。采用由节点和有向线段构造控制流图显示函数的逻辑结构。其中，一个节点代表一条(或数条)语句，有向线段连接节点，其方向描述节点间的控制流向。

9.2.2 错误分析

依据编程规范(如 MISRAC:2004)静态分析代码，确定源程序中是否存在某类错误或危险的结构，其通常包括以下几个方面。

1. 类型和单位分析

利用程序设计语言的扩充结构对源程序中的数据类型进行检查，发现在数据类型上的错误和在单位上的不一致。例如，利用编程语言的预处理器，通过使用一般的组合/消去规则确定表达式的单位，进行单位分析。

2. 引用分析

检查通过程序的每一条路径发现程序中的引用异常。例如，沿着程序的控制路径，变量在赋值前被引用，或变量在赋值后未被引用，此时就发生了引用异常。

3. 表达式分析

分析表达式，发现和纠正其中存在的错误。例如，表达式中不正确地使用了括号、数组下标越界、除数为零等，检查浮点计算的误差。

4. 接口分析

检查过程、函数之间接口的一致性。例如，检查形参与实参在类型、数量、顺序、使用上的一致性；检查全局变量和公共数据区在使用上的一致性。

通过上述静态错误分析可以发现注入内存泄漏和操作异常、空指针引用、数组越界、变量未初始化、代码不可达等错误。

9.2.3　代码检查

代码检查是软件静态测试常用的方法，可以分为桌面检查、代码审查、代码走查和技术评审等方式。在嵌入式软件开发中，可依据项目和开发团队的特点选择 1 种或多种方法实施。

1. 桌面检查

桌面检查是由程序员自己检查自己编写的程序，以其发现程序中的错误。桌面检查通常在程序通过编译之后，进行单元测试之前，由程序员对源程序进行分析、检查和补充文档。具体包括：检查变量及标号的交叉引用表，检查子程序、宏、函数、常量等，以及标准检查、风格检查和文档检查。由于程序员熟悉自己的程序和编程风格，因此桌面检查可以节省检查时间。但实施中应该避免主观片面性。

2. 代码审查

代码审查是由经验丰富的程序员和测试人员共同组成一个会审小组，通过阅读、讲解、讨论和模拟运行等方式对程序进行静态分析的过程。代码审查通常有正式的计划、流程和结果报告。代码审查通常包括以下两个步骤。

(1) 会审小组负责人把设计规格说明书、控制流程图和程序文本及相关要求和规范分发给小组成员，作为审查的依据。

(2) 召开代码审查会议。程序员在会上逐句讲解程序的逻辑，期间小组成员可以提出问题，并展开讨论，以审查错误是否存在。实践经验证明，程序员在讲解过程中能发现许多原先没有发现的缺陷和错误，同时讨论会促进缺陷问题的暴露。

3. 代码走查

代码走查也是由经验丰富的程序员和测试人员共同组成一个走查小组，其过程与代码审查类似，也分为两步。

① 走查小组负责人把程序设计相关资料分发给小组成员，让他们认真研究程序代码后再开会。同时，测试人员为被测程序准备一组有代表性的测试用例，并提交走查小组。

② 召开代码走查会议。开会时，走查小组集体扮演计算机角色，让测试用例沿程序的逻辑运行一遍，并随时记录程序的踪迹以备分析和讨论用。借助测试用例，小组成员对程序的逻辑和功能提出各种疑问，并结合问题开展讨论和争议，以期发现程序中的问题。

4. 技术评审

技术评审由项目开发组、测试组、产品经理和质量保证人员等联合进行，是采用讲解、提问并采用编程模板进行的查找错误的活动。技术评审通常有正式的计划、流程和结果报告。

静态测试应从项目立项就开始进行，并贯穿整个项目周期。由于静态测试对参与人员经验和专业知识方面有较高要求，因此挑选合适的审查员是静态测试质量的一个关键因素。同时，在静态测试之前必须充分准备项目的需求文档、设计文档、源代码清单、代码标准规范及代码缺陷检查表。最后，静态测试所涉及的会议审查等活动能否有效组织和控制也是确保测试质量的关键。审查过程的目标是提出问题、引发讨论，而不是现场解决这些缺陷，要避免变成现场缺陷修改会议等本末倒置的情形。

9.3　嵌入式软件动态测试

动态测试方法是使被测代码在相对真实环境下运行，从多角度观察程序运行时能体现的功能、行为、结构等，并从中发现错误。它又分为白盒测试和黑盒测试，以及灰盒测试。

9.3.1　白盒测试

白盒测试又称为结构测试、逻辑驱动测试或基于程序的测试。测试员采用这一测试方法可以看到被测的源程序，分析程序的内部构造，并且根据其内部构造设计测试用例。白盒测试时测试员可以不考虑程序的功能。白盒测试方法又包括逻辑覆盖、符号测试、路径分析、程序插桩和程序变异等基于软件内部结构的测试技术。

由于白盒测试与代码覆盖率密切相关，所以可在白盒测试的同时计算出测试的代码覆盖率，保证测试的充分性。嵌入式软件具有严格的安全性和可靠性要求，因此同非嵌入式软件测试相比其通常要求有更高的代码覆盖率。软件工程的测试覆盖准则认为即当语句覆盖率 100%，分支覆盖率≥85%时，认为测试是理想的，软件错误率可查出近 90%，且允许时间和空间的消耗。日本日立公司和美国空军均采用此标准。嵌入式软件的白盒测试通常不在目标硬件上进行，更为实际的方式是在开发环境中通过硬件仿真进行，所以选取的测试工具应该支持在宿主环境中的测试。

嵌入式软件白盒测试包括语句覆盖、分支覆盖、条件覆盖、判定—条件覆盖、条件组合覆盖和路径覆盖等。

(1) 语句覆盖：语句覆盖是基本的测试覆盖要求，它要求在制定测试用例时，每条语句至少执行一次。

(2) 分支覆盖：它要求设计足够多的测试用例，使得程序中的每个判定都获得一次“真”值和“假”值，即程序中的每个分支至少执行一次，同时每个入口点和出口点至少唤醒一次。

(3) 条件覆盖：要求设计足够多的测试用例，使得判定中的每个条件获得各种可能的结果，同时每个入口点和出口点至少唤醒一次。条件覆盖并不能保证判定覆盖。

(4) 判定—条件覆盖：执行足够多的测试用例，使得判定中的每个条件取得各种可能的值，并使得每个判定取得各种可能的结果，同时每个入口点和出口点至少唤醒一次。

(5) 条件组合覆盖：设计足够的测试用例，运行被测程序，使得每个判断的所有可能的条件取值组合至少执行一次。这是一种相当强的覆盖准则，可以有效检查各种可能的条件取值组合是否正确。它不但可覆盖所有条件的可能取值的组合，还可覆盖所有判断的可取分支，但可能有的路径会遗漏掉，测试还不完全。

(6) 路径覆盖：设计足够的测试用例，覆盖程序中所有可能的路径。这是最强的覆盖准则，但在路径数目很大时，真正做到完全覆盖是很困难的，必须把覆盖路径数目压缩到一定限度。

9.3.2　黑盒测试

黑盒测试又称为功能测试、数据驱动测试或基于规格说明的测试。它必须依靠能够反映这一关系和程序功能的需求规格说明书来考虑测试用例和推断测试结果的正确性。即所依据的只能是程序的外部特性。

在进行嵌入式软件黑盒测试时，要把系统的预期用途作为重要依据，根据需求中对负载、定时、性能的要求，判断软件是否满足这些需求规范。嵌入式软件黑盒测试的一个重要方面是极限测试。在使用环境中，通常要求嵌入式软件的失效过程要平稳，所以黑盒测试不仅要检查软件工作过程，也要检查软件失效过程，是从用户观点出发的测试。白盒测试在测试过程的早期执行，而黑盒测试倾向于测试的后期。黑盒测试所考虑的不是控制结构而是关注于信息域，它主要回答以下问题：

(1) 如何测试功能的有效性？

(2) 如何测试系统行为和性能？

(3) 何种类型的输入会产生好的测试用例？

(4) 系统是否对特定的输入值特别敏感？

(5) 如何分隔数据类的边界？

(6) 系统能够承受何种数据率和数据量？

(7) 特定类型的数据组合会对系统的运行产生何种影响？

目前常用的黑盒测试的测试用例设计方法有：

(1) 基于图的测试方法。首先创建重要对象及其关系的图，然后导出测试序列以检查对象及其关系并发现错误。常见的有事务流建模、有限状态建模、数据流建模、时间建模等几种基于图的行为测试方法。

(2) 等价类划分。将程序的输入域划分为数据类，试图定义一个测试案例以发现各类错误，从而减少必须开发的测试案例数目。

(3) 边界值分析。选择一组等价类边界的测试案例来检查边界值，它是对等价类划分方法的一种补充。

(4) 比较测试。对关键应用程序开发不同的软件版本，利用其他黑盒技术设计的测试案例进行测试，比较不同版本的输出以发现错误。但此方法有时也无法发现错误。

(5) 正交数组测试。用于输入域相对较小但又无法使用穷举测试的情况，它能够发现与区域错误(一种和软件构件内部的错误逻辑有关的错误)相关的问题。正交数组测试提供了一种高效的、系统的、使用少量输入参数的测试系统的方法。

9.3.3　灰盒测试

灰盒测试也称作灰盒分析，是介于黑盒测试和白盒测试中的一种测试方法。测试人员不仅通过用户界面进行测试，并且测试人员已经对该软件或某软件功能的源代码程序设计有所了解，甚至还读过部分源代码。因此测试人员可以有的放矢地进行某种确定的条件/功能的测试。其意义在于，如果知道产品内部的设计和对产品有比较深入的了解，就能更有效和深入地从用户界面来测试它的各项性能。

灰盒测试关注输出对于输入的正确性同时也关注内部表现，但这种关注不像白盒测试那样详细、完整，只是通过一些表征性的现象、事件、标志来判断内部的运行状态。灰盒测试同黑盒测试一样，也是根据需求规格说明文档设计测试用例。但它考虑了用户端、特定的系统知识和操作环境，要深入到系统内部的特殊点来进行功能测试和结构测试。其目的是验证软件满足外部指标以及对软件的所有通道和路径都进行了检查。灰盒测试法是在功能上验证潜入书系统软件。灰盒测试通常包括如下 10 个步骤：

(1) 确定程序的所有输入和输出；
(2) 确定程序的所有状态；
(3) 确定程序的主路径；
(4) 确定程序的功能；
(5) 产生试验子功能 X(X 位许多子功能之一)的输入；
(6) 制订验证子功能 X 的输出；
(7) 执行测试用例 X 的软件；
(8) 检验测试用例 X 结果的正确性；
(9) 对其余子功能重复步骤(7)和(8)；
(10) 重复步骤(4)～(8)，然后再进行步骤(9)，并进行回归测试。

灰盒测试由方法和工具组成，这些方法和工具取材于应用程序的内部实现和与之交互的环境，能用于黑盒测试，以增强测试、错误发现和错误分析的效率。

目前有许多测试工具(如 Cleanscape 公司的灰盒测试软件工具 LintPlus)支持灰盒测试，并提供自动化测试手段(自动化程度可达到 70%～90%)。利用软件工具可从测试需求模型或被测软件模型中提取所有输入和输出变量，产生测试用例输入文件。利用已有静态测试工具可确定入口和出口测试路径。利用静态测试工具可确定所有进出路径。根据这些路径，测试员可以进行测试用例的设计，并确定实际测试用例的有关数据。

9.4　嵌入式软件测试过程

软件测试过程模型定义了软件测试的流程和方法，用以指导测试团队按照软件测试所要求的进度、成本和质量，开展涵盖整个软件测试生命周期的一组有序测试活动。嵌入式软件的测试过程与通用软件的测试过程大同小异，但嵌入式软件所具有的实时性、可靠性等特征，以及嵌入式软件在不同开发阶段具有不同的运行环境，使得嵌入式软件测试过程会有一些特殊的方法。

9.4.1　过程模型

软件测试过程与软件开发过程紧密相关。目前主流的软件开发过程模型有：瀑布模型、原型开发模型、迭代增量模型以及 Rational 统一过程。其中，瀑布模型是其他模型的基础。研究人员基于瀑布模型提出了与之对应的软件测试 V 模型，如图 9-1 所示。

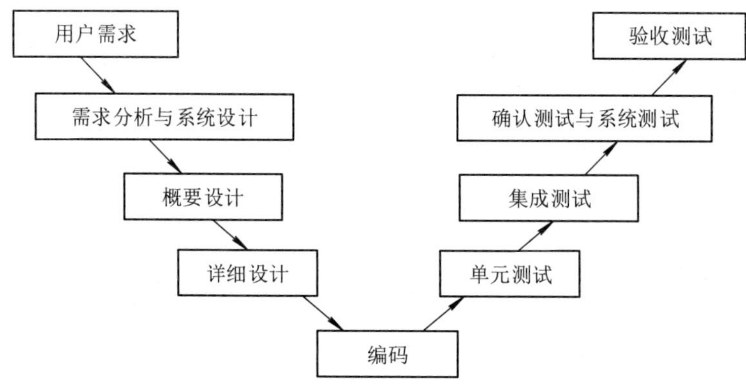

图 9-1　软件测试 V 模型

V 模型强调了在整个软件开发过程中需要经历若干个测试级别。该模型存在如下缺点：把测试作为编码之后的最后一个活动，没有明确指出对需求、设计的测试，使得需求分析等前期产生的错误直到后期的验收测试才能发现。针对 V 模型存在问题，研究人员提出了 W 模型、H 模型和 X 模型。其中，W 模型增加了与开发阶段的同步测试，并强调了测试计划等先行工作，但其仍然把开发活动看成是从需求开始到编码结束的穿行活动，无法支持迭代、变更调整等。H 模型将软件测试活动完全独立，与软件开发其他活动并发地进行，并贯穿于整个软件开发生命周期，其强调测试是独立的，只要测试准备完成，就可以执行。X 模型提出针对单独的程序片段进行相互分离的编码和测试，通过频繁的交接并最终合成为可执行的程序，X 模型弥补了 W 模型不支持迭代及变更调整的不足，但它没有体现对需求、设计等活动的测试过程。

针对嵌入式软件开发的特点以及传统 V 模型的缺陷和不足，国内学者提出了改进的 V 模型。图 9-2 所示面向嵌入式软件的改进 V 模型中，纵向时间轴表示了事件的相对先后顺序。该模型不仅仅依靠文档作为测试用例设计的依据，而是充分利用所有能获得的信息设计测试用例；此外，该模型中开发过程的各个阶段虽然仍然按照 V 模型顺序进行，但在各阶段都有并行的测试，并循序各测试阶段可适当地提前后推后，甚至非相邻的阶段之间会出现部分重叠，从而允许并发执行。最后，该模型支持编码和测试反复轮换，并增加了各测试阶段指向单元测试的箭头，说明了在该测试阶段发现问题后回归测试的范围，进而保证原有错误和新错误得到彻底修改。

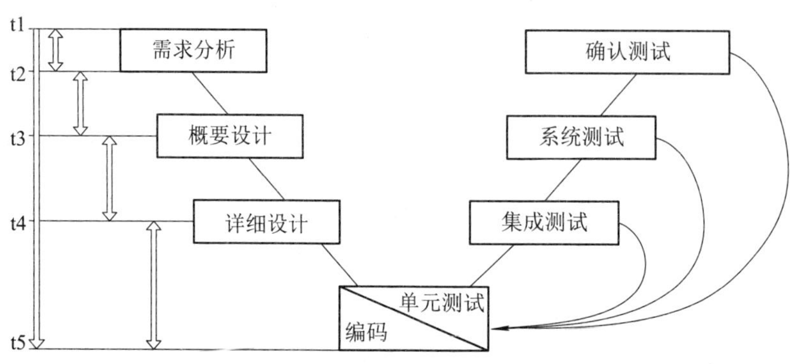

图 9-2　面向嵌入式软件开发的改进 V 模型

面向嵌入式软件开发的改进 V 模型具有如下特点：

(1) 开发与测试并行；

(2) 需求分析在生成用户需求说明书的同时，会确认测试文档，并进入系统测试用例设计阶段；

(3) 概要设计在生成概要设计文档的同时，开始集成测试用例设计，停止系统测试用例设计；

(4) 进入详细设计阶段，停止集成测试用例设计，进入单元测试用例设计；

(5) 在编码阶段，实现并执行单元测试用例。

在嵌入式软件开发过程中，测试对象不仅仅是最终可执行的代码。嵌入式软件开发通常包含一个从 PC 上的模型到最终产品的渐变过程，期间的开发产品会以不同形式体现。首先，会在 PC 上建立系统的一个模型，以仿真系统所要求的系统行为。当模型正确无误后，再根据模型生成代码，进而嵌入到原型中。原型的试验性部件逐渐被开发的真实部件替代，最后形成系统的“最终”形态，进而可投入大批量生产应用。基于这样的渐进开发现象，研究人员提出了多 V 模型。该模型中，每种产品形态(模型、原型和最终产品)都遵循一个完整的 V 型开发周期，分别包括分析、设计、开发和测试活动。此外，研究人员在 V 模型基础上还提出了 W 模型和 X 模型。

概括起来，无论 V 模型，还是多 V 模型、X 模型，都是以单元测试、集成测试、确认测试和系统测试为基础。下面介绍嵌入式软件测试的环境，相关单元测试、集成测试、确认测试和系统测试将在后续 4 节依次介绍。

嵌入式软件的专用性决定了其测试需要专用的测试环境。测试环境可分为宿主机软件仿真、在线仿真器 ICE、目标机仿真。由于受测试成本、效率、测试自动化程度等因素的影响，这三种测试环境都各有利弊。

宿主机软件仿真是用软件构造一个嵌入式应用程序运行所需的仿真环境，能模拟执行目标机 CPU 的指令，还能模拟中断、I/O 命令等外部消息。这种仿真方式需要对处理器有良好的定义，可仿真总线模型及处理器与外部设备的交互。其优点是无须目标机硬件便可测试，灵活、方便；用软件仿真的手段可分清软、硬件各自的错误；可对测试过程编程；自动化程度较高；开发成本低。但也有不足，首先实时性受限，无法模拟真实硬设备之间的高速通信，此种仿真环境适用于实时性要求不高的嵌入式系统。其次，由于宿主机的操作系统运行着大量的进程，可能对仿真环境造成干扰，如何排除干扰是一个不能忽视的问题。

在线仿真器 ICE 是仿照目标机上的 CPU 而专门设计的硬件，可以完全仿真处理器芯片的行为，并且提供了非常丰富的调试功能。它配有专用于特定 CPU 芯片的接头，能提供与应用程序交互的软信道或硬信道，有的 ICE 还有与外设接口的信道。嵌入式系统应用的一个显著特点是与现实世界中的硬件直接相关，存在各种异变和事先未知的变化，从而给微处理器的执行带来各种不确定因素。这种不确定性在目前情况下只有通过在线仿真器才有可能发现，因此尽管在线仿真器的价格非常昂贵，但仍然得到了非常广泛的应用。其不足是硬件性能受成本限制，硬件依赖性强，测试范围受限。

目标机仿真提供应用程序实际的运行环境，测试结果真实，但要受到目标机的硬件限制，难以区分软件和硬件的错误。

在实际测试工作中，应综合考虑成本、测试类型、测试可靠性以及项目进度等因素选择测试环境。一般而言，ICE 较多用于程序开发和调试/测试阶段，测试可先在宿主机上充分完成后，再在目标机环境下确认测试。通常在宿主机环境执行多数的测试，只是在最终确定测试结果和最后的系统测试才移植到目标环境，这样可以避免发生访问目标系统资源上的瓶颈，也可以减少在昂贵资源如在线仿真器上的费用。另外，若目标系统的硬件由于某种原因而不能使用时，最后的确认测试可以推迟直到目标硬件可用，这为嵌入式软件的开发测试提供了弹性。

9.4.2　单元测试

单元测试是嵌入式软件开发过程中进行的最低级别测试活动，其测试对象是软件设计的最小单位——模块。单元测试一定要完整、充分，以便发现模块内部的错误。测试用例的构造不但要测试系统正常的运行情况，还要进行边界测试(即针对某一数据变量的最大值和最小值进行测试)，同时进行越界测试(即输入不该输入的数据变量测试系统的运行情况)。理想的嵌入式系统是不应该由用户的信息交互导致死机的，这也是嵌入式设计的一个基本要求。单元测试多采用白盒测试技术，系统内多个模块可以并行地进行测试。单元测试除进行功能测试外，还要测试单元的接口、局部数据结构、重要的执行路径、故障处理的路径等四项特征以及各项特征的边界条件。此外，单元测试应检查程序与设计文档的一致性，以及设计文档之间的一致性。

(1) 模块接口测试：对通过被测模块的数据流进行测试，保证测试时进出程序单元的信息正确流动，因此必须对全部的模块接口(包括参数表、调用子模块的参数、全程数据、文件输入/输出操作)检查。

(2) 局部数据结构测试：为保证临时存储的数据在算法执行的整个过程中都能完整维持，需要设计测试用例来检查数据类型说明、初始化、缺省值等方面的问题。此外，还要查清全程数据对模块的影响。

(3) 路径测试：选择适当的测试用例，测试模块中重要的执行路径，这是单元测试最主要的任务。测试用例要能够发现由于错误计算、不正确的比较或者不正确的控制流而产生的错误。测试基本执行路径和循环可以发现更多的路径错误。

(4) 错误处理测试：检查模块的错误处理功能是否包含有错误或缺陷。常见错误有：不同数据类型的比较，不正确的逻辑运算符或优先级，应该相等的地方由于精度的错误而不能相等，不正确的变量比较，当遇到分支循环时不能退出，不适当地修改循环变量等。

在评估错误处理部分时还应该测试一些潜在的错误。例如，莫名其妙的错误描述，错误条件在错误处理之前就遇到了异常，异常条件处理不正确，错误描述没有提供足够的信息来帮助确定错误发生的位置等。

(5) 边界测试：边界测试是单元测试中重要的一个步骤。由于软件通常是在边界情况下出现故障的，因此使用刚好小于、等于和刚好大于最大值和最小值的数据结构、控制流、数值作为测试用例就很有可能会发现错误。需要仔细设计边界测试用例并认证测试。

9.4.3　集成测试

集成测试是在单个软件模块测试正确之后，将所有模块集成起来测试，进而找出各模块之间数据传递和系统组成后的逻辑结构的错误。集成测试需要考虑以下几个方面：

(1) 在把各模块连接起来的时候，穿过模块接口的数据是否会丢失；

(2) 一个模块的功能是否会对另一个模块的功能产生不利影响；

(3) 各个子功能组合起来，能否达到预期要求的父功能；

(4) 全局数据结构是否有问题；

(5) 单个模块的误差累积起来，是否会放大到不能接受的程度；

(6) 单个模块的错误是否会导致数据库错误。

通常把所有模块按设计要求一次全部组装起来，然后进行整体测试，这称为非增量式集成。这种方法容易出现混乱。因为测试时可能发现一大堆错误，而定位和纠正每个错误非常困难，并且在改正一个错误的同时又可能引入新的错误，新旧错误混杂，更难断定出错的原因和位置。与之相反的是增量式集成方法，即程序一段一段地扩展，测试的范围一步一步地增大。增量式测试易于定位和纠正错误，接口也更容易进行彻底的测试。有 2 种增量式集成方法：自顶向下集成、自底向上集成。

(1) 自顶向下集成。自顶向下集成是构造程序结构的一种增量式方式，它从主控模块开始，按照软件的控制层次结构，以深度优先或广度优先的策略，逐步把各个模块集成在一起。深度优先策略首先是把主控制路径上的模块集成在一起，至于选择哪一条路径作为主控制路径，则带有随意性，一般根据问题的特性确定。自顶向下集成的优点在于能尽早对程序的主要控制和决策机制进行检验，可较早发现错误。缺点是在测试较高层模块时，低层处理采用桩模块替代，不能反映真实情况，重要数据不能及时回送到上层模块，因此测试并不充分。

(2) 自底向上集成。自底向上测试是从“原子”模块(即最底层的模块) 开始组装测试，因测试到较高层模块时，所需的下层模块功能均已具备，所以不再需要桩模块。自底向上集成方法不用桩模块，测试用例的设计亦相对简单，但缺点是程序最后一个模块加入时才具有整体形象。它与自顶向下综合测试方法的优缺点正好相反。

在进行嵌入式软件集成测试时，应根据软件的特点和项目的进度安排，选用适当的测试策略，有时混合使用两种策略更为有效(如上层模块用自顶向下的方法，下层模块用自底向上的方法)。此外，在集成测试中尤其要注意关键模块，所谓关键模块一般都具有下述一个或多个特征：对应几条需求；具有高层控制功能；复杂、易出错；有特殊的性能要求。关键模块应尽早测试，并反复进行回归测试。

9.4.4　确认测试

确认测试又称为有效性测试。它的任务是验证软件的功能和性能及其他特性是否与用户的要求一致。在集成测试之后，软件已完全组装起来，接口方面的错误也已排除，即可开始确认测试。确认测试首先检查软件是否满足软件需求说明书中的确认标准。同时，对软件的其他需求(如可移植性、兼容性、出错自动恢复、可维护性等)都要进行测试，确认是否满足要求。

大多数软件厂商使用一种称为α测试和β测试的方法来发现那些可能只有最终用户才能发现的错误。其中，α测试是由一个用户在开发者的工作环境下进行的测试，也可以是公司内部用户在模拟实际操作环境下进行的测试。软件在开发者对用户的“指导”下进行测试，开发者负责记录错误和使用中出现的问题，所以这是一个在受控环境下进行的测试，其目的是评价软件产品的FURPS(即功能、可使用性、可靠性、性能和支持)，尤其注重产品的界面和特色。α测试人员是除产品开发人员之外首先见到产品的人，他们提出的功能和修改意见特别有价值。α测试可以从软件产品编码结束之时开始，或在模块(子系统)测试完成之后开始，也可以在确认测试过程中产品达到一定的稳定和可靠程度之后再开始。需要注意，α测试之前应事先准备好有关的手册(草稿)等。

β测试是由软件的最终用户在一个或多个用户实际使用环境下进行的测试。与α测试不同，开发者通常不在测试现场。因此，β测试是在一个开发者无法控制的环境下进行的软件现场应用，由用户记录下所有在β测试中遇到的(真实的或者想象中的)问题，并定期把这些问题报告给开发者，之后开发者需要对系统进行最后的修改，然后就开始准备向所有用户发布最终的软件产品。β测试主要衡量产品的FURPS，着重于产品的支持性，包括文档、客户培训和支持产品生产能力。只有当α测试达到一定的可靠程度时，才能开始β测试。由于它处在整个测试的最后阶段，不能指望这时发现主要问题。同时，产品的所有手册文本也应该在此阶段完全定稿。由于β测试的主要目标是测试可支持性，所以β测试应尽可能由主持产品发行的人员来管理。

9.4.5 系统测试

在测试的最后阶段，要把通过确认测试的软件，作为整个基于计算机系统的一个元素，与其他的系统成分(计算机硬件、人员、支持软件、数据等信息)集成起来，在实际运行(或使用)环境下，进行一系列的系统集成和确认测试。系统测试实际上是对整个基于计算机的系统进行考验的一系列不同测试，以保证整个系统的成分能正常集成到一起并完成分配的功能，这些测试不属于软件工程过程的研究范围，而且也不只是由软件开发人员来进行的。但是，在软件设计和测试阶段采取的步骤能够大大增加软件在大的系统中成功集成的可能性。

系统测试的目的在于通过与系统的需求定义作比较，以发现软件与系统定义不符合或与之矛盾的地方。系统测试的测试用例应根据需求分析规约来设计，并在实际使用环境下来运行。一个软件工程师应当能够预料到潜在的接口问题并且：① 设计测试所有从系统的其他元素来的信息的错误处理路径；② 在软件接口处进行一系列仿真错误数据或者其他潜在错误的测试；③ 记录测试的结果；④ 参与系统测试的计划与设计来保证系统进行了足够的测试。

系统测试内容通常包括：

(1) 恢复测试。通过各种手段，让软件强制性地以一系列不同方式发生故障，然后来验证是否能正常进行恢复。

(2) 安全测试。用来验证集成在系统内的保护机制是否能够实际保护系统免受非法侵入。

(3) 应力测试。在一种需要反常数量、频率或容量的方式下执行系统，其目的是要处理非正常的情形。从本质上说，测试者是想要破坏程序。它的一个变体是一种被称为敏感性测试的技术，它要发现在有效数据输入类中有可能引起不稳定或者错误处理的数据组合。

(4) 性能测试。用来测试软件在集成系统中的运行性能，它可以发生在测试过程的所有步骤中。性能测试经常和应力测试一起进行，而且常常需要硬件和软件设备，即常常需要在一种苛刻的环境中衡量资源利用，以发现导致效率降低和系统故障的情况，所以多用于实时系统和嵌入式系统。

9.5　嵌入式软件测试工具

通常嵌入式软件测试仍可以使用一些通用的软件测试技术和测试工具，如静态测试、动态测试等技术，以及需求分析、静态分析等测试工具。但嵌入式软件的特殊性决定了其必然有专门的测试工具(如 CodeTest)。目前，嵌入式软件的测试工具类从实现形态上可分为纯软件测试工具、纯硬件测试工具、软硬结合的测试工具，下面分别介绍这三种测试工具的原理和优缺点。

9.5.1　纯软件测试工具

纯软件测试工具一般采用软件仿真技术在主机上模拟目标机，使大部分的测试都在主机的仿真机器上运行，从而提高测试效率。目前大多数嵌入式测试工具都采用了纯软件的实现方式，其中常见的包括 Telelogic 公司的 LogiScope、WindRiver 公司的 CoverageScope 等。

基于 Host/Target 的纯软件测试工具采用的是软件插桩技术，在被测代码中插入一些函数或一段语句，用这些函数或语句来完成数据的生成，并上送数据到目标系统的共享内存中。同时，在目标系统中运行一个预处理任务，完成这些数据的预处理，将处理后的数据通过目标机的调试口上送到主机平台，这一切都需借助于目标处理器完成。通过以上过程，测试者得以知道程序当前的运行状态。纯软件的测试方式有两个必然存在的特点——插桩函数和预处理任务。

由于插桩函数和预处理任务的存在，使系统的代码增大，更严重的是这些代码会对系统的运行效率有很大的影响(超过 50%)。预处理任务需要占用目标系统 CPU 处理时间、共享内存和通信通道完成数据的处理、数据的上送。由于这些弊端的存在，当采用基于 Host/Target 的纯软件测试工具对目标系统进行测试时，用户目标系统是在一种不真实的环境下运行的，它不能对目标系统进行精确的性能分析。做覆盖率分析的时候，大量的插桩会影响系统的运行。所以，采用基于 Host/Target 的纯软件测试工具缺乏性能分析，它不能对用户目标系统中的函数和任务运行的时间指标进行精确的分析，也不能对内存的动态分配进行动态的观察。

9.5.2　纯硬件测试工具

万用表、示波器、逻辑分析仪等纯硬的手段，通常用于系统的硬件设计与测试工作，但也可用于软件的分析测试。最常用的纯硬件测试工具是逻辑分析仪。逻辑分析仪通过监控系统在运行时总线上的指令周期，并以一定的频率捕获这些信号，通过对这些数据分析，了解用户系统的工作状态，判断程序当前运行的状况。由于它使用的是采样的方式，难免会遗失一些重要的信号，同时，分析的范围也极其有限。以性能分析为例，当使用某种逻辑分析仪进行性能分析时，只能以抽样的方式，对有限的函数做性能分析，很难得出满意的结果。

当对程序做覆盖率分析时，因为硬件工具是从系统总线捕获数据的，如当 Cache 打开时系统会采用指令预取技术，从外存中读一段代码到一级 Cache 中，这时逻辑分析仪在总线上监测到这些代码被读取的信号，就会报告这些代码已经被执行了，但实际上被送到 Cache 中的代码可能根本没有被命中。为了避免这种误差必须把 Cache 关闭掉，而 Cache 关掉就不是系统真实的运行环境了，有时甚至会由于 Cache 关闭而导致系统无法正常运行。

9.5.3 软硬件结合的测试工具

软硬结合的测试工具能够结合纯软件/硬件测试工具的各自优点，同时避免它们的缺点。例如，Applied Microsystems Corporation(AMC)公司采用插桩技术专为嵌入式开发者设计的高性能测试工具 CodeTest，它既可用于本机测试，也可在线测试。

与纯软件测试工具不同，CodeTest 没有采用插桩函数，而是插入赋值语句。其执行时间非常短，同时避免了被其他的中断所中断。因此，它对目标系统和目标系统对插桩过程的影响都非常小。此外，其从纯硬件测试工具中吸取了从总线捕获数据的技术，并进行了改进。CodeTest 通过监视系统总线，当程序运行到插入的特殊点的时候才会主动到数据总线上把数据捕获回来，因此，CodeTest 可以做到精确的数据观察。

CodeTest 对软件插桩技术和总线数据捕获技术进行了改善和提升，但这也导致了 CodeTest 对硬件依赖。对不同的硬件平台 CodeTest 必须定制不同的信号捕获探头和相关的数据采集机制。这使得 CodeTest 的灵活性、移植性都较差。此外，随着嵌入式硬件技术的快速发展和更新换代，该机制也大大限制了产品本身的适应能力，增加了新产品的研制成本和开发周期。

9.5.4 主流嵌入式软件测试工具比较

在嵌入式软件测试工具领域，目前国内尚无产品化的同类工具，在国际市场上主要有 Logiscope、CodeTest 和 Testware。

1. Logiscope

Logiscope 是一组嵌入式软件测试工具集。它遵循 ISO/IEC9126 定义的“质量特征”标准，对软件的分析，采用基于国际间使用的度量方法的质量模型以及多家公司收集的编程规则集，从软件的编程规则、静态特征和动态测试覆盖等多个方面，量化地定义质量模型，并检查、评估软件质量。它采用纯软件方式实现。它由 Logiscope Rule Checker、Logiscope Audit、Logiscope Test Checker 等组件组成。其中，Logiscope Test CheCker 主要用于白盒的路径、分支及调用的覆盖测试，它能够分析代码测试覆盖率和显示未覆盖的代码路径。发现未测试源代码中隐藏的 Bugs，来提高软件的可靠性；产生每个测试的测试覆盖信息和累计信息。用自方图显示覆盖比率，并根据测试运行情况实时在线更改。随时显示新的测试所反映的测试覆盖情况；允许所有的测试运行依据其有效性进行管理。用户可以减少那些用于非回归测试的测试。它主要支持的处理器是任何 C/C++编译器支持的处理器。

2. CodeTest

CodeTest 采用软硬件结合方式，通过 PCI/VME/CPCI 总线、MICTOR 插头、专用适配器或探针连接到被测试系统以及软件插桩，对嵌入式系统进行在线测试。它主要由 Code Test Native，Software In-Circuit(SWIC)和 Hardware In-Circuit(HWIC)三大组件组成，它主要的功能有以下两个方面。

(1) 性能分析，可以实现代码的精确的可视化，从而大大提高上作效率，简化软件确认和查找故障的过程。CodeTest 能同时对 128 000 个函数和 1000 个任务进行性能分析，可以精确地得出每个函数或任务执行的最大时间、最小时间和平均时间，精确度达到 50 ns；内存分析，可以监视内存的使用，提前查出内存的泄漏，从而节约时间和成本。

(2) 代码追踪，可以进行三个不同层次的软件运行追踪，甚至是追踪处理器内部的 Cache，这样可以更容易查找问题所在。CodeTest 提供 400 K 的追踪缓冲空间，能追踪 150 万行的源代码。高级覆盖工具可以通过确认高隐患的代码段，显示哪些函数、代码块、语句、决策条件和条件已执行过或未执行过，来提高产品的质量。高级覆盖工具完全符合高要求的软件测试标准(如：RCTA/Do-178B，A 级标准)，可以实现语句覆盖、决策覆盖和可变条件的决策覆盖。

它支持的处理器有 ARM、MIPS、powerPC、SPARC、X86 等。

3. Testware

Testware 是法国公司 ATTOL 开发的嵌入式软件测试套件。ATTOL Testware 主要由 ATTOL UniTest、ATTOL Coverage、ATTOL SystemTest 三大套件组成，它能完成的功能包括以下内容。

ATTOL UniTest 为实时嵌入式系统软件设计单元测试，通过测试脚本自动生成的测试软件，在开发主机、模拟器、仿真器和目标系统上都可运行。ATTOL UniTest 通过源码(支持 C、C++、CSQL、Ada83)分析自动生成测试脚本框架，并提供强大工具(如外部信号模拟器、标准测试类、联合数据测试)供用户完善测试脚本。通过测试脚本自动生成测试程序，进行自动测试，自动生成测试报告。支持衰退测试。可同 ATTOL Coverage 结合起来使用；ATTOL Coverage 可同 ATTOL UniTest 或 ATTOL SystemTest 结合起来使用，进行代码覆盖分析和测试结果分析。ATTOL SystemTest 系统综合测试工具，可同 ATTOL Coverage 结合起来使用。

它支持 HP64700、Lauterbach、AMC，Microtec、BSO、Texa、NEC、LynxOS 等交叉环境。

三种工具中，Testware 主要功能是自动生成测试代码的单元测试工具，算不上专业的覆盖测试工具。CodeTest 的功能最多，CodeTest 也被公认为是技术最先进、功能最齐全、业界领先的工具，主要面向高端市场。在国内外市场上占有很大的份额。动态内存分析和性能分析是 CodeTest 的主要特点，由于 CodeTest 采用软硬结合的方式，所以具有对被测程序影响小，不依赖于特定的开发环境、功能全面、准确性高的优点。Logiscope 的覆盖测试是它的一个主要功能，但是主要缺点是使用不方便，由于 Logiscope 能够支持任何

C/C++编译器支持的处理器，就注定了 Logiscope 与某个集成开发环境紧密结合，这是其最大缺点。

9.6 小　结

嵌入式系统通常具有较高的可靠性、安全性等要求，对嵌入式软件编程和测试都提出了更高要求。本章在介绍面向嵌入式软件的 MISRA C 语言编程规范基础上，介绍嵌入式软件的静态和动态测试方法，以及嵌入式软件测试流程和测试工具。

课 后 习 题

1. 简述嵌入式软件静态测试有哪几类方法以及各自的优缺点。
2. 简述嵌入式动态静态测试有哪几类方法以及各自的优缺点。
3. 对比分析嵌入式软件与通用软件测试方法的异同点。

参 考 文 献

[1] 吕文晶. 基于规则的嵌入式软件系统静态测试[D]. 天津：天津大学，2012.

[2] MISRAC:2004 规范[EB/OL]. [2019-07-08]. https://wenku.baidu.com/view/ fbd764a3c67da26925c52cc58bd63186bceb927d.html.

[3] 刘芳. 嵌入式软件测试技术的研究[D]. 北京：北京邮电大学，2009.

[4] 蔡建平. 嵌入式软件测试实用技术[M]. 北京：清华大学出版社，2010.

[5] IEEE Computer Society，The 829 Standard for Software and System Test Documentation [EB/OL]. [2019-06-18].http://ieeexplore.ieee.org/stamp/stamp.jsp?tp=&arnumber=4578383.

[6] 柳纯录，黄子河，陈禄萍. 软件评测师教程[M]. 北京：清华大学出版社，2005.

[7] GLENFORD J M，COREY S, TOM B. The Art of Software Testing[M]. 3rd Newjersey: John Wiiey&Sons Inc., 2012.

[8] BART B，EDWIN N. 嵌入式软件测试[M]. 张君施，张思宇，周承平，译. 北京：电子工业出版社，2004.

[9] DAVE A. 测试驱动开发：实用指南[M]. 崔凯，译. 北京：中国电力出版社，2004.

[10] 段念. 软件性能测试过程详解与案例剖析[M]. 北京：清华大学出版社，2006.